Norbert Lossau

FEUERMONDNACHT

Norbert Lossau

FEUERMONDNACHT

Thriller

WESTKREUZ-VERLAG
GMBH BERLIN / BONN
ZEITSCHRIFTEN · BÜCHER

Umschlaggestaltung: Westkreuz-Druckerei Ahrens KG
Foto: #226738720, © elen31, www.stock.adobe.com

Bibliografische Information der Deutschen Nationalbibliothek
Die Deutsche Bibliothek verzeichnet diese Publikation in der
Deutschen Nationalbibliografie; detaillierte bibliografische Daten sind
im Internet über http://dnb.d-nb.de abrufbar.
ISBN 978-3-944836-53-9

Herstellung: Westkreuz-Druckerei Ahrens KG Berlin/Bonn, 12309 Berlin

„Pi zu ergründen,
bedeutet das Universum zu erforschen“

David Chudnovsky, Mathematiker und Pi-Forscher

Für Conny

Chaos. Das Unvorstellbare. Das Unermessliche.
Gigantische Kräfte in einem Strudel von Raum und Zeit.
Entfesselte Energien. Höllenglut.
Symmetrien entfalten ihre Macht über die Materie.
Und Ordnung keimt empor.
Ströme von Partikeln schießen in eine Welt, die es noch nicht gibt.
Doch ihre Gesetze sind schon längst geschrieben.

PROLOG

Das Jahr 1610 neigt sich dem Ende zu. Dicke Schneeflocken fallen in die engen Straßen des kleinen holländischen Ortes Leiden, vorbei an den im Kerzenlicht flackernden Fenstern. Professor Ludolph van Ceulen fantasiert im Fieber. Auf dem Holzfußboden vor seinem Bett liegen noch Blätter voller Zahlenkolonnen und mathematischer Symbole. Schweißperlen glänzen auf seiner Stirn. „Das ist keine gewöhnliche Zahl", kommt es immer wieder stockend über seine Lippen. Sein Schüler Sebastian hält ihm die Hand. „In der großen Holztruhe auf dem Dachboden ist eine alte Schriftrolle versteckt. Sie birgt unser großes Geheimnis. Trage dafür Sorge, dass es nicht in unberufene Hände fällt." Als die Glocken der mittelalterlichen Stadt das neue Jahr einläuten, hat die Seele van Ceulens den sterblichen Körper bereits verlassen.

Seit Monaten kündigen TV-Werbespots und ganzseitige Anzeigen in praktisch allen Zeitungen und Magazinen rund um den Globus das „Kulturereignis des Jahrtausends“ an:

DIE PAZIFISCHE FEUERMONDNACHT

Die Grundidee dieses gigantischen Happenings ist die gleiche wie bei allen Pyro-Konzerten: Musik plus Feuerwerk. Diese feurige Form multisinnlicher Unterhaltung trat erstmals mit den Klängen der Feuerwerksmusik Georg Friedrich Händels in die Welt. Die Uraufführung in London endete allerdings mit einem flammenden Inferno.
Die fulminante Idee der Feuermondnacht entsprang dem wenig musikalischen, aber kühl kalkulierenden Hirn eines Vorstandsmitglieds der amerikanischen Raumfahrtfirma Casha. In erster Linie verdient Casha sein Geld mit dem Transport von Satelliten für Telekommunikation oder Erdbeobachtung in eine Umlaufbahn. Nachlassende Nachfrage und harte Konkurrenz aus Fernost haben die Auftragsbücher des Unternehmens aber seit einigen Jahren immer dünner werden lassen. Da kam die Idee mit dem Pyro-Konzert gerade recht.
Mit den ohnehin vorhandenen Transportkapazitäten will Casha große Mengen Pyrotechnik, Sprengstoff und sogar Atombomben auf den Mond verfrachten. Passend zu einem eigens dafür komponierten Musical soll das alles dort oben spektakulär detonieren. In allen Farben des Spektrums soll der Mond am Himmel aufblitzen. Den Gästen des Happenings verspricht die Werbung ein „ultimatives kosmisches Raum- und Klangerlebnis“.
Grundsätzlich ist der Mond ja von der halben Erdkugel aus ungehindert einsehbar. Es reicht also nicht, einfach nur irgend-

wo Absperrzäune aufzustellen, um Menschen darin zu hindern, Zeuge eines lunaren Feuerwerks zu werden. Das aber kann nicht im Sinne von Casha sein. Schließlich will man für das Konzert horrende, dem Ereignis angemessene, gleichsam kosmische Eintrittspreise verlangen. Und natürlich sollten möglichst nur zahlende Zeitgenossen in den Genuss des einzigartigen Himmelsspektakels kommen.

Es gibt eine clevere Lösung für dieses irdisch-kommerzielle Problem: Man wählt eine totale Mondfinsternis, die nur vom Pazifik aus zu beobachten ist. Auf einer Insel im Kernschatten findet dann am Abend der Finsternis das Happening inklusive Bodenfeuerwerk und Musical statt. Dazu synchron wird das lunare Feuerwerk computergesteuert gezündet, sobald der Mond nur noch schwach kupferrot am Himmel glimmt.

Wer sich nicht zu einer teuren Pauschalreise zur pazifischen Feuermondnacht auf Moon-Island – wie die auserkorene Insel inzwischen heißt – entschließen kann, wird von dem ganzen Spektakel nichts oder nur wenig mitbekommen. Der Festival-Termin im Winter erhöht die Wahrscheinlichkeit dafür, dass auf der Nordhalbkugel Wolken den Blick in den Himmel beeinträchtigen. Natürlich könnte man auf eigene Faust auch eine andere Insel im Südpazifik besuchen und von dort die Mondfinsternis beobachten. Doch die meisten Inseln sind gar nicht per Flugzeug sondern nur per Schiff erreichbar. Eine Reise dorthin ist aufwendig und eigentlich zu teuer, wenn man dann zwar den bunt flackernden Mond bestaunen, aber doch nicht in den Genuss des Gesamtkunstwerks kommen kann. Gleichwohl werden sich in der Feuermondnacht ungewöhnlich viele Kreuzfahrtschiffe mit tausenden Passagieren an Bord im Südpazifik aufhalten. Diese Zaungäste kann Casha nicht verhindern, aber gut verschmerzen.

Wer das Spektakel in seiner ganzen Schönheit und Einzigartigkeit erleben möchte, der muss eben doch tiefer in die Geldbörse greifen und bei Casha buchen. Casha hat für den betreffenden Zeitraum auf der Insel alle Hotels und Pensionen angemietet sowie alle Landerechte gesichert. Firmenintern sprechen manche auch von Casha-Island.
Die gewaltigen Werbemaßnahmen, die eine junge Frau namens Caroline in New York organisiert, zahlen sich aus. Der Verkauf der Tickets über das Internet läuft überaus erfolgreich. Ein halbes Jahr vor dem Happening sind schon mehr als 500.000 Eintrittskarten verkauft. Und wer nicht zur pazifischen Feuermondnacht reisen kann oder will, tut gut daran, wenigstens einige Aktien oder Optionsscheine von Casha an der Börse zu erwerben.

NEW YORK – Im siebten Untergeschoss des Empire State Building steigt Walter Smith in einen leeren Lift. Den Etagenknöpfen sieht man nicht an, dass dieser auch unterirdisch verkehrt. Mit einem Schlüssel aktiviert Walter den Fahrstuhl. Sofort schließt sich die Tür und es geht aufwärts. Wenige Sekunden später spuckt ihn der Lift in das quirlige New Yorker Stadtleben. Der unauffällig aussehende Mittdreißiger in Jeans und Lederjacke verschmilzt sofort mit der wuseligen Menge an Menschen, die zur Rush-Hour auf dem Weg nach Hause sind, noch Einkäufe erledigen oder etwas essen gehen wollen.
So früh wie heute hat Walter seit Wochen nicht mehr seinen Arbeitsplatz verlassen. Der Blick auf seine dezente Schweizer Armbanduhr verrät ihm, dass es erst kurz nach halb sechs ist. „Noch genügend Zeit“, denkt Walter und bemüht sich doch, möglichst schnell im und gegen den Strom der Menschen vor-

anzukommen. Um acht Uhr ist er mit seiner Freundin Caroline zu einem Candle-Light-Dinner in Little Italy verabredet. Heute vor einem Jahr haben sich die beiden auf einer Party kennengelernt. Das wollen sie feiern. Zuvor muss er aber erst noch nach Hause in die Upper Eastside, um sich von leger in chic zu verwandeln. Schon läuft er die Treppen zur Subway-Station „Herald Square“ hinab und springt in die Linie Q nach Norden.
Walter ist außerordentlich gut gelaunt. Er freut sich nicht nur auf den Abend mit Caroline, sondern zudem auf eine bevorstehende Dienstreise, von der er erst vor wenigen Stunden erfahren hat. In zwei Wochen darf er endlich für ein paar Tage nach London fliegen. Die Gespräche mit seinen britischen Kollegen sind schon seit Längerem geplant. Walter hat nicht verstanden, warum sich das Projekt immer weiter verzögert. Doch es liegt in der Natur der Sache, dass Walter nicht immer auf dem gleichen Informationsstand wie sein Vorgesetzter in Langley ist.
Während die U-Bahn durch den New Yorker Untergrund rattert, schweifen Walters Gedanken über den Atlantik zurück in die Studentenzeit: Cambridge, London, Imelda. Träumend glaubt er an der nächsten Station die monotonen Worte „mind the gap“ zu hören. Um ein Haar hätte er verpasst, rechtzeitig auszusteigen. Der Blumenverkäufer am Ausgang der Station „Lexington Avenue“ bringt Walter zurück in die Realität. „Oh ja“, denkt er und drückt dem Händler eine 50-Dollar-Note in die Hand. „Bitte 25 rote Rosen.“ Nachdem Walter sie in seiner linken Hand hält, wartet er nicht ab, bis der junge Mann ihm das Wechselgeld geben kann, sondern geht sofort mit schnellen Schritten weiter. Nach wenigen Minuten erreicht er sein Appartement mit dem wunderbaren Blick auf den Central Park und das berühmte „Grand Hotel“ an der Ecke gegenüber.

Die größte Vase im Haushalt ist gerade groß genug, um den prächtigen Strauß aufnehmen zu können. Gerade drapiert er die letzte der wunderbar duftenden Rosen im weißen Porzellangefäß, da schrillt das Telefon.
Er greift zum Hörer: „Hallo."
„Hier ist Caroline."
Ihre hohe Stimme klingt aufgedreht. Sie spricht noch schneller als sonst. „Du, es tut mir schrecklich leid, aber ich komme hier einfach nicht weg. Du weißt schon, wegen der Feuermondnacht. Ich muss noch für morgen Vormittag eine Pressekonferenz organisieren und der neue Werbespot ist noch nicht vom Chef abgesegnet. Du kannst dir nicht vorstellen, was hier gerade los ist."
„Aber dann lass uns doch wenigstens noch am späten Abend ein Gläschen Champagner trinken. Vor Mitternacht..."
„Du, das schaff' ich nicht. Das ganze Team ist hier noch voll in Action und wir werden bestimmt noch bis eins, halb zwei brauchen, um für morgen alles fertig zu haben. Ich kann es nicht ändern. Du weißt doch, wie die bei Casha drauf sind. Ich rufe dich morgen an, wenn die Pressekonferenz vorüber ist. Schlaf gut."
„Dann viel Erfolg. Bis morgen."
Walters Stimme klingt enttäuscht und beinahe unbeteiligt. Als er die Aus-Taste auf seinem schnurlosen Telefon tippt und sich dabei dreht, stößt er versehentlich mit dem rechten Ellenbogen gegen die Vase. Mit einem dumpfen Knall zerplatzt das Porzellan auf dem Parkett und hinterlässt ein interessantes grün-rot-weißes Arrangement in einer großen Wasserlache.
Walter kann das Wort Feuermondnacht schon lange nicht mehr hören. Als Caroline vor gut neun Monaten bei Casha die Leitung der PR für dieses Happening übernommen hat, bekam die

noch frische Beziehung bereits einen Riss. Walter hat die Feuermondnacht von Anfang an für ausgemachten Nonsens gehalten, auch wenn er sich zunächst nicht traute, dies Caroline offen zu sagen. Mit der Zeit gerieten die beiden bei diesem Thema jedoch immer häufiger in Streit. Caroline, so kommt es Walter vor, hat neben der Feuermondnacht kaum noch für andere Gedanken Platz in ihrem Kopf. Feuermondnacht hier, Feuermondnacht da. Wenn Walter dazu ein Werbeplakat oder einen Spot im Fernsehen sieht, schaudert er jedes Mal.
Vor einem Jahr hat es jedenfalls zwischen Caroline und Walter gewaltig gefunkt. Er, ein charmanter, gutaussehender und gebildeter Mann mit Sexappeal, der ganz und gar nicht in die Schublade Computer-Nerd passt. Sie, eine sehr kommunikative Frau, die vor ihrem Wirtschaftsstudium als Model gearbeitet und nach ihrem Master eine steile Karriere im Marketing hingelegt hat. Irgendwie stimmte die Chemie zwischen Walter und Caroline. Am Anfang ihrer Beziehung hat er es genossen, wie sie ihm stundenlang von ihrer Arbeit und ihrem glitzernden Leben erzählte. Sie stand mit ihren langen Beinen mitten drin im Leben, sie war erfolgreich, ihre Eloquenz und Dynamik faszinierten ihn. Auch er ist ein kluger, an vielen Dingen interessierter Gesprächspartner, doch von sich selbst und seiner Arbeit erzählt er so gut wie nichts. Das hat sie offenbar nicht gestört. Möglicherweise war sie daran aber auch deshalb nicht so interessiert, weil sie ohnehin mehr darüber wusste, als er ihr erzählte. Diesen Gedanken hatte Walter jedenfalls, als ihm Caroline einige Monate nach ihrem Kennenlernen in einem sehr vertrauten Moment erzählte, wer ihr Vater ist.
Vieles in Walters Alltag ist extrem spannend, aber eben auch streng geheim. Von der Existenz seines Büros sieben Stockwerke unter dem Empire State Building weiß gerade mal ein

Dutzend Geheimnisträger. Die Tarnung ist perfekt. Wer hätte schon ausgerechnet hier, mitten in einer großen Stadt, den leistungsfähigsten Supercomputer der Welt vermutet. Walters Team besteht aus drei Männern. Zwei von ihnen haben wie er Mathematik studiert. Der Jüngste ist als Informatik-Ingenieur eher mit der Hardware der großen Maschine betraut.

Gleich nach seinem Studium hat Walter seine Arbeit bei der großen Organisation aufgenommen, die auf Diskretion so großen Wert legt. Im Rahmen seiner Doktorarbeit hat Walter ein neues mathematisches Verfahren ersonnen, das große natürliche Zahlen einfacher, und damit schneller als zuvor möglich, in Primfaktoren zerlegen kann. Was nach einem ziemlich speziellen, beinahe schon esoterischen Dissertationsthema klingt, erschien gleichwohl gewissen Behörden überaus brisant. Walters Forschungsergebnisse wurden als „classified" eingestuft und durften nicht publiziert werden, was ansonsten bei wissenschaftlichen Arbeiten üblich ist. Zugleich war diese weggeschlossene Doktorarbeit Walters Eintrittskarte für einen attraktiven Job bei der CIA. Mathematik ist generell keine brotlose Wissenschaft, doch bei diesem Arbeitgeber kann Walter mit Mitteln der Mathematik strategische Höhenflüge und eine bemerkenswerte Karriere vollbringen. Der größte Erfolg seiner diskreten Arbeit glückte ihm gleich in seinen ersten Berufsjahren: Walter entschlüsselte den Startalgorithmus für sowjetische Atomraketen. Nach diesem Coup wurde Walter in aller Stille zum Chef der Krypto-Abteilung befördert.

Sein Job fasziniert ihn. Jeder neue Code, der von irgendeinem schlauen Gehirn mit dem Anspruch der Unknackbarkeit entwickelt worden ist, fordert Walter heraus. Ganze Nächte kann er vor den Monitoren seines digitalen Monsters verbringen und

nicht enden wollende Zahlenkolonnen kreuz und quer durch den Cyberspace schicken. Bis jetzt hat er jeden noch so raffinierten Algorithmus überlisten können.
Nachdem er die Scherben und tatsächlich auch die Rosen entsorgt hat, gießt sich Walter einen doppelten Scotch ein. Er schaut kurz aus dem Fenster und nimmt einen kräftigen Schluck. Draußen werden Touristen in Pferdekutschen durch das bereits vorweihnachtlich glitzernde New York geschaukelt. Dann lässt sich Walter in das weiche Zweier-Sofa fallen. Sein Blick streift die alte Truhe neben dem Schreibtisch. Wieder wandern seine Gedanken nach England. Er hat in Cambridge Mathematik studiert. An einem sonnigen Sonntagvormittag spazierte er damals über einen Trödelmarkt und entdeckte eine alte, holländische Holztruhe, an der sein Blick sofort hängen blieb. Der Geruch des alten Holzes versetzte ihn zurück in seine Kindheit. Seine Eltern besaßen in ihrem Haus bei Minneapolis eine ganz ähnliche Truhe – optisch und olfaktorisch.
Der Preis von 120 Pfund war für einen Studenten recht stolz und Walter merkte schnell, dass der Händler nicht mit sich handeln ließ. Doch diese Truhe wollte er einfach haben. Sie weckte in ihm mannigfaltige Erinnerungen. Seine Eltern starben bei einem Autounfall, als er gerade 17 war. Seine einzige, drei Jahre ältere Schwester kam bereits zwei Jahre zuvor bei einem Raubüberfall ums Leben. Weil eine Tante von Walter, die Schwester seiner Mutter, in England lebte und dies der letzte familiäre Anknüpfungspunkt war, entschloss er sich für das Studium jenseits des Atlantiks.
Walter zahlte zunächst 50 Pfund an, lieh sich Geld bei Freunden und konnte dann die alte Truhe noch am gleichen Tag in sein ansonsten spartanisch eingerichtetes Studentenzimmer im

Tripos-College transportieren. „Schönes Stück“, hatte ihm der Pförtner nachgerufen, als Walter den steinernen Torbogen zum College unter der Last der Truhe schnaufend passierte.
„Die stammt von einem berühmten niederländischen Kunsttischler aus Leiden und ist mehr als 400 Jahre alt“, hatte ihm der Händler gesagt. Was dieser aber nicht wissen konnte: Die Truhe gehörte jahrelang dem Mathematiker Ludolph van Ceulen, bevor sie irgendwie ihren Weg von Leiden nach England und Cambridge gefunden hatte. Doch weder den Händler noch Walter hätte dies damals interessiert.
Noch am gleichen Sonntag hat Walter abends in einem Pub Imelda O'Connor kennengelernt, eine rothaarige Philosophie-Studentin aus London. Über Geometrie und Unschärfen der Erkenntnis haben sie sich stundenlang bei Guinness und Erdnüssen unterhalten. Walter kann sich noch immer an fast jedes Wort erinnern. Sie malte mit einem Kugelschreiber mehrere Kreise auf einen Bierdeckel. „Bei jedem Kreis, ganz gleich wie groß er auch sein mag, ist der Umfang immer rund dreimal größer als der Durchmesser“, erklärte sie dem Mathematik-Studenten, dem dies, wie sie wohl wusste, durchaus nicht neu war.
„Aber das Besondere, Problematische und Herausfordernde“, fuhr sie fort, „besteht darin, dass sich dieser Zahlenwert prinzipiell nicht präzise angeben lässt. Er entzieht sich quasi dem menschlichen Zugriff und ist unserer Erkenntnis nicht zugänglich.“
Bereits in der Schule war Mathematik Walters Lieblingsfach und die Ästhetik von Kreisen hat ihn schon immer fasziniert. Diese scheinbar so einfachen Gebilde empfand er als etwas Geheimnisvolles. Als 15-Jähriger versuchte sich Walter gar an der so genannten Quadratur des Kreises, obwohl er prinzipiell wusste,

dass dies unmöglich ist. Schließlich hatte der deutsche Mathematiker Ferdinand von Lindemann bereits 1882 bewiesen: Ein Kreis kann niemals allein mit den Mitteln der Geometrie – also nur mit Zirkel und Lineal – in ein flächengleiches Rechteck verwandelt werden.

Und dann kam plötzlich Imelda und philosophierte mit dem jungen Mathematikstudenten über Kreise. „Dennoch, oder gerade deshalb, erfanden die Mathematiker ein Symbol, um den Wert dieser Zahl zumindest sprachlich zu fixieren: Pi. Und schon lässt sich dieser scheinbar simple Lehrsatz der Geometrie leicht formulieren: Bei jedem Kreis beträgt der Umfang das Pi-fache seines Durchmessers“, hatte Walter gesagt und dann an seinem vollen Bierglas genippt. Der Schaum auf seiner Nasenspitze gab ihm ein spitzbübisches Aussehen.

Imelda blies ihm genüsslich eine blaue Wolke Zigarettenqualm ins Gesicht. „Damit wird aber das Problem, welchen Wert Pi tatsächlich hat, doch nur elegant umschifft“, entgegnete sie.

„Ja. Ein griechischer Buchstabe steht da für eine Zahl, die niemand genau kennt, und die von den Mathematikern das Attribut transzendent erhielt. Bereits in der Bibel wird die Kreiszahl im ersten Buch der Könige Kapitel 7,23 erwähnt, auch wenn sie da noch nicht Pi genannt wurde. Man rechnete seinerzeit, etwa 550 Jahre vor unserer Zeitrechnung, mit einem recht groben Wert von drei. Der berühmte griechische Mathematiker Archimedes von Syrakus kam mehr als 200 Jahre vor Christus dem Phänomen Pi durch eine geometrische Abschätzung schon ein gutes Stück näher. Er arbeitete mit Brüchen, deren Dezimaldarstellung immerhin zwei richtige Nachkommastellen ergaben: 3,14. Doch die Ziffernfolge hinter dem Komma will einfach nicht aufhören. Ganz gleich ob man zehn, hundert oder eine

Million Stellen von Pi kennt, man kennt Pi nie ganz genau. Es folgen stets unendlich viele weitere Stellen."

Auch wenn die Plaudereien an jenem Abend im Studenten-Pub zu keinem maßgeblichen Erkenntnisgewinn führten, so waren sie dennoch der Beginn einer wunderbaren Freundschaft, aus der schließlich sogar ein zartes Liebesband wurde. Walters plötzliche Rückkehr in die USA und seine Karriere bei der CIA haben dann diese Beziehung unterbrochen. Es schmerzte ihn sehr, dass er Imelda nicht die Wahrheit über sein neues Leben, sondern nur eine plausible, aber eben erfundene Legende erzählen durfte. Er hoffte zunächst, sie könnten dennoch irgendwie Freunde bleiben. Doch sie verloren sich aus den Augen. Die Telefonate wurden immer seltener und oberflächlicher. Schließlich brach der Kontakt ganz ab. Mittlerweile haben sich Walter und Imelda mehr als zehn Jahre lang nicht mehr gesehen. Von seiner Jugendliebe hat er Caroline nie erzählt.

Walter starrt gedankenversunken auf die alte Truhe und trinkt noch einen Schluck Whiskey. „Wie raffiniert verziert der Messing-Verschluss ist", denkt er sich. Ein wenig Traurigkeit macht sich in ihm breit. Wie damals in der Studentenzeit steht die Truhe auch jetzt neben seinem Sekretär und dient als Ablage für Bücher und Manuskripte. Plötzlich ist er da, der aberwitzige Gedanke. Er könnte seine Dienstreise nach London doch nutzen, um Imelda endlich einmal wiederzusehen.

Tief unten in der Truhe, das weiß er, liegt noch ein altes Adressbuch aus seiner Zeit in England. Er stellt das Glas auf den Couchtisch, steht auf und geht zur Truhe. Unzählige Papiere, Hefte und Bücher fördert Walter aus dem Bauch der Truhe hervor und stapelt sie auf dem Boden. Es riecht nach altem Staub. Und tatsächlich kommt schließlich ganz unten in einer Ecke

das kleine, blaue Büchlein zum Vorschein, nach dem Walter gesucht hat.
Als er es greifen will, stößt er seitlich gegen eine Verstrebung. Quietschend springt ihm eine Bodenplatte entgegen. Erstaunt betrachtet er den offenbar doppelten Boden. Schon oft haben Kollegen ihm von derartigen Verstecken erzählt, doch er selbst hat noch nie die Bekanntschaft mit einer solchen Konstruktion gemacht.
Vorsichtig schiebt er das lose Bodenstück zur Seite. Ein zirka drei Zentimeter breiter Spalt öffnet sich und der Zipfel einer Pergamentrolle lugt aus der Dunkelheit hervor. Walter greift behutsam danach, zieht sie ganz langsam heraus und entrollt sie. Seinem mathematisch geschulten Auge fallen sofort einige geometrische Skizzen und Formeln auf. Walters Lateinkenntnisse aus der Schulzeit sind für die Erkenntnis ausreichend, dass dieser auf Pergament geschriebene Text offenbar philosophischen Charakter hat. Das Ganze sieht irgendwie nach Zahlenmystik und Mittelalter aus. Walter kramt ein Latein-Wörterbuch aus der zweiten Reihe eines Bücherregals hervor, um den Text vollständig übersetzen zu können. Die ersten Worte lauten: „Im Anfang war die Zahl."
Walter setzt sich auf das Sofa und geht das geheimnisvolle Dokument Zeile für Zeile durch. Schnell wird ihm klar, dass sich der Text um die Kreiszahl Pi dreht, wenngleich sie nicht unter diesem Namen in Erscheinung tritt, sondern mathematisch umschrieben wird. „Das ist ja irre", kommt es Walter unwillkürlich über die Lippen.
Mit großer Konzentration übersetzt er das Schriftstück bis zur letzten Zeile. Beide Zeiger seiner Standuhr weisen auf die XII. Imelda, Caroline und die Feuermondnacht sind aus seinem

Kopf wie weggeblasen. Fasziniert studiert Walter im Licht einer Kerze die Symbole bis tief in die Nacht. Schließlich überwältigt ihn die Müdigkeit. Ohne Umweg über das Bad lenkt er seine Schritte unmittelbar in Richtung Bett. Sofort fällt er in einen traumreichen Schlaf. Dieser führt ihn einmal mehr zurück nach Cambridge in seine Studentenzeit.

Walter schreitet durch den dunklen Gewölbegang, der die gewöhnliche Welt mit der akademischen Insel des berühmten Tripos-College verbindet. Es zeigt der Straße nur eine unauffällige Steinfassade, die sich harmonisch in das Stadtbild einfügt. Doch hinter dem tunnelartigen Eingang mit der Pförtnerloge öffnet sich unvermittelt ein großer, quadratischer Innenhof mit sehr gepflegtem Rasen und diagonalen Wegen, einem alten Brunnen im Zentrum und prächtigen Natursteinmauern ringsum, die von kunstvoll verzierten, zum Teil farbigen Fenstern durchbrochen sind. Es ist eine abgeschiedene Innenwelt, die Würde und Ruhe ausstrahlt.

Der Pförtner grüßt Walter. Sein Blick fällt auf die linke Hand des Pförtners, an dessen Mittelfinger das oberste Glied fehlt. Walter grüßt zurück, passiert den Innenhof und geht auf der rechten Seite die steinerne Treppe zur großen Bibliothek hinauf. Im prunkvoll gestalteten, großen Saal mit goldenen Kronleuchtern reichen die Bücherregale vom Boden bis hinauf an die gut sechs Meter hohe Decke, die mit Malereien verziert ist. Walter steigt eine Leiter hinauf, greift nach einem alten Geometriebuch und liest noch auf der Leiter stehend laut vor: „Bei allen Kreisen, wie groß sie auch sein mögen, ist das Verhältnis von Umfang zu Durchmesser stets das gleiche. Der Umfang eines Kreises ist stets rund dreimal größer als sein Durchmesser. Rund bedeutet dabei ein wenig größer als drei. Den genauen Wert nennt man Pi.

Bereits in der Bibel wird diese Kreiszahl indirekt erwähnt. Man rechnete seinerzeit mit einem Wert von drei."
Der Pförtner des Tripos-College steht unvermittelt in der Tür zur Bibliothek und blickt hinauf zu Walter.
„Archimedes kam dem Phänomen Pi schon etwas näher," setzt der Pförtner fort, „er verwendete den Wert 3,14. Doch die Ziffernfolge hinter dem Komma hört niemals auf, ganz gleich ob man hundert oder eine Million Stellen von Pi kennt. Man kennt Pi nie ganz genau. Es folgen stets unendlich viele weitere Stellen. Pi entzieht sich dem menschlichen Zugriff. Das ist das Besondere, Problematische und Herausfordernde dieser Zahl. Zahlenmystiker erkennen in Pi ein Tor zur Unendlichkeit." Er hebt seinen linken Arm beschwörend in die Höhe und ruft Walter mit hochgezogener Augenbraue zu: „Das Geheimnis von Pi müssen wir achten!" Walter verliert plötzlich das Gleichgewicht und stürzt rücklings von der Leiter.
In diesem Moment erwacht Walter jäh. Erst nach einigen Augenblicken wird ihm bewusst, dass er dies alles nur geträumt hat. Er liegt unversehrt in seinem Bett und ist sich zunächst nicht mehr sicher, ob das Dokument aus der Truhe nicht auch nur ein Teil seines Traums war. Dieser Gedanke lässt ihm keine Ruhe. Walter steht auf und geht hinüber zum Schreibtisch. Dort liegt tatsächlich dieses geheimnisvolle Schriftstück, das mit „van Ceulen" signiert ist und sich auf uralte Quellen bezieht. Der Kreis als Urform der Schöpfung soll gleichsam die ganze Geschichte des Universums und der Welt in sich tragen, heißt es da in lateinischen Worten. „Ein in sich geschlossenes Weltbild, im doppelten Wortsinn eine runde Sache", denkt Walter verklärt. Und doch nagt in ihm ein Zweifel, ob er dieses Dokument wirklich ernst nehmen kann. Wie soll „die ganze Geschichte des

Kosmos, von Alpha bis Omega, vom Anfang über die Gegenwart bis zum Ende“ in einer einzigen Zahl stecken?

Eines ist jedenfalls sicher: Fernab der Geometrie taucht Pi überall in der Mathematik und Physik wie ein roter Faden auf – selbst dort, wo es ganz und gar nicht um Kreise geht. In dieser Nacht spürt Walter ganz deutlich, dass Pi eine mystische Zahl ist, die einen Zugang zum Unendlichen eröffnet. Ist Pi vielleicht die verbindende Klammer zwischen all den Theorien, die sich die Wissenschaftler von der Welt und dem Grundsätzlichen machen?

3,1415... so lauten die ersten Ziffern von Pi, doch diese Folge reißt nie ab. Pi ist gleichsam ein Generator, der eine unendliche Folge von Zahlen produziert. Noch eine Ziffer und noch eine Ziffer. Niemals endend. Niemand kennt Pi daher genau. Walter geht wieder ins Bett und schläft unruhig weiter.

Viel zu früh klingelt der Wecker. Walters Gehirn hat sich offenbar im Schlaf weiter mit dem Dokument und der Zahl Pi auseinandergesetzt. „Eine Zahl, die sich dem Zugriff der Erkenntnis entzieht, sich gleichsam hinter dem Schwarzschildradius der Ewigkeit versteckt, und doch allgegenwärtig ist.“ Merkwürdige Gedanken wie dieser schießen durch Walters Kopf, während er noch auf seinem Bett liegt, unentschlossen aufzustehen.

Eine halbe Stunde später sitzt er am Tisch vor einem Becher mit heißem Kaffee aus Instantpulver und einem Universallexikon. Auf dem weißen Becher befindet sich ein Motiv der Londoner Tower Bridge. In dem dicken Nachschlagewerk stößt er tatsächlich auf den Eintrag „Ludolph van Ceulen“ – ein niederländischer Mathematiker, dessen Lebenswerk die Bestimmung von 35 Dezimalstellen der Zahl Pi war. Er starb am letzten Abend des Jahres 1610 in Leiden. Walter denkt darüber nach, welch mühsame und langwierige Arbeit es damals wohl gewesen sein muss, per Hand jene umfangreichen Rechnungen durchzuführen, die am Ende, wenn kein Flüchtigkeitsfehler passiert, jeweils eine weitere Ziffer der Zahl Pi preisgeben – ein weiterer kleiner Tropfen eines unendlich großen Ozeans.

„Die von van Ceulen gefundenen Ziffern von Pi wurden schließlich in seinen Grabstein gemeißelt", liest Walter weiter. Der Gedanke, dass das Lebenswerk dieses leidenschaftlichen Mathematikers heute im Bruchteil einer Sekunde von einem programmierbaren Taschenrechner geleistet werden könnte, berührt ihn merkwürdig.

Tatsächlich liefern sich heute Forscher einen sportlichen Wettkampf, mit Superrechnern möglichst viele Stellen von Pi zu bestimmen. Viele Milliarden Ziffern von Pi sind inzwischen bekannt. Walter erinnert sich an einen Aufsatz, in dem ein Mathematiker von der Entdeckung der zusammenhängenden Ziffernfolge 0123456789 irgendwo in der Unendlichkeit der Nachkommastellen von Pi berichtete.

Bislang haben Walter mathematische Fleißarbeiten dieser Art eher gelangweilt. Doch nun kann er sich plötzlich vorstellen, dass es spannend sein könnte, sich Pi einmal genauer anzuschauen. Gewiss, er selbst hat auf seinen Computern bei der CIA auch schon Programme zur Bestimmung von Pi laufen lassen. Doch das war dann nichts weiter als ein Test für neu installierte Hardware. Spuckt der Computer nämlich nach Billionen von Operationen beispielsweise die 857.332ste und auch die zehn folgenden Stellen von Pi korrekt aus, dann darf man sich ziemlich sicher sein, dass zwischenzeitlich keine Rechenfehler aufgetreten sind.

Doch jetzt will Walter mehr. Denn er weiß mehr, oder glaubt dies zumindest. Van Ceulens Pergamentrolle ist für ihn eine Offenbarung. Die Zahl Pi könnte ein Geheimnis in sich tragen. Und diesem will er nachspüren. Dazu braucht er möglichst viele Stellen dieser Zahl – viel mehr als bislang bekannt sind. Und die Mittel, sie tatsächlich zu gewinnen, hat er wie kaum ein anderer. Der leistungsfähigste Computer der Welt steht ihm zur Verfügung. Er könnte in Sekunden erledigen, wozu akademische Pi-Forscher in ihren Rechenzentren Wochen benötigen würden. Wenn er es darauf anlegte, könnte er noch heute den Weltrekord bei der Anzahl der bekannten Nachkommastellen von Pi einstellen. Doch darum geht es nicht. Und veröffentlichen könnte er einen solchen Erfolg ja ohnehin nicht.

Nervös gießt Walter sich einen weiteren Kaffee auf. Die Neugier bringt ihn schier um. Er will wissen, ob sich aus den Ziffern von Pi, so wie es van Ceulen in dem Papier beschrieben hat, eine Erkenntnis formen lässt, die alles bisher Gewusste und Gedachte übersteigt. Pi als Rohstoff für die Faustische Frage, was die Welt im Innersten zusammenhält. Walter schaudert ein wenig, als er just in diesem Moment an eine Aufführung von Dr. Faustus denken muss, die er als Student bei einem kurzen Besuch in Hamburg gesehen hat. Könnte Pi tatsächlich die Weltformel bergen, nach der Wissenschaftler seit Jahren vergebens suchen? The theory of everything?

Walters Entschluss steht schnell fest. Neben seiner eigentlichen Arbeit will er die Computer bei der CIA auch zur Erforschung von Pi nutzen. Ein offizieller Antrag für ein solches Projekt würde von Amts wegen ohne jeden Zweifel irgendwo zwischen kindisch und esoterisch eingestuft – zumindest aber als Ressourcenverschwendung. Das ist Walter schon klar. Statt einer Genehmigung gäbe es ganz sicher kritische Nachfragen und schlimmstenfalls sogar einen Knick in seiner Karriere. Doch

Walter ist sich sicher, dass es niemand bemerken wird, wenn er geschickt vorgeht.
Er nippt am Kaffeebecher und wirft einen flüchtigen Blick auf die Titelseite der New York Times, die noch vom Vortag ungelesen an einer Ecke auf dem Tisches liegt. Dort gibt es mal wieder eine Story über die Feuermondnacht. Walter nimmt sie kaum wahr. In diesem Moment hat er das starke Gefühl, dass es doch kein Zufall gewesen sein kann, dass ausgerechnet er diese alte Truhe erworben hat. Er, der wie kein anderer auf diesem Planeten über die technischen Möglichkeiten verfügt, das Geheimnis von Pi zu lüften. Er sieht sich als Auserwählter. Das ist sein Schicksal. Nur in einem recht verborgenen Winkel seines Gehirns pocht ganz leise die Frage, ob das alles nicht doch vielleicht nur ein ganz großer Unsinn ist.

POTSDAM – Der Herbstwind weht durch Brandenburgs Alleen und lässt die im Licht der Abendsonne bunt schillernden Blätter an den Ästen der Bäume tanzen. Noëmi Kubichek blickt aus dem Küchenfenster ihrer kleinen Single-Wohnung auf die am Horizont untergehende Sonne. Auf dem Küchentisch liegt ein Flugblatt mit einem roten Rand. Ein junger Mann im grünen Parka hat es ihr heute Abend am Tor des Forschungszentrums in die Hand gedrückt. Sie hat es ungelesen in eine Tasche ihres Anoraks gesteckt, bevor sie mit dem Rad nach Hause fuhr. Noëmi ist Physikerin. Eine junge, selbstbewusste Frau, die als Wissenschaftlerin im Potsdamer Forschungszentrum NERC arbeitet, dem New Energy Research Center. Vor gut drei Jahren hat sie sich auf eine vom NERC ausgeschriebene Stelle beworben. Sie wurde aus weltweit 150 Kandidaten ausgewählt. Seitdem arbeitet sie am größten Teilchenbeschleuniger der Welt an einem der wichtigsten Experimente der Hochenergiephysik – an der vordersten Front der Forschung, wie sie es selbst empfindet. Es geht darum, die letzten noch fehlenden Bausteine der „Großen vereinheitlichten Welttheorie" zu entdecken. Noëmi ist glücklich, daran mitwirken zu dürfen. Sie ist hochmotiviert. Nur 40 Kilometer von hier entfernt hat Noëmi in einem kleinen brandenburgischen Dorf ihre Kindheit verbracht. Und doch ist ihr diese Heimat fremd geworden. In ihrer Schulzeit hatte Noëmi nur wenige Freunde. Sie war ein Bücherwurm, der lieber zu Hause kiloweise Lektüre verschlang, als mit anderen Kindern zu spielen. Noëmi hatte nur eine gute Freundin, Christin. Und das ist sie bis heute geblieben. Christin hat nach der Schulzeit eine Banklehre gemacht und leitet mittlerweile eine Filiale der Deutschen Bank in Potsdam. Sie hat immer zu Noëmi gehalten – auch in der für Noëmi so qualvollen Zeit des letzten Schuljahres. Die meisten Mitschüler waren auf Distanz zu Noëmi gegangen, nachdem ihre Liebschaft mit einem in Wünsdorf stationierten sowjetischen Soldaten bekannt geworden war. „Russen-Nutte" hatten ihr manche auf der Straße hinterher gerufen. Und aufgrund ihres Tabubruchs war es plötzlich sogar fraglich, ob sie ein Studium würde aufnehmen dürfen. Das war noch schlimmer als die Anfeindungen, denn Physik zu studieren war ihr größter Traum. Diesen hatten ihre Eltern, ein Landwirt und eine Köchin, ohnehin nie unterstützt. Sie hätten sich für ihre Tochter einen bodenständigen Beruf gewünscht. Dass sie ihr gleichwohl den ganz und gar nicht bodenständigen Namen Noëmi gaben, lässt sich schlicht mit dem romantischen Lied einer Sängerin namens Noëmi erklären. Das hatte am Anfang ihrer Beziehung eine wichtige Rolle gespielt.

Die letzten Monate vor ihrem Abitur waren eine unerträgliche Zeit für Noëmi. Dabei hatte sie noch großes Glück, dass man ihr erlaubte, die Prüfungen ablegen zu dürfen. Noëmis Abiturnote wies die Ziffer 1 vor dem Komma auf, und doch konnte sie sich über diesen Erfolg nicht recht freuen. Sie fühlte sich wie in einem nicht zu entwirrenden gordischen Knoten gefangen. Denn was nutzte ihr das Abitur, wenn sie doch an keiner Hochschule der DDR studieren durfte. Dann kam überraschend die Wende und der Knoten löste sich auf. Im wiedervereinigten Deutschland waren die staatlichen Repressalien verschwunden. Sie konnte ihr Traumstudium aufnehmen, und das dank Bafög sogar finanziell unabhängig von ihren Eltern. Ihr Diplom bestand Noëmi in Berlin mit der Note „sehr gut". Dann ging es mit einem Stipendium zur Doktorarbeit nach Genf. Nachdem sie diese mit „summa cum laude" abgeschlossen hat, erhielt sie die Stelle in Potsdam – als wissenschaftliche Angestellte nach Tarif BAT IIa. Mit diesem Gehalt kann sie sich endlich auch eine eigene Wohnung leisten, nicht nur ein Zimmer in einem Studentenwohnheim.
Noëmi hat sich nie Gedanken darüber gemacht, was in drei oder fünf Jahren sein wird. Physik zu studieren war für sie keine strategisch durchdachte Entscheidung, die auf eine bestimmte Karriere zielte. Nein, dieses Studium war einfach eine Notwendigkeit. Der Weg war vorerst identisch mit dem Ziel. Auf jeden Schritt folgte bislang schon fast automatisch der jeweils nächste. Und jetzt gehört sie zu einem Forscherteam, das neue Experimente am NERC-Teilchenbeschleuniger vorbereitet und dann durchführen wird. Noëmi ist glücklich, an der Lösung fundamentaler Fragen der Physik mitarbeiten zu können.
Wie oft war in der DDR das Wort Idealismus zu hören. Für Noëmi hat es hohl und sinnentleert geklungen. In der neuen

Zeit scheint es dieses Wort indes gar nicht mehr zu geben. Kaum jemand kann verstehen, warum eine junge Frau täglich bis zu zwölf Stunden in einem winzigen Büro sowie tief unter der Erde ohne Sonnenlicht an metallisch glänzenden Apparaturen arbeiten will und dafür sowohl auf eine eigene Familie als auch auf eine Karriere mit einem attraktiven Einkommen verzichtet. Als Erklärungen bleiben da nur der so genannte Forscherdrang und das altmodisch klingende Wort Idealismus, das man Menschen wie Noëmi mit einem Hauch von Mitleid zuordnet. Noëmi selbst empfindet jedoch nicht das geringste Unbehagen darüber, dass etwa ihre Freundin Christin auch ohne Studium und Doktortitel das dreifache Netto-Gehalt verdient.

Noëmi schaltet die Deckenleuchte in ihrer Küche an, setzt sich an den Holztisch und nimmt das Flugblatt in die Hand. „Stoppt die unverantwortlichen Experimente“, prangt dort in großen Lettern die Überschrift. Die im NERC geplanten Versuche seien gefährlich, versucht da eine internationale Aktionsgruppe namens „Do stop me now“ zu erklären. Noëmi liest das Blatt aufmerksam durch und schüttelt den Kopf. „Weltuntergang“, schmunzelt sie, „die meinen doch wirklich, wir könnten mit unseren Versuchen das ganze Weltall vernichten. So ein Unsinn!“

„Na ja“, denkt sie, „es hat schon immer Spinner und Verschwörungstheoretiker gegeben, die die absurdesten Dinge behaupten. Was soll‘s.“ Sie zerknüllt das Blatt, formt es zu einer kleinen Kugel und wirft diese gezielt gegen die Kühlschranktür. Das Papierkügelchen prallt dort erwartungsgemäß nach den Gesetzen von Ein- und Ausfallswinkel ab und landet präzise im Abfallkorb.

NEW YORK – Das verpatzte Rendezvous von Walter und Caroline liegt bereits zwei Wochen zurück und die beiden haben sich seitdem nicht wieder gesehen. Es ist offen geblieben, ob dies das Ende der Beziehung ist. Im Moment sind ohnehin beide mehr als beschäftigt – Caroline mit der Feuermondnacht und Walter mit seinem Pi-Projekt. Seit ihrer letzten Begegnung hat er jeden Abend bis tief in die Nacht in seinem Büro unter dem Empire State Building verbracht, um die technischen Voraussetzung für sein Vorhaben zu schaffen. Er wartet stets, bis der letzte Kollege nach Hause gegangen ist. Erst wenn er allein in seinem unterirdischen Reich ist, befasst er sich mit der Adaption diverser Programme. Die Vorarbeiten sind weitgehend abgeschlossen und heute, in der Nacht zum Samstag, soll es endlich soweit sein. Walter wird den Großrechner neu konfigurieren, die vorbereitete Software aufspielen und dann starten.

„Du arbeitest in letzter Zeit besonders viel", sagt sein Kollege Peter mit einem Hauch von Argwohn in der Stimme, als er im Begriff ist, am Freitagabend das Rechenzentrum gegen acht Uhr zu verlassen. Walter sitzt noch immer vor einem Bildschirm voller Programmzeilen.

„Ja, Pit, das stimmt. Die Festplatten aus Los Alamos sind störrischer, als gedacht."

„Hast du die immer noch nicht im Griff?"

„Nee, irgendwie sind da doch mehr Sektoren beschädigt, als ich ursprünglich gedacht habe. Das zu rekonstruieren ist kein Kinderspiel, aber ich werde es schon schaffen. Ist nur eine Frage der Zeit."

„Na dann viel Glück, Walter", ruft Peter ihm zu, kurz bevor die Tür hinter ihm ins Schloss fällt.

„Danke. Ich wünsche dir ein schönes Wochenende."

Im Lift nach oben denkt Peter noch einen kurzen Moment an Walter. „Merkwürdig. Für diese Routinearbeit bleibt er nun schon mehrere Abende länger im Büro“, sinniert er. Die Festplatten – mit einem streng geheimen und gut verschlüsselten Datenarchiv der Startalgorithmen ausländischer Atomsprengköpfe – sind bei einem Feuer im Atomlabor von Los Alamos beschädigt worden. Zum Glück nur leicht. Ein Experte wie Walter kann in so einem Fall aus den verbliebenen Daten die vollständige Information wieder rekonstruieren.

Doch tatsächlich wendet Walter allabendlich nur wenig Zeit für dieses Projekt auf. Vielmehr bastelt er an der Optimierung so genannter Neuronaler Netzwerke, spezieller Computerprogramme, die der Funktion biologischer Nervengeflechte nachempfunden sind und sich besonders zur Analyse sehr großer Datenmengen eignen. Schon seit einiger Zeit werden solche Programme von Banken zur Vorhersage von Börsenkursen oder zur Bonitätsprüfung von Kunden eingesetzt. Und auch seine „Firma“ nutzt die wunderbaren Fähigkeiten der Neuronalen Netze in vielfältiger Weise. Aus der Analyse von Kreditkartendaten oder dem Surfverhalten im Internet lassen sich mit Hilfe von Neuronalen Netzen immerhin grobe Persönlichkeitsprofile der Nutzer erstellen. Und es sind ebenfalls Neuronale Netze im Spiel, wenn die Bilder einer Überwachungskamera automatisch mit einer großen Zahl von Fahndungsfotos verglichen werden. Auch wenn eine Frisur oder Brille verändert worden ist, kann ein leistungsfähiges Neuronetz die betreffende Person erkennen und mühelos einem von hunderttausenden Einträgen eines digitalen Archivs zuordnen.

Doch um all dies geht es jetzt nicht. Walter will Neuronale Netze zum Aufspüren von verborgenen Strukturen in der un-

endlichen Ziffernfolge von Pi einsetzen. Zwar wird jedem Mathematikstudenten beigebracht, dass die Ziffern von Pi eine Zufallsfolge sind und keiner Gesetzmäßigkeit unterliegen. Dieses Lehrbuchwissen ist jedoch für Walter fadenscheinig geworden, seit er das alte Pergament kennt. Eine so wichtige, fundamentale Konstante, die den Kreis zu beschreiben vermag, kann doch nicht einfach aus einer zufälligen Zahlenfolge bestehen, ist sich Walter auf einmal sicher – auch dann nicht, wenn die Wahl des Dezimalsystems mit zehn Ziffern natürlich eine willkürliche ist.
Einen leistungsstarken Algorithmus zur Bestimmung der Dezimalstellen von Pi braucht Walter lediglich von einem Magnetband aus dem Archiv einzulesen. Diese Software hat er bereits zum Testen von neuer Hardware genutzt. Den Pi-Algorithmus muss er noch mit dem in den vergangenen Tagen programmierten Neuromodul verbinden. Dann kann die Sache losgehen. Steckt in Pi tatsächlich eine verborgene Information?
Das Telefon klingelt. Walter schreckt aus seinen Gedanken auf. Schon halb elf! Um diese Uhrzeit kann es sich eigentlich nur um Caroline handeln. Er zögert. Nach dem vierten Schellen nimmt er doch noch ab.
„Mein Gott, Walter. Hast du außer Arbeit auch noch etwas anderes im Sinn?“, hört er ihre Stimme durch den Plastikhörer, „hast du nicht Lust auf einen Drink bei unserem Italiener? Ich würde dich gerne mal wiedersehen.“
„Du, das geht heute nicht. Ich habe hier noch ein paar sehr wichtige Dinge zu erledigen, bevor ich am Montag nach London fliege.“
„Okay. Verstehe. Dann lass uns wenigstens noch am Sonntagabend treffen.“

„Gut. Komm einfach bei mir vorbei. Ich werde zu Hause sein", antwortet Walter schnell, um das Gespräch rasch beenden zu können.
„Okay. Ich komm dann so um acht. Dann können wir ja immer noch schauen, wo wir hingegen."
„Also dann bis Sonntag."
„Bis Sonntag, und arbeite nicht so viel."
Sofort stecken Walters Gedanken wieder irgendwo in einer Programmierschleife. „So, das hätten wir gleich." Wenige Minuten später startet er das Programm mit einem beherzten Druck der ENTER-Taste. Dann ist Zeit für ein Nickerchen im großen Sessel des Aufenthaltsraums. Drei Stunden später piepst die Digitaluhr in der Teeküche zur eingestellten Alarmzeit. Walter geht erwartungsvoll zurück in seinen Arbeitsraum. Mit geröteten Augen blickt er auf den großen Monitor. Zu sehen ist nichts. Walter beißt sich vor Spannung in den linken Daumen. Er setzt sich und wartet. „Wenn jetzt innerhalb der nächsten 30 Minuten nichts passiert", so überschlägt Walter, „dann muss dieses Experiment wohl als gescheitert gelten". Doch plötzlich füllt sich der Bildschirm mit Zeichen.
Sofort sackt Walter enttäuscht auf seinem Stuhl zusammen. Ein sinnloses Durcheinander aus Buchstaben und Sonderzeichen leuchtet ihn mitten in der Nacht hämisch an. Das Programm hat nicht den Hauch einer verborgenen Ordnung oder gar Semantik in Trillionen von Pi-Stellen entdecken können. Ein Fluch hallt durch den fensterlosen Raum. Walter wird schlagartig müde. „Es wäre ja auch zu schön gewesen", denkt er. Schnell sichert er seine Software auf einem Magnetband und konfiguriert den Computer wieder für den Normalbetrieb. Ein Taxi bringt ihn gegen drei Uhr am Morgen nach Hause.

Bereits um 9 Uhr wacht Walter mit Kopfschmerzen auf. Es ist Samstag. Die ganze Sache mit Pi kommt ihm auf einmal wie ein Alptraum vor. Da ist er also nächtelang einem Hirngespinst nachgejagt, nur weil auf einer alten Pergamentrolle der Zahl Pi mystische Eigenschaften zugeschrieben werden. „Was bin ich nur für ein Idiot", flüstert Walter und versucht, an etwas anderes zu denken. Er lenkt seine Gedanken auf die Reise nach London – und auf Imelda. Von ihr hat er nur die alte Studentenanschrift samt Telefonnummer. Dort wird er sie sicher nicht mehr erreichen. Wahrscheinlich heißt sie ja auch längst nicht mehr O'Connor, wenn sie inzwischen geheiratet hat. Und möglicherweise lebt sie nicht einmal mehr in England. Plötzlich erscheint ihm die Idee, Imelda wiedersehen zu wollen, ebenso unwirklich und verrückt wie seine erfolglosen Nachforschungen in Sachen Pi.
Als er noch im Bett liegend vor sich hindöst, fällt sein Blick plötzlich auf ein Buch im Regal, das er seit seinen Studententagen nicht mehr aufgeschlagen hat: „Schöpfungsmythen der Weltreligionen". Mit Imelda hat er oft über solche Dinge diskutiert. Caroline würde ihn nur laut auslachen, wenn er tatsächlich mit ihr über den Ursprung der Welt philosophieren wollte. Da durchzuckt Walter plötzlich ein Gedanke: „Ja. Natürlich. Das Neuronale Netzwerk muss ja zunächst einmal mit einer Referenz trainiert werden, damit es überhaupt weiß, mit welcher Zielrichtung es arbeiten soll." Und wenn in der Zahl Pi wirklich Anfang und Ende, Werden und Vergehen, die ganze Mystik der Welt verschlüsselt ist, dann könnten vielleicht Schöpfungsmythen ein Schlüssel zum Trainieren seines Neuronalen Netzwerks sein. Dieser Idee muss er sofort nachgehen.
Eine Stunde später sitzt Walter im Büro. Zuletzt hat er vor zwei Jahren an einem Samstag die „technische Versorgungseinheit"

unter dem Empire State Building betreten, wie seine Arbeitsstelle in den internen Lageplänen des Gebäudes heißt. Im Internet findet er eine Fülle von Schöpfungsgeschichten aus verschiedenen Kulturen und Religionen. Er lädt sie herunter und integriert die Datensätze in das digitale Trainingsmaterial für sein Deep-Learning-Neuroprogramm. „Die Trainingsphase wird bei dieser Menge an Daten rund fünf Stunden dauern", überschlägt Walter. Zeit genug also, um sich zwischendurch um Imelda zu kümmern.

Walter kann auf diverse Personendateien im Zentralrechner zugreifen, obwohl er dafür keine offizielle Berechtigung hat. Schließlich hat er die Kodierungen und Schutz-Systeme für einige dieser Datenbanken selbst programmiert. Er ist erstmals in seiner Karriere entschlossen, eine Dienstvorschrift zu ignorieren und seine Kompetenzen bewusst zu überschreiten. Er ist sich sicher, dass er bei diesem illegalen Zugriff keine Spuren hinterlassen wird. Nach wenigen Augenblicke hat er das gewünschte Eingabefenster auf den Bildschirm gezaubert. Eilig tippt er die Suchworte „Imelda O'Connor London" in die Tastatur. Sekunden später erscheint der gesuchte Datensatz auf dem Monitor.

„Das gibt es doch gar nicht", denkt er. Dass sie noch immer O'Connor heißt, überrascht ihn nicht, doch dass sie auch noch in der gleichen kleinen Studentenbude wie damals wohnt, findet er schon merkwürdig. Sie soll seitdem nicht umgezogen sein? Dann fällt sein Blick auf ein Kreuzchen im Statusfeld. Das bedeutet, dass sie aus irgendeinem Grund die Aufmerksamkeit der CIA auf sich gezogen haben muss, denn es wurde ein besonderes Dossier über Imelda angelegt. Auf diese Daten hat selbst Walter keinen Zugriff. Er stutzt einen Moment. Doch dann macht er sich schnell einen Reim darauf, warum es zwangsläufig eine Akte

„Imelda O'Connor" geben muss. Schließlich ist sie doch seine Ex und war mit ihm liiert, bis er England verlassen hat. Bei der Überprüfung seines persönlichen Umfeldes und seiner Lebensumstände muss Imelda damals zwangsläufig ins Visier der Firma geraten sein.

Ein wenig neugierig ist er schon, was wohl in diesem Dossier festgehalten ist. „Doch so spannend kann das ja nicht sein", denkt sich Walter. Irgendwie reizt es ihn jetzt noch mehr, Imelda zu treffen. Er wird sie einfach nach seiner Ankunft in London anrufen. Solange sein Computer noch mit dem Trainieren des Neuronalen Netzes beschäftigt ist, nutzt Walter die Zeit zur Vorbereitung auf die in London zu führenden Verhandlungen. Das hat er in den vergangenen Wochen doch ein wenig vernachlässigt.

Plötzlich beginnt der Cursor auf dem Monitor zu blinken. Das bedeutet, der Trainingslauf ist fertig. Nun kann er das Analyse-Programm starten, das er zwischenzeitlich wieder vom Band eingespeist hat. „Die ersten hundert Trillionen Stellen von PI müssen für einen ersten Versuch reichen", denkt Walter und drückt die ENTER-Taste. Der Bildschirm wird schwarz. Er blickt auf scine Armbanduhr: Es ist knapp Viertel nach drei am Nachmittag. Walter hält das für ein gutes Omen.

Zehn Straßen südlicher knallt in Manhattan in diesem Moment ein Champagner-Korken. Caroline und ihr Team feiern den Verkauf der millionsten Eintrittskarte für die Feuermondnacht. Besser könnte die Sache gar nicht laufen. Am wirtschaftlichen Supererfolg des Projekts besteht nicht mehr der geringste Zweifel. Caroline ist in allerbester Laune und prostet den anderen fröhlich zu. Sie sieht das auch als persönlichen Erfolg. Ihr großes Engagement in den vergangenen Monaten hat sich offensichtlich ausgezahlt.

Jetzt kann die Werbekampagne schrittweise zurückgefahren werden. Die bereits im Detail geplante, medienwirksame Präsentation des Feuermondnacht-Gastes Nr. 1.000.000 wird ein Kinderspiel sein. Weltweit haben führende TV-Sender die Ausstrahlung ab kommenden Montag fest gebucht. Und bereits gestern hat ein Produktionsteam den Glücklichen bei der symbolischen Entgegennahme seines Preises gefilmt und ein Interview mit ihm geführt. Es ist ein gewisser Lutz Feldhoff aus Deutschland.

POTSDAM – Später Freitagnachmittag. Professor Lutz Feldhoff hat sich gerade vom CNN-Aufnahmeteam verabschiedet. Die junge Moderatorin mit der asymmetrischen Blondfrisur, der sonnengebräunte Kameramann in Jeans und Cowboy-Stiefeln sowie zwei Assistenten haben Feldhoff im New Energy Research Center besucht und in seinem Büro gedreht. Auf die netten, harmlosen Fragen der Frau hat Feldhoff eloquent geantwortet und die Gelegenheit perfekt zur Selbstdarstellung genutzt. Jeder Zuschauer soll spüren, dass dieser Wissenschaftler dabei ist, der Natur ihre letzten Geheimnisse zu entreißen. Der Bericht über das einmillionste Feuermondnacht-Ticket wird nicht nur PR für Casha sondern auch für Feldhoff sein. In Windeseile haben die Fernsehleute Scheinwerfer, Kameras und Mikrofone wieder eingepackt und sind mit dem Mietauto ebenso schnell verschwunden, wie sie zuvor aufgetaucht sind. Die Moderatorin ist glücklich, dass Feldhoff so exzellent Englisch gesprochen und einfach alles reibungslos geklappt hat. „Wenn doch die Arbeit immer so einfach sein könnte“, hat sie beim Abschied gedacht.
Feldhoff sortiert schnell noch ein paar Unterlagen auf seinem Schreibtisch und schnappt sich dann seinen Mantel.

„Tschüss, Sabine. Arbeiten Sie nicht mehr so lange“, ruft er seiner Assistentin charmant zu, als er mit großen Schritten das Sekretariat durchquert.
„Ich mache nur noch diesen Brief hier fertig, dann bin ich auch weg. Schönen Abend noch und ein schönes Wochenende, Herr Direktor. Ich muss ja ausnahmsweise auch morgen am Samstag noch mal reinkommen und die Unterlagen für die große Tagung im Januar fertig machen.“
Während Sie diesen Satz spricht, ist der schlanke Mittfünfziger im Boss-Anzug bereits aus der Tür auf den Gang verschwunden. Ein „Danke, gleichfalls“ hallt von dort noch dumpf in ihr Büro. Nach wenigen Augenblicken sind seine eiligen Schritte nicht mehr zu hören.
Ein Blick auf seine Armbanduhr verrät ihm, dass es kurz nach sechs ist. So früh hat er es seit Monaten nicht mehr geschafft, aus seinem Büro im NERC-Hauptgebäude zu kommen. Große Dinge werfen ihre Schatten voraus und ihm entsprechend viel Arbeit auf den Schreibtisch. Dennoch hat er es sich an keinem Abend nehmen lassen, eine Stunde auf seinem Rennrad zu trainieren. Das glaubt er, seiner Gesundheit schuldig zu sein. Außerdem macht cs ihm viel Spaß.
Es regnet in Strömen. Ohne Regenschutz hastet Feldhoff die wenigen Meter zu seinem Zweisitzer, schwingt sich auf den Fahrersitz und fährt die zwei Kilometer zum Tor F, der Pforte zu seinem unterirdischen Reich. Um diese Zeit hat dort nur noch der Wachmann an der Einfahrt Dienst. Bereits aus der Ferne erkennt er den roten Porsche Boxter von Direktor Feldhoff, der hier allabendlich die Kontrollstelle passiert. Beide grüßen sich mechanisch mit kurz erhobener Hand, als der Wagen bei prasselndem Regen ohne zu stoppen am Schlagbaum vorbeifährt.

Eine Chipkarte öffnet Feldhoff nacheinander die zwei Türen der Sicherheitsschleuse und schon steht er in dem Lift, der ihn geschwind in die Tiefe bringt. Mit einem leisen Surren schieben sich die beiden Türhälften wieder auseinander. Feldhoff genießt die Aura, die für ihn von der großen Maschine ausgeht – seiner Maschine, seinem Konstrukt und Lebenswerk. Fast 40 Meter unter der Erde befindet er sich hier. Das rasselnde Plätschern des Regens dort oben ist einer unendlichen Stille gewichen. Selbst die Neonleuchten, die diese unterirdische Welt in ein gleichförmiges Licht tauchen, surren nicht.
Feldhoff atmet tief durch. Hier beginnt und endet ein 150 Kilometer langer, kreisförmiger Tunnel, der angefüllt ist mit silbrig glänzenden Rohren, Kabeln und zahllosen technischen Geräten – einem Teilchenbeschleuniger. In den luftleer gepumpten Metallrohren können winzige Teilchen auf unvorstellbar hohe Geschwindigkeiten beschleunigt werden. Dann lassen die Wissenschaftler diese Teilchen – in der Regel Protonen – frontal aufeinander prallen, um bei diesen Crashs das Entstehen und Vergehen anderer oder gar neuer, bislang unbekannter Teilchen zu beobachten.
Seit drei Monaten ist der Beschleuniger außer Betrieb. Er wird umgebaut, um die Teilchen künftig noch präziser fokussieren zu können. „In ein paar Wochen ist es endlich soweit", freut sich Feldhoff, als er sich in einer Abstellkammer, die über einen Nebengang vom Ringtunnel aus zu erreichen ist, den eleganten Anzug auszieht. Schnell fischt er seine Sportsachen aus einem Regal. Nike-Schuhe, eine kurze Sporthose und – aus guten alten Hamburger Zeiten – ein Fan-Trikot des HSV. Gleich nach der Wiedervereinigung hat er seine Chance erkannt und ging ohne jedes Zögern von Hamburg nach Potsdam, als er in dem Insti-

tut, aus dem später das NERC hervorging, die frei gewordene Position des Direktors übernehmen konnte. Sein Vorgänger ist über einige unschöne Akten der sogenannten Gauck-Behörde gestolpert, die seine Mitarbeit bei der Stasi zweifelsfrei belegen. Feldhoff war nach der Wende, wie alle seine Fachkollegen im Westen, von der Enthüllung des geheimen Teilchenforschungsprojekts der DDR über alle Maßen verblüfft gewesen. Da hatte man doch tatsächlich unbemerkt von der Weltöffentlichkeit in jahrelanger Arbeit rund um Berlin klammheimlich einen Tunnel gegraben, um darin den größten Teilchenbeschleuniger der Welt unterzubringen. Doch es ging damals – wenn überhaupt – nur in zweiter Linie um Wissenschaft. Das Projekt war im Kern militärischer Natur und natürlich „streng geheim". Ein Ringtunnel rund um Berlin hätte im Kriegsfall von hohem strategischen Nutzen sein können. Der vorgebliche Bau eines Teilchenbeschleunigers war immerhin als „geheim" eingestuft – hätte aber als glaubwürdige Legende dienen können, falls die Existenz des Tunnels doch irgendwie bekannt geworden wäre. Die Legende für alle Fälle mauserte sich nach der Wiedervereinigung zum Quasi-Fakt. Das war für alle die beste aller möglichen Interpretationen. Niemand wollte nach dem Ende des Kalten Krieges daran erinnert werden, dass hier möglicherweise eine unsichtbare Schlinge um West-Berlin gelegt werden sollte.
Im wiedervereinigten Deutschland diskutierten zunächst nur Wissenschaftler, dann aber auch Politiker, ob man den vorgefundenen Tunnelrohbau nicht sinnvoll nutzen und dort tatsächlich einen großen Teilchenbeschleuniger unterbringen sollte. Die Forscher sahen darin eine einmalige Chance für den Wissenschaftsstandort Deutschland. Allerdings waren die Kosten für ein solches Projekt immer noch sehr hoch, auch wenn der aufwendige und

teure Bau des Tunnels nicht mehr geleistet werden musste. Nach vielen Diskussionen und einigem Hin und Her bei der Frage der Finanzierung fiel dann letztendlich die Entscheidung, rund um Berlin den größten Teilchenbeschleuniger der Welt zu bauen.
Feldhoff schiebt sein Rennrad hinaus in den Beschleunigertunnel. „In wenigen Wochen werde ich hier das größte Experiment der Menschheitsgeschichte starten. Mit diesen gewaltigen Energien werde ich die Natur zwingen, endlich Antwort auf die noch offenen Fragen zu geben. Wenn meine Teilchen zusammenstoßen, wird sich offenbaren, was die Welt im Innersten zusammenhält!"
Den letzten Satz schreit er mit ansteigender Lautstärke in den Tunnel hinein. Er genießt das zurückkommende Echo: „im Innersten zusammenhält ... zusammenhält ... hält ... Held ... Held!" Hier unten braucht er seinem Innersten keine Schranken aufzuerlegen. Hier ist er nicht der nüchterne Wissenschaftsmanager, für den ihn alle halten.
Er springt mit einem eleganten Schwung auf sein Rad und tritt kraftvoll in die Pedale. Der knapp zwei Meter breite Gang zwischen der Innenkreis-Betonwand des Tunnels und dem metallischen Beschleunigerrohr ist Feldhoffs Radrennbahn. Unabhängig vom Wetter, völlig ungestört und ohne Gegenverkehr kann er hier seinen Kreislauf in Schwung bringen und gleichzeitig bei seiner Maschine sein. Normalerweise kehrt Feldhoff nach ungefähr einer halben Stunde Fahrt wieder um. Einige Male hat er an Wochenenden unter dem Aufgebot seiner ganzen Kraft und Ausdauer sogar den vollständigen Tunnelkreis in einer Tour bewältigt.
Feldhoff steigert seine Geschwindigkeit. Die in regelmäßigen Abständen an der Decke angebrachten Neonleuchten huschen

über seinen Kopf hinweg. Ihr Licht lässt immer wieder einzelne Metallteile der Beschleunigeranlage kurzzeitig aufblitzen. Feldhoff denkt an die jahrelangen, politischen und wissenschaftlichen Kämpfe, die er ausfechten musste, bis endlich das Geld für den Ausbau des Beschleunigers bereitgestellt wurde. Er hat die endlosen Streitereien mit einigen seiner Fachkollegen als unsäglich empfunden. Er ist sich sicher, dass sie ihm diese einzigartigen Experimente schlichtweg neiden. Nur deshalb haben sie sein Projekt als „wissenschaftlich nicht zielführend“ und „pure Verschwendung von Steuergeldern“ bezeichnet. Manch kritische Stimme ist bis heute zu hören.

„Doch bald“, so denkt Feldhoff auf seinem Rad mit pochendem Herzen, „werden diese Stimmen endgültig verstummt sein.“ Er fühlt sich seinem Triumph so nahe.

„Dieses Experiment wird den Ursprung des Universums klären und eine Theorie für alles, ja für alles, ermöglichen“, keucht er gegen den Fahrtwind, „die Bedeutung von Newton oder Einstein wird dagegen völlig verblassen.“

Er sieht sich in Gedanken schon in Stockholm bei der Entgegennahme des Nobelpreises für Physik. An der Seite der schwedischen Königin schreitet er durch eine riesige Menschenmenge, die ihn enthusiastisch hochleben lässt. Alle Zeitungen berichten auf der Titelseite von dem Mann, der die Welt endgültig erklärt und die Wissenschaft zu einem krönenden Abschluss geführt hat. Sondersendungen im Fernsehen.

Zu spät bemerkt Feldhoff die Werkzeugkiste, die da plötzlich im endlosen Rund des Beschleunigertunnels auf dem Boden steht. Sein Reißen an den Bremsen kann die Kollision nicht mehr vermeiden. So wird zwar der rasante Lauf des Rades jäh gestoppt, doch die Masse seines Körpers will sich dem Schwung der Bewegung zunächst weiter ergeben. In einem hohen Bogen wird Feldhoff über die Lenkstange nach vorne geschleudert. „Welcher Idiot...", kommt es ihm noch im Flug über die Lippen, bevor er mit dem Kopf auf dem Boden aufschlägt und das Bewusstsein verliert.

NEW YORK – Walter blickt auf seine Armbanduhr. Er kann nicht abschätzen, wie lange das Neuronale Netz noch brauchen wird und ob es überhaupt ein Ergebnis liefern wird. Der Rechenaufwand ist jedenfalls gigantisch. Könnte es sein, dass selbst die Leistung seines Supercomputers für diese Aufgabe nicht ausreicht? Immerhin fünf Millionen der schnellsten Prozessoren sind nun schon seit drei Stunden mit der Sache befasst. Walter ist viel zu aufgeregt, als dass er jetzt noch andere Arbeiten nebenbei erledigen könnte. Er sitzt mit dem Kinn auf beide Hände gestützt und wippt mit den Knien nervös auf und ab. Während Walter auf den schwarzen Monitor starrt, sieht er vor seinem inneren Auge bunte, konzentrische Ringe, umeinander geschlungen wie Zwiebelschalen. Die Ringe ändern fortwährend ihre Farben. Plötzlich schreckt er auf. In der Mitte des Bildschirms ist unvermittelt eine Reihe aus Buchstaben aufgetaucht. Walter erstarrt. Dann formen seine Lippen langsam aber lautlos, was sein Superrechner dort aus hundert Trillionen Stellen von Pi extrahiert hat:

IM ANFANG WAR DIE ZAHL

POTSDAM – Noëmi hat den ersten Bus zum Forschungszentrum genommen. So früh am Tag wollte sie nicht mit dem Rad fahren, zumal heute ein kühler Ostwind weht. Es sind nur noch knapp drei Wochen, bis die Experimente starten sollen und an der Apparatur muss sie noch eine Reihe von Sensoren justieren. Da ist es für eine junge Wissenschaftlerin völlig normal, auch an einem Samstag zu arbeiten – und in aller Herrgottsfrühe.

Noëmi steigt an der Haltestelle NERC-Süd aus, um direkt in die Beschleunigeranlage zu gehen. Als Erste an diesem Tag passiert Noëmi diese Pforte zum Institutsgelände. Als sie über den Parkplatz zum Eingang in die unterirdische Welt schreitet, blickt sie gähnend auf die knapp über dem Horizont stehende Spätherbstsonne. Augenblicke später fährt sie mit dem Fahrstuhl hinunter in den Tunnel.

Die Stelle, an der sie zu arbeiten hat, liegt ungefähr 800 Meter vom Eingangsschacht entfernt. Sie nimmt wie immer eines der Mitarbeiter-Fahrräder und radelt gemächlich das Tunnelrund entlang. Plötzlich halten ihre Beine inne. Da liegt jemand auf dem Betonboden, halb unter einem Fahrrad. „Oh Gott." Sie erkennt Professor Feldhoff.

Sie bremst und hält gut zwei Meter vor dem leblos scheinenden Körper. Da steht auch der Werkzeugkasten, den sie gestern an dieser Stelle zurückgelassen hat, weil sie ja schon in aller Frühe weiterarbeiten wollte. Sie erfasst sofort, was sich hier abgespielt hat, und spürt ein dumpfes Gefühl ihrer Magengegend.

Ohne groß nachzudenken, schiebt sie schnell den Werkzeugkasten zur Seite, so dass er unter dem Beschleunigerrohr verschwindet. „Das hätte ich wohl besser schon gestern Abend getan", denkt Noëmi. Dann greift sie das linke Handgelenk von Professor Feldhoff und fühlt seinen Puls.

„Er lebt“, denkt sie und spürt eine große Erleichterung.
Sie dreht seinen Kopf vorsichtig zur Seite und blickt in das Gesicht eines Bewusstlosen. „Professor Feldhoff“, ruft sie laut und gibt ihm eine kleinen, fast zärtlichen Klaps auf die rechte Wange: „Professor Feldhoff!“
Tatsächlich kommen wie aus dem Tiefschlaf gestammelte Wortfetzen über seine Lippen, die sie aber nicht versteht. Vorsichtig zieht sie das Fahrrad von seinem Körper herab und drapiert Feldhoff in die so genannte stabile Seitenlage, wie sie es bei den Kursen der Freien Deutschen Jugend gelernt hat. Dann radelt sie zum nächstgelegenen der Telefone, die im Abstand von je 250 Metern entlang des gesamten Tunnels angebracht sind. Ein Notruf von Apparat V-17B.
Sofort kehrt sie zu Feldhoff zurück und wartet bei ihm auf das Eintreffen der Rettungssanitäter. So hilflos und friedlich liegt dort ihr „Big Boss“, wie ihn die meisten Mitarbeiter nennen. Auf seiner Stirn und an der rechten Schläfe klebt eingetrocknetes Blut – an den dort schon leicht ergrauten Haaren. Noëmi pocht das Herz bis in den Hals. Und das ausgerechnet jetzt, so kurz vor dem großen Experiment. Sie fühlt sich schuldig. Noëmi streicht ihm langsam durch das volle Haar und probiert es noch einmal: „Professor Feldhoff, können Sie mich hören?“ Er tut ihr unendlich leid.
„Was ist passiert?“, fragt er plötzlich, während in sein Gesicht ein Hauch von Mimik zurückkehrt.
„Sie sind vom Fahrrad gestürzt. Es kommt gleich Hilfe.“
„So ein Idiot. Irgend ein Idiot... hat da einfach eine Werkzeugkiste..., wenn ich den erwische.“
In diesem Moment erscheinen am Horizont der Tunnelkrümmung zwei weiß gekleidete Sanitäter auf einem Elektrofahrzeug,

das aus der Entfernung einem Aufsitz-Rasenmäher recht ähnlich sieht. Ein Mitarbeiter des Werksschutzes folgt ihnen auf einem Fahrrad. Die Sanitäter heben Feldhoff vorsichtig und dennoch schnell auf eine Trage. Feldhoffs Augen blicken dabei für einen kurzen Moment in Noëmis hübsches Gesicht.

„Danke, Noëmi", sagt er noch mit leicht zitternder Stimme, bevor das Elektromobil mit dem verletzten Feldhoff genauso lautlos, wie es gekommen ist, wieder in Richtung Fahrstuhl davonsaust.

Der Werksschutz-Mitarbeiter ist an der Unfallstelle verblieben. „Sie haben ihn gefunden?", fragt er Noëmi, ohne sich vorzustellen, und notiert Namen und Personalnummer von ihrem Hausausweis. „Ja. Ich war heute sehr früh dran. Er hat hier wahrscheinlich seit gestern Abend gelegen." Noëmi weiß ja, dass Feldhoff allabendlich mit seinem Rad im Beschleunigertunnel unterwegs ist. Nur gestern Abend hat sie daran nicht gedacht.

Der Schock über das von ihr verursachte Unglück sitzt ihr tief in den Knochen. Für heute ist es sicher besser, die Finger von der empfindlichen Apparatur zu lassen. Bevor sie nach Hause fährt, will Noëmi noch kurz in ihrem Büro vorbeischauen, um diverse wissenschaftliche Veröffentlichungen mit zu nehmen. Sie geht den Weg zum Hauptgebäude des Instituts zu Fuß.

Auf dem Flur kommt ihr mit eiligen Schritten Sabine entgegen. So hektisch und aufgeregt hat Noëmi sie noch nie erlebt. Zudem ist sie überrascht, Sabine hier an einem Samstag anzutreffen. Noch bevor Noëmi irgendetwas sagen oder auch nur grüßen kann, hört sie Sabine im Vorbeilaufen atemlos rufen: „Feldhoff ist verunglückt! Ein Rettungswagen hat ihn gerade eben ins Krankenhaus gebracht! Ich muss jetzt noch schnell zum Werks-

schutz und irgendwelchen Papierkram erledigen.“ Und da ist Sabine auch schon ins Treppenhaus entschwunden.
Noëmi bleibt noch eine Weile wie angewurzelt stehen. Dann geht sie langsam weiter, holt einen Stapel Fachaufsätze aus ihrem Schreibtisch und macht sich dann auf den Weg zur Bushaltestelle. Im Institut begegnet sie niemandem mehr. Eine Stunde später kocht Noëmi in ihrer Küche einen starken Kaffee. Ihre Gefühlslage ist komplex. Einerseits ist sie durchaus erleichtert, dass der Mann vom Werksschutz die Kiste offenbar nicht gesehen und als mögliche Unfallursache erkannt hat. Andererseits fühlt sie sich für Feldhoffs Sturz verantwortlich. Ihr schlechtes Gewissen plagt sie. Soll sie ihre Schuld eingestehen? Sie ist hin- und hergerissen. Gegen Mittag greift sie zum Telefonhörer, um sich Sabine gegenüber zu offenbaren.
Sabine ist offenbar noch immer im NERC und nimmt sofort ab. Bevor Noëmi ihre Missetat beichten kann, fällt ihr Sabine ins Wort: „Nein, Sie müssen sich keine Sorgen machen, Professor Feldhoff geht es schon wieder ganz gut. Ich habe gerade mit ihm telefoniert. Er wird noch heute aus dem Krankenhaus entlassen. Morgen will er schon wieder im Beschleuniger arbeiten.“ Sie klingt jetzt wieder sehr freundlich und nicht mehr so aufgelöst wie vorhin. Noëmi ist froh, dass Feldhoffs Verletzungen offenbar harmlos sind. Sie ist beruhigt und entspannt sich. Noëmi beschließt spontan, auf eine Beichte zu verzichten. Offensichtlich weiß außer ihr niemand von der kleinen Sünde.

NEW YORK – Sonntagabend. Walter ist gerade mit den Vorbereitungen für seine Reise nach London fertig geworden, als der Türgong erklingt. Er blickt auf das kleine Display an der Wand neben der Wohnungstür und sieht das strahlende Antlitz von Caroline. Er drückt auf eine kleine, weiße Taste. Irgendwie hat er keine große Lust auf einen Abend mit Caroline. Sein Kopf ist voller Gedanken an das große Mysterium, zu dem er inzwischen glaubt, den Zugang zu kennen. Auf welche fantastischen Dinge wird er stoßen, wenn er dem Computer noch deutlich mehr Stellen von Pi anbietet?

Caroline lebt in einer ganz anderen Welt, die ihm auf einmal profan und oberflächlich erscheint. Sie würde ihn schlicht für einen übergeschnappten, esoterischen Spinner halten, wenn er auch nur ein Wort über das Geheimnis des Kreises verlieren würde. Und es gibt weitere Gründe, Caroline nichts von alledem zu erzählen.

„Hi, Walter." Caroline stolziert in blauem Mini und weißer Bluse über die Schwelle. In der linken Hand hält sie eine Flasche Veuve Clicquot Ponsardin. „Es gibt was zu feiern, mein Lieber", strahlt sie, während sich die beiden flüchtig umarmen. „Wir haben die millionste Eintrittskarte zur Feuermondnacht verkauft. Ein Professor aus Potsdam hat vergangene Woche die Tickets Nr. 999.999 und 1.000.000 geordert. Morgen berichtet CNN ausführlich darüber."

„Deine Feuermondnacht interessiert mich einen Scheiß", kontert Walter ungewöhnlich schroff – ganz und gar undiplomatisch, aber zutiefst ehrlich.

Alle Gefühle, die Caroline bislang für Walter empfunden hat, fallen wie ein Kartenhaus in sich zusammen. Ihre Stimme ist plötzlich laut und aggressiv.

„Dir fehlt doch wirklich jede Antenne für alles Sinnliche. Ganze Abende verbringst du mit deinen Computern und brütest über irgendwelchen Zahlen und Formeln, die nichts, aber auch gar nichts mit dem bunten Leben da draußen zu tun haben. Wir planen das wunderbarste Happening, das die Welt je gesehen hat. Südsee, Musik, Action, ein gigantisches Mond-Feuerwerk. Millionen von Menschen fiebern diesem Ereignis entgegen, die Medien berichten tagein, tagaus davon und du sagst, es interessiert dich nicht. Was interessiert dich denn überhaupt? Du bist doch bereits scheintot."

Nachdem Caroline die PR-Arbeit für die Feuermondnacht übernommen hatte, hielt sich der verliebte Walter anfangs noch bedeckt. Eine ganze Weile gelang es ihm, seine Vorbehalte weitgehend für sich zu behalten und das Thema Feuermondnacht, wenn irgend möglich, zu meiden. Doch das konnte nicht ewig funktionieren. Dissonanzen gab es bereits. Und jetzt ist für Walter die Zeit gekommen, Tacheles zu reden. Es sprudelt ungefiltert aus ihm heraus.

„Eure Feuermondnacht ist von einer nicht zu überbietenden Dekadenz. Atombomben auf dem Mond detonieren zu lassen, um damit Profit zu machen. Das ist doch der pure Wahnsinn. Da gibt es nicht mal einen Hauch von Respekt vor der Schöpfung."

„Schöpfung? So ein Quatsch. Es tut niemandem weh, wenn wir auf dem unbewohnten Mond ein paar Bömbchen hochgehen lassen. Wir tun nur etwas, was den Menschen Spaß und Freude bringt. Und ich bin stolz darauf, daran mitzuarbeiten."

Sie setzt die Champagner-Flasche heftig auf der Kommode im Flur ab, während ihr erboster Gesichtsausdruck zusätzlich einen feinen Zug von Zynismus annimmt: „Die kannst du ja auf unseren Abschied trinken. Wie konnte ich nur auf einen Trottel wie dich hereinfallen?" Im gleichen Augenblick ist sie durch

die Tür verschwunden. Er hört noch einige Takte des Stakkatos ihrer Absätze auf den Marmorstufen.
Walter schließt die Tür, bleibt zunächst mit dem Rücken an sie gelehnt stehen und atmet tief durch. Er fühlt keinen Schmerz, nur ein diffuses Unbehagen in der Magengegend. Das indes dürfte vorwiegend dem Umstand geschuldet sein, dass Carolines Vater auch nach dem Ende dieser Episode sein Vorgesetzter bleibt.

POTSDAM – Noëmi nutzt den ausgefallenen Arbeitstag für ein zusätzliches Aikido-Training am Nachmittag. Sie übt sich in dieser japanischen Kampfkunst seit sie in Potsdam wohnt und hat es darin zu durchschnittlichem Erfolg gebracht. Für sie ist Aikido in erster Linie Gymnastik mit einem Schuss mentalen Trainings, ein Ausgleich zu ihrer wissenschaftlichen Arbeit. Noëmi hat es selbst einmal als dynamisches Yoga bezeichnet. Der Aspekt der Selbstverteidigung spielt für sie nur eine untergeordnete Rolle.
Heute spürt sie besonders große Lust, dem Alltag durch einen Dojo-Besuch zu entfliehen. Meister Sushai verneigt sich vor seinen Schülern, die in ihren weißen Roben andächtig in einer langen Reihe vor ihm knien. Sie tun es ihm gleich.
„Das Ki kommt aus dem Kreis, dem ewigen Kreis. Er ist der Weg zur Harmonie“, philosophiert der Meister. Die Kyu- und Danträger lauschen seinen Worten und nehmen seine Botschaft als etwas Ganzheitliches wahr, das sie selbst zu erklären nicht in der Lage gewesen wären. Alle wissen aber, dass Ki das japanische Wort für Energie ist. Und es ist die mittlere Silbe im Wort Aikido.

Noëmi hat plötzlich wilde Assoziation. Beim Wort Kreis in Verbindung mit der Silbe Ki denkt sie unwillkürlich an die so ähnlich klingende Kreiszahl Pi: „Das Ki kommt aus dem Pi", „in Pi steckt das Ki", „Pi und Ki", „Piki", „Kipi". Sie träumt.
„Noëmi!" Der Ruf des Meisters klingt sehr bestimmt: „Wo sind deine Gedanken? Komm bitte mal nach vorn!"
Noëmis Gedanken kehren in die Welt des Dojos zurück und sofort ist sie wieder präsent. Gemeinsam mit Sushai demonstriert sie die fünfte Form Kai-te-nage. Ihre Bewegung ist ganz Kreis und während sie über die Bodenmatten abrollt, hat sie noch immer ein unbestimmtes, aber befriedigendes Gefühl, eine große Einsicht gewonnen zu haben. Bewusster wird ihr das aber nicht. Sie verlässt das Dojo mit entspannter Gelassenheit, ja beinahe schon Heiterkeit. Professor Feldhoff kreist nicht mehr in ihrem Kopf. Auf dem Nachhauseweg nimmt sich Noëmi vor, heute nicht allzu spät schlafen zu gehen, damit sie am Sonntagmorgen möglichst früh zum Forschungszentrum fahren kann, um die nicht fertig gewordenen Arbeiten zu erledigen. Sie steht bereits im Bad, als ihr einfällt, dass sie noch schnell die Mails checken könnte. Sie geht zum Küchentisch und schaltet ihren Laptop ein. Tatsächlich blinkt das Symbol für den elektronischen Briefkasten: „Sie haben eine neue Nachricht." Sie klickt das Icon an und es öffnet sich eine mysteriöse Mail, die aus nur sieben Worten besteht: „Noëmi, ich muss mit dir sprechen. Victor."
Noëmi blickt ungläubig auf das Display. Victor? Kann das wirklich sein? Erinnerungen schießen in ihr Gehirn. Sie war siebzehn, als sie den jungen Russen das letzte Mal gesehen hat. Die E-Mail-Adresse des Absenders sieht merkwürdig aus und endet mit der Domäne „ru". Dieses Indiz spricht durchaus für Victor. Irgendwie muss er ihre Mailadresse herausgefunden haben.

„Doch was soll das, nach all den vielen Jahren?“, fragt sich Noëmi. Sie hat das Bedürfnis, ihre beste Freundin anzurufen.
Noëmi und Christin kennen sich seit ihrer Schulzeit und der Kontakt ist nie abgebrochen. Auch nicht, als Noëmi in eine kleine Studentinnen-WG nach Berlin zog, um dort Physik zu studieren. Zur gleichen Zeit begann Christin eine Banklehre in Bonn. Die beiden wissen praktisch alles voneinander und auch die Romanze mit Victor kennt Christin in allen Details. Sie hat Noëmi nach dem schrecklichen Ende ihrer Beziehung mit Victor monatelang beigestanden. Es war damals für Noëmi eine Zeit der traumatischen Erlebnisse. Vorwürfe der Eltern, Verhöre durch die Stasi und die Gewissheit, nicht mehr studieren zu dürfen. Die Physik war schon damals ihr großer Traum, der plötzlich zerplatzte. Wäre da nicht Christin gewesen – vielleicht hätte Noëmi ihrem jungen Leben ein Ende gesetzt. Einen möglichen Ausweg sah Noëmi noch: die Flucht in den Westen. Die Aussicht, dass dies gelingen könnte, war sehr gering. Doch sie war bereit, alles auf diese eine Karte zu setzen.
Dann kam die Wende und sprengte Noëmis Fesseln. Einen Tag nach der Maueröffnung fuhr sie mit ihrer Freundin nach West-Berlin – mit dem Wartburg von Christins Eltern. Unweit der Gedächtniskirche tranken die beiden auf dem Kudamm ungekühlten Aldi-Sekt, ohne Gläser. Sie prosteten den vielen fröhlichen Menschen, die um sie herum den historischen Tag feierten, mit der Flasche zu. Noëmi glaubte damals, die Frische der Freiheit zu spüren, obgleich ihr bewusst war, dass dies, wissenschaftlich betrachtet, Unsinn ist. Im nächsten Sommersemester nahm Noëmi ihr Studium an der Freien Universität Berlin auf. Für sie begann ein neues Leben. Christin blieb ihre einzige Verbindung in die Vergangenheit.

Noëmi drückt auf eine Kurzwahltaste ihres Telefons. Nach wenigen Freizeichen hört sie die vertraute Stimme.
„Hallo Christin! Ich bin‘s, Noëmi."
„Grüß dich, Noëmi. Schön, von dir zu hören. Was hast du auf dem Herzen? Wenn du um diese Zeit anrufst, dann gibt es doch bestimmt einen besonderen Grund, oder?
„Du glaubst nicht, wer mir eine Mail geschrieben hat."
„Ich kann es erst glauben, wenn du es mir sagst."
„Victor. Victor hat mir geschrieben."
„Was? Victor, deine Jugendliebe?"
„Ja."
„Und was schreibt er?"
„Nicht viel. Nur einen Satz. Er will mit mir sprechen, schreibt er."
„Woher hat er denn deine Adresse?"
„Keine Ahnung. Ich weiß nicht, was das soll."
„Dann schreib ihm doch einfach zurück. Vielleicht entwickelt sich ja daraus eine Cyberfreundschaft. Jetzt, wo alles anders ist. Heute wäre ein Kontakt zwischen euch doch gar kein Problem mehr."
„Ich weiß nicht, Christin. Mir kommen so unangenehme Erinnerungen. Ich würde gerne persönlich mit dir darüber sprechen. Kann ich morgen Abend nach der Arbeit mal bei dir vorbei kommen?"
„Klar, doch," antwortet Christin „ich bin zu Hause."
„Na dann bis morgen. Tschüss, Christin."
„Tschau, Noëmi."

LONDON – Der Abflug von BA808 von New York nach London ist pünktlich. In Walters kleinem Handgepäck befindet sich auch das Pergament aus der Truhe sowie mehrere Disketten mit dem von ihm geschriebenen neuronalen Simulationsprogramm. Er will Imelda das van Ceulen-Dokument zeigen. Walter ist sich sicher, dass sie als Philosophin, die offen für Mystik ist, die Bedeutung dieser Botschaft und seiner darauf fußenden Computerrechnungen sofort verstehen wird. Mit einem Menschen will und muss er schließlich dieses unglaubliche Wissen teilen und darüber diskutieren. Insbesondere erhofft sich Walter davon eine Anregung, wie er in Sachen Pi weiter vorgehen könnte.
Was ihn noch darin bestärkt, Imelda in das Geheimnis einzuweihen, ist der Umstand, dass er die Truhe just am selben Tag erworben hat, an dem er Imelda kennenlernte. Sehr wahrscheinlich würde sie sich sogar an diese Truhe erinnern. So scheint es ihm ein Fingerzeig des Schicksals zu sein, dass ihn gerade jetzt eine Dienstreise nach London führt. Er ist davon überzeugt, dass sie ihr großes Interesse an mathematischen und philosophischen Dingen nicht verloren haben kann. Tatsächlich fällt ihm auch kein anderer Mensch ein, mit dem er über solche Dinge hätte reden können. Die Besprechungen mit den britischen Kollegen sind ganztägig bis einschließlich Freitag angesetzt. Doch an einem Abend oder spätestens am Wochenende könnte Zeit für ein Treffen mit Imelda sein. Das Rückflugticket ist für Sonntagabend ausgestellt.
„Darf ich Ihnen noch ein Glas Wein anbieten?“, die Stewardess reißt Walter aus seinen Gedanken.
„Nein, vielen Dank. Im Moment nicht.“ Walter grübelt darüber, welchen Karriereweg wohl Imelda nach Abschluss ihres Studiums eingeschlagen hat. Er fragt sich, wie sie auf sein über-

raschendes Auftauchen reagieren wird. Wird sie vielleicht verärgert sein, dass er sich so lange nicht mehr bei ihr gemeldet hat? Doch sie hat sich ja auch nicht mehr gerührt. „Einen Versuch", so scheint es Walter, „ist es wert."
Gleich nach seiner Ankunft in Heathrow geht Walter zu einem Münztelefon und wählt die Nummer aus dem blauen Adressbuch. Eine jung klingende Männerstimme meldet sich. „Imelda? Nein, die wohnt hier schon lange nicht mehr", tönt es schroff aus dem Hörer. „Keine Ahnung, wo sie steckt." Doch irgendwie hat Walter das Gefühl, dass der Mann am anderen Ende der Leitung mehr weiß. Schließlich hat er dem Datenfile ja entnommen, dass Imelda dort noch immer gemeldet ist. „Vielleicht ein eifersüchtiger Partner, der einfach abblockt", denkt er.
„Mein Name ist Walter und ich bin ein alter Studienfreund von Imelda", erklärt er mit betont freundlicher Stimme, „ich bin diese Woche in London. Falls Imelda mich anrufen möchte – ich wohne im ‚City Sheraton'."
„Ich sagte doch bereits, dass hier keine Imelda wohnt", hört Walter noch, bevor die Leitung abrupt unterbrochen wird.

POTSDAM – Ein Alptraum reißt Noëmi am frühen Sonntagmorgen aus dem Schlaf. Sie hat von Victor geträumt und sein Gesicht gesehen, das umgeben war von gewaltigen Feuersbrünsten, ja einem apokalyptischen Flammenmeer. Was hat diese Mail nur in ihrem Kopf ausgelöst? Schnell eilt sie unter die kalte Dusche, um die Dämonen der Nacht zu vertreiben. Es gelingt. Sie fühlt sich wieder frisch und klar. Erst jetzt klingelt der Wecker. „Gut", denkt Noëmi, „dann habe ich ja noch etwas mehr Zeit für das Frühstück." Danach geht es wieder mit dem ersten Bus zum Forschungszentrum, heute jedoch erst einmal zum Haupteingang. Noëmi erledigt ein bisschen Papierkram im Büro und macht sich dann auf den Fußweg zum Tunneleingang. Sie will heute die Justage von Magnetsensoren fortsetzen. Der Werkzeugkasten steht noch immer dort, wo sie ihn gestern unter der Apparatur versteckt hat. Sie zieht ihn langsam hervor und will ihn gerade öffnen, als sie plötzlich Schritte hinter ihrem Rücken hört. Sie dreht sich um. Eine große Männergestalt ist aus einem Nebengang in das Beschleunigerrund getreten und geht jetzt direkt auf Noëmi zu.

„Guten Morgen, Noëmi", sagt eine merkwürdig sanfte Stimme.

„Guten Morgen, Herr Professor", antwortet sie. Im ersten Moment hat sie Feldhoff gar nicht erkannt. Er trägt einen weißen Verband um den Kopf und sein linker Arm hängt in einer Schlinge.

„Sind Sie wieder okay?", fragt Noëmi vorsichtig und befürchtet schlimmste Vorwürfe wegen der Werkzeugkiste. „Er muss doch wissen, dass... oder etwa nicht?", fragt sie sich. Noëmi hat ein mulmiges Gefühl.

„Mir geht es schon wieder ganz gut. Danke. So eine kleine Prellung am Arm ist schließlich kein Weltuntergang und die Platzwunde am Kopf wird in ein paar Tagen auch schon wieder vergessen sein."

„Ich wünsche Ihnen gute Besserung", sagt Noëmi aufrichtig. Doch sie wundert sich, dass Feldhoff so früh am Sonntagmorgen im Ring ist, zumal in seinem Zustand noch ein Tag Bettruhe sicher nicht geschadet hätte.

Als ob Feldhoff ihre Gedanken ahnen würde, entgegnet er: „Ich bin gleich heute früh zu Ihnen gekommen, weil ich mich bedanken wollte. Wenn Sie mich nicht so zeitig gefunden hätten, wäre die Sache vielleicht nicht so glimpflich für mich ausgegangen. Sie haben mich gerettet."

„Nun übertreib mal nicht", denkt Noëmi, „dann wärst du halt noch ein Stündchen länger da gelegen, na und?" Doch zweifelsohne ist ihr diese Dankes-Arie lieber als die erwarteten Vorwürfe. Offenbar hat sich niemand mehr für die Ursache des Unfalls interessiert.

„Ich habe doch nur getan, was selbstverständlich war", sagt Noëmi bescheiden und senkt kurz ihren Blick zum Boden.

„Sie haben mich gerettet", wiederholt Feldhoff und blickt tief in ihre blaue Augen, „und ich würde Sie als Dankeschön gern zu einem Abendessen einladen."

Noëmi ist überrascht. Damit hat sie nun gar nicht gerechnet. Ein Abendessen mit Feldhoff. Das ist eine große Ehre und sie freut sich. Ihr wird nicht bewusst, dass sich in ihrem Kopf ein paar Hirnzellen überdies schon darüber einig sind, dass sie Feldhoff auch als Mann nicht unattraktiv finden.

„Ja, gerne, Herr Professor."

„Wie wäre es mit kommenden Samstag? Bis dahin bin ich auch den Turban wieder los und kann mich Ihnen als Abendländer zeigen. Sagen wir – in einem französischen Restaurant?"

„Sehr gerne."

„Ich sage Ihnen noch rechtzeitig Bescheid. Dann weiterhin viel Erfolg bei der Arbeit."

Er verschwindet durch den gleichen Seitengang, über den er gekommen ist. Ihr ist nicht entgangen, dass sein Blick, bevor er sich zum Gehen wendet, noch für den Bruchteil einer Sekunde die Werkzeugkiste streift. Sie setzt ihre Arbeit fort. Diese erfordert Noëmis volle Konzentration, so dass im Kopf kein Platz bleibt für Gedanken an Feldhoff oder Victor. Ohne

Pause arbeitet sie bis 18 Uhr und holt so den ausgefallenen Arbeitstag nach. Dann macht sich Noëmi auf den Weg zu Christin. Eine gute halbe Stunde später steht sie bei ihr vor der Tür.
„Grüß dich, Christin."
„Hallo Noëmi."
Die beiden gleich großen Frauen umarmen sich und tauschen Wangenküsse. Die langen blonden Haare Noëmis und die nicht ganz so langen schwarzen Haare von Christin hätten einem Beobachter einen reizvollen Kontrast geboten. Noëmi nimmt auf dem kleinen Zweiersofa aus weißem Leder Platz.
„Ich hab uns schon mal einen Tee gekocht", beginnt Christin.
„Wunderbar. Aber ich hab heute noch gar nichts gegessen."
„Sollen wir in ein Restaurant gehen?"
„Nein, ich würde lieber hier zu Hause mit dir reden. Wir könnten uns Pasta kommen lassen."
„Ja. Gute Idee. Du wie immer Pasta mista al forno?"
„Ja."
Christin verschwindet kurz im Schlafzimmer, um zu telefonieren.
„In einer halben Stunde sind sie hier."
„Gut."
Christin setzt sich zu Noëmi auf das Sofa.
„Du hast also eine Mail von Victor erhalten?"
„Ja. Gestern Abend fand ich sie in meinem Laptop. Die Absenderadresse stammt jedenfalls aus Russland und die Mail ist mit Victor gezeichnet."
„Das spricht schon für Victor."
„Ja. Und nun weiß ich nicht, was ich machen soll. Einerseits will ich die Erinnerungen an damals nicht wieder hochkommen

lassen. Heute Nacht habe ich seit vielen Jahren erstmals wieder von den schrecklichen Stasi-Verhören geträumt, die mich damals nach jedem Millimeter unserer Beziehung ausgequetscht haben. Die haben mich geradezu behandelt, als sei ich eine gefährliche Agentin, die die Sicherheit des Staates gefährdet."
„Ich weiß, mich haben sie ja auch befragt."
„Ja, ja. Und ich musste ein hochoffizielles Dokument unterschreiben. Niemals mehr dürfe ich Kontakt mit Victor aufnehmen – bei Androhung höchster Strafen im Falle eines Verstoßes."
„Dieses Stück Papier ist heute keinen Pfifferling mehr wert."
„Das ist mir schon klar. Aber es gibt trotzdem Barrieren in meinem Kopf. Klar, es wäre nur zu verständlich, wissen zu wollen, wie es einem Menschen geht, der einem mal viel bedeutet hat. Doch wohin könnte das führen? Ein paar Mails hin und her? Wäre es das wert, dafür alte Wunden wieder aufzureißen?"
„Liebst du ihn denn vielleicht noch immer?"
„Wie könnte ich jemanden lieben, den ich zehn Jahre nicht mehr gesehen und gesprochen habe."
Christin ist sich da nicht ganz so sicher.
„Ich hole uns jetzt erst einmal eine Flasche Prosecco aus dem Kühlschrank", wirft Christin ein, „damit wir gleich zum Essen das passende Getränk haben."
„Oh ja, das ist eine gute Idee", antwortet Noëmi. Da ist Christin auch schon aufgesprungen und in der Küche verschwunden. Noëmi hört das angenehme Klirren von Gläsern, das Öffnen und Schließen der Kühlschranktür und wenig später das charakteristische „Plopp". Christin erscheint schließlich in der Küchentür mit einem Tablett, auf dem zwei Sektgläser und eine große, bereits geöffnete Flasche Prosecco stehen. Nachdem sie

die beiden Gläser vorsichtig gefüllt und eines von ihnen Noëmi gereicht hat, prosten sich die Freundinnen zu.
„Auf uns beide!" ruft Christin fröhlich, „und Victor solltest du wirklich schnell wieder vergessen."
In diesem Moment erklingt ein Dreiton-Gong und Christin eilt zur Wohnungstür. „Zweimal Pasta für Beyer. Macht dann fünfzehn Mark, bitte", hört es Noëmi bis ins Wohnzimmer schallen. Als sie an ihrem Portemonnaie nestelt, ruft die wieder ins Zimmer tretende Christin mit vorwurfsvollen Unterton: „Nun lass bloß stecken. Du bist natürlich mein Gast."
Für einen kurzen Moment muss Noëmi an die Einladung durch Feldhoff denken und will Christin schon von der verblüffenden Story berichten. Dann findet sie es aber unpassend, mitten im Disput über Victor ein französisches Abendessen mit ihrem Boss zu erwähnen. Das kann warten.
„Ja, Noëmi. Ich glaube, du hast recht. Eine Freundschaft über eine so große Distanz und auch angesichts der komplizierten Lage in Russland wäre ohnehin kaum möglich."
Christin schiebt sich eine Gabel Maccaroni in den Mund.
„Vielleicht solltest du die Mail einfach ignorieren. Victor kann ja nicht einmal sicher sein, dass sie dich erreicht hat. Mails gehen ja bisweilen in den Schwarzen Löchern des Internets verloren. Und was ist nicht alles in den vergangenen zehn Jahren passiert. Das ist eine lange Zeit. Selbst wenn ihr im gleichen Land leben würdet, wäre die Chance auf eine Freundschaft doch eher gering."
„Ja, das stimmt. Das alles habe ich auch schon selber gedacht. Aber ich wollte es einfach noch einmal von dir hören. Victor, das war einmal. Natürlich habe ich ihn damals geliebt. Doch diese Liebe hätte beinahe mein ganzes Leben zerstört. Das ist Vergangenheit. Meine Zukunft sieht anders aus. Ich werde die

Mail nicht beantworten." Sie hebt ihren Kopf, blickt zum Fenster und spricht leise: „Tut mir leid, Victor. Aber es hat einfach keinen Sinn."
„Gut so, das ist die richtige Entscheidung", bestärkt Christin sie und kaut genüsslich auf ihren Maccaroni. Noëmi lächelt sie an. Ihre Anspannung verschwindet langsam: „Schmecken wunderbar, die Nudeln."
„Ja, großartig", stimmt Christin zu. Auch sie hat eine, vielleicht noch spannendere Neuigkeit auf dem Herzen, von der sie heute Abend berichten wollte. Doch irgendwie passt dieses Thema jetzt nicht mehr so recht. Als die beiden sich zu vorgerückter Stunde voneinander verabschieden, haben beide das Gefühl, dass es noch viel zu erzählen gäbe. Sie sind sich schnell einig, dass sie sich ganz bald wiedersehen wollen.

LONDON – Walters Gespräche in London verlaufen schleppend. Seine britischen Kollegen scheinen ihm gegenüber reserviert zu sein, empfindet er. Jedenfalls kommt man nicht so richtig auf den Punkt. Die geplante Kooperation, das spürt Walter bereits am Dienstag, wird wohl in dieser Woche nicht unter Dach und Fach zu bringen sein. Er selbst ist in den Gesprächen nicht immer ganz bei der Sache. Seine professionellen Gesprächspartner, so fürchtet er, könnten dies bemerkt haben. Außerdem fühlt er sich nicht gut genug vorbereitet. Haben die Programmierarbeiten an den Neuronalen Netzen ihn zu sehr von seiner eigentlichen Arbeit abgelenkt? Dann noch der Stress mit Caroline. Und die nicht erreichbare Imelda. Einzig die Zahl Pi gibt Walter Kraft. Doch wohin soll das führen? Was bedeutet das Geheimnis dieser Zahl für ihn und die Menschheit? Sollte er

vielleicht doch besser mit niemandem darüber sprechen und die Sache auf sich beruhen lassen?
Jetzt geht es für Walter erst einmal darum, diese Woche durchzustehen. Dann wird man weitersehen. Erschöpft und frustriert lässt er sich am frühen Mittwochabend auf das breite Hotelbett fallen. Er drückt auf die Fernbedienung und landet im Vorabendprogramm der BBC. Er traut seinen Augen nicht – auch hier geht es in einer Übernahme von CNN um die Feuermondnacht. Walter will schon weiterzappen, da hält er plötzlich inne. „Professor Lutz Feldhoff" wird da gerade als Untertitel eingeblendet, als ein elegant gekleideter Mann im Zweireiher die Fragen einer jungen Reporterin beantwortet.
„Als millionster Teilnehmer der Feuermondnacht werden Sie das besondere VIP-Paket im Wert von 50.000 Dollar gratis erhalten", gratuliert die Moderatorin mit der asymmetrischen Frisur dem sichtlich erfreuten Feldhoff.
„Mensch. Das darf doch nicht wahr sein – der Feldhoff." Walter ist mehr als überrascht. Er kann sich noch genau erinnern, wie er während seines Studiums in Cambridge bei Assistenz-Professor Lutz Feldhoff Praktikumsversuche im Nebenfach Physik gemacht hat. Die beiden freundeten sich sogar an, weil sie eine Leidenschaft teilten. Beide liebten Schach und spielten damals in Cambridge an Wochenenden regelmäßig gegeneinander. Feldhoff, der alte Hamburger Stratege, gewann meistens. Der Bekanntschaft mit Lutz verdankt Walter nicht nur eine deutliche Verbesserung seiner Spielstärke, sondern auch, dass er recht gut Deutsch sprechen lernte.
Interessiert lauscht Walter dem Interview, in dem Lutz nun etwas von seinem Forschungsprojekt am Berliner Teilchenbeschleuniger erzählt. Ausdrücke wie „Weltformel" oder „die letz-

ten Geheimnisse der Natur“ fallen dort so selbstverständlich, als doziere ein Fernsehkoch über ein neues Reisgericht. Lutz ist offensichtlich telegen und Walter kann sich des Gefühls nicht erwehren, dass Lutz Feldhoff seine Forschung ähnlich offensiv und geschickt verkauft wie Caroline die Feuermondnacht.
„Na. Da haben sie ja wirklich den Richtigen erwischt“, denkt Walter, als das Telefon neben dem Bett schrillt. Noch bevor er darüber nachdenken kann, wer ihn jetzt wohl hier im Hotel anruft, hat er den Hörer schon am Ohr.
„Walter, bist du es?“
„Imelda!“
„Ich hab jetzt nicht viel Zeit zum Erklären. Komm einfach morgen Abend um halb acht in das Café ‚Destiny‘ und frag den Barkeeper nach mir. Wir sehen uns dann. Bye.“ Das Gespräch wird unterbrochen und Walters aufgeregt lautes „Imelda“ verlässt das Hotelzimmer nicht mehr. Der Telefonhörer piept nur noch.
„Die muss ja wirklich einen total eifersüchtigen Macker haben, wenn ein Treffen nur konspirativ möglich ist“, denkt Walter. Aber immerhin hat er ihr die Information wohl doch weitergegeben. Diesen Widerspruch kann er sich nicht erklären. Einen Moment lang fragt er sich, ob er unter diesen Umständen überhaupt in das Café gehen soll. Doch dann redet er sich ein, dass aus seiner Sicht nicht viel gegen ein Treffen mit Imelda einzuwenden ist. Die Freude auf ein Wiedersehen ist jedenfalls stärker als eine unbestimmte Ahnung.
Nach einem weiteren erfolglosen Verhandlungstag betritt Walter tatsächlich um Punkt 19.30 Uhr das in einem schäbigen Londoner Vorort gelegene Café. Es ist düster. Walters Augen brauchen ein paar Sekunden, bis sie sich an die Lichtverhältnisse gewöhnt haben. Aus unsichtbaren Lautsprechern tönt leicht

über Zimmerlautstärke Heavy Metal. In der Luft hängt kalter Zigarettenrauch und ein Hauch von Rum, als wäre wochenlang nicht gelüftet worden. Die roten Ziegelwände sind teilweise unverputzt und von Graffitis überdeckt. Nicht zu übersehen ist ein großes Plakat mit dem Konterfei von Che Guevara. In dem sogenannten Café halten sich nur wenige Gäste auf. An der Theke lümmeln, mit einem Hocker Abstand voneinander, zwei abgerissen aussehende junge Männer mit schulterlangen Haaren vor je einem großen Ale. In einer dunklen Ecke des Raums sitzen ein Mann und eine Frau an einem Tisch, scheinbar in ein Gespräch vertieft. Vor ihnen stehen zwei kleine Gläser Guinness. Walters erste Assoziation ist „Bronx". Hinter dem Tresen hat er einen großen, dunkelhäutigen Zwei-Zentner-Mann mit Glatze ausgemacht, der sich beiläufig mit den Männern an der Theke unterhält. Walter geht auf den Barkeeper zu.

„Ich bin mit Imelda verabredet", sagt er.

„So, bist du das?", fragt der an beiden Armen tätowierte Riese mit leicht ironischem Unterton. „Dann bist du Walter?"

„Ja, genau. Sie wissen also Bescheid."

„Die Frage ist nur, ob du Bescheid weißt?"

„Was soll das heißen? Was wird hier eigentlich gespielt?"

„Das sollte ich dich fragen. Was willst du von Imelda?"

„Ich bin ein alter Studienfreund und möchte sie einfach nur mal wiedersehen, wo ich doch ohnehin gerade ein paar Tage in England bin. Das scheint aber offenbar nicht so einfach zu sein."

„Tust du nur so blöd oder bist du es wirklich? Imelda gehört zu den von der Polizei meist gesuchten Personen der Insel und du denkst, man könnte sich mit der Dame einfach mal so eben treffen. Was wäre denn, wenn du ein Spitzel bist, ein dreister Köder, nur um Imelda aufzuspüren?"

Walter muss schlucken. Was ist nur aus Imelda geworden? Ist sie vielleicht ein Mafiaboss oder gar eine Terroristin? Allmählich dämmert ihm, was hier los ist. Und noch ist Zeit umzukehren. Walter blickt zur Tür.
„Also. Wir beide würden hier nicht miteinander sprechen, wenn Imelda dich nicht echt gerne wiedersehen würde. Muss wohl so eine Art Jugendliebe sein, nicht wahr? Also, wenn du willst, bringe ich dich jetzt zu ihr, aber nur, wenn du dich genau an unsere Spielregeln hältst."
Walters Herz pocht laut, als er daran denkt, wie wenig sich die jetzige Situation mit dem eigentlichen Auftrag seiner Dienstreise verträgt.
„Und was sind die Spielregeln?"
„Du fährst mit mir im Auto zu Imelda. Ohne Waffen natürlich. Und du legst dich flach auf den Rücksitz mit einer Augenbinde. Und die nimmst du erst ab, wenn wir da sind und ich dir ein Signal gebe."
Noch vor wenigen Wochen hätte Walter einen Teufel getan, sich auf eine solche Geschichte einzulassen. Doch Pi hat sein Leben verändert. Er hat sich so sehr in diese Geschichte hineingesteigert und setzt große Hoffnungen auf einen Gedankenaustausch mit Imelda, dass er nun tut, was sich mit Vernunft nicht mehr erklären lässt.
„Okay, fahren Sie mich zu Imelda."
Der Mann signalisiert ihm, das Café durch einen Hinterausgang zu verlassen. Im Hof steht ein alter, weißer Rover. Der Barkeeper tastet Walter, der sich dazu an die Hauswand lehnt, zunächst nach Waffen ab. Dann verpasst er ihm eine Augenbinde und bugsiert ihn auf den Hintersitz des Rovers. Nachdem er sich dort halb liegend, halb kniend hingekauert hat, geht es los.

Der Fahrer dreht das Autoradio laut auf. Heavy Metal dröhnt aus den hinten angebrachten Boxen und lässt Walters Ohren schmerzen. Der Weg scheint zunächst nur aus Kurven zu bestehen, die der Barkeeper so rasant nimmt, als wäre das Lenkrad ein Cocktail-Shaker. Schließlich geht es auch mal eine längere Strecke geradeaus. Walter ahnt, was das soll. Ob ein Date mit Imelda dies alles wert ist?

„Acht Uhr. BBC World News", scheppert es plötzlich extrem laut. Walter hat das Gefühl, seine Trommelfelle würden reißen.

„New York. In einem Untergeschoss des Empire State Building hat sich eine schwere Explosion ereignet. Dabei wurde eine technische Versorgungseinrichtung des Gebäudes vollständig zerstört. Die Explosion war so heftig, dass weitere Gebäudeteile in Mitleidenschaft gezogen wurden. Bislang ist von 42 Todesopfern und mehr als hundert Verletzten die Rede. Die Polizei geht von einem Terroranschlag aus."

Walter wird übel, sein Magen verkrampft sich und Hitzewellen schießen durch seinen Körper. Natürlich kennt er die Codebezeichnung „technische Versorgungseinrichtung" und weiß sofort, dass sein Computerlabor gemeint ist. In New York ist seine Dienststelle explodiert – und er liegt hier mit einer Augenbinde hilflos in einem Auto und wird von einem verrückten Gangster oder etwas noch Schlimmeren durch dunkle Suburbs von London kutschiert. Walter hofft, das alles ist nur ein schrecklicher Albtraum. Doch das ist es nicht.

„Wir schalten nun live zu unserem Reporter nach New..."

Der Glatzkopf hat das Radio ausgeschaltet und ruft Walter zu, er könne die Augenbinde nun abnehmen und sich aufrecht hinsetzen.

„Wir sind gleich da."

Schweiß läuft Walter von der Stirn, während tausend wirre Gedanken durch seinen Kopf schießen. Mühsam richtet er sich auf und nimmt die Binde ab. Im gleichen Moment heulen zahllose Sirenen auf. Überall ist das Blaulicht von Polizeifahrzeugen zu sehen. Es spiegelt sich am Chrom parkender Autos und Fensterscheiben.
„Scheiße", schreit der Mann hinter dem Lenkrad, „wir hätten dir nicht trauen dürfen."
Mehrere Einsatzwagen stoppen vor einem kleinen Restaurant, das jetzt noch rund hundert Meter von dem Rover entfernt ist. Walter und sein Chauffeur werden von zwei Polizeiautos mit Blaulicht und dröhnenden Motoren überholt. Wenig später kommen auch diese Fahrzeuge mit quietschenden Reifen vor dem Restaurant zum Stehen. Aus den ersten Wagen sind bereits zwei Dutzend schwarz vermummter Männer mit Maschinenpistolen gesprungen. Einige von ihnen sind in das Restaurant gestürmt, andere haben das Haus umstellt. Alles geht unglaublich schnell. Als wenige Sekunden später der Rover mit Walter unbehelligt am Restaurant vorbeifährt, führen zwei Vermummte eine Frau mit roten Haaren aus dem Haus. Ihre Arme verschwinden hinter dem Rücken und werden dort offenbar von Handschellen fixiert. Walter erkennt sie sofort. Er muss sich beherrschen, nicht laut „Imelda" zu rufen.
Walter hat den Eindruck, dass sich ihre Blicke treffen. Er glaubt in ihren Augen eine eigenartige Mischung aus Sehnsucht und Hass zu erkennen. Es können nur einige Zehntelsekunden gewesen sein, aber sie kommen ihm wie eine Ewigkeit vor. Bevor der Glatzkopf mäßig rasant in die nächste Seitenstraße nach links biegt und dann stark beschleunigt, hat Walter durch das Rückfenster gerade noch erkennen können, wie Imelda in eines der größeren Polizeifahrzeuge gestoßen wird.

„So, Bürschchen“, faucht der Barkeeper am Steuer, „glaub nicht, dass du ungeschoren davon kommst. Du hast uns das Ganze eingebrockt und meine Imelda auf dem Gewissen. Wir werden jetzt eine nette, kleine Spazierfahrt machen und dann...“
In diesem Moment biegt hinter ihnen ein Polizeiwagen in die Straße ein und nimmt mit Blaulicht und schriller Sirene die Verfolgung auf.
„Scheiße!“, brüllt der Fahrer und Walter denkt es.
Der Barkeeper beschleunigt weiter und schleudert den Wagen über eine rote Ampel nach rechts in eine Nebenstraße. Walter hält sich krampfhaft fest. Scheinbar aus allen Richtungen sind nun Polizeisirenen zu hören. Er hätte sich keine misslichere Lage vorstellen können. Der Glatzkopf zieht plötzlich einen Revolver aus der Jacke.
„Dir haben wir den ganzen Ärger zu verdanken“, schreit er, während er das Lenkrad erneut herumreißt und einmal mehr mit quietschenden Reifen um eine Kurve rast.
„Nein. Glauben Sie mir! Ich wollte einfach nur Imelda wiedersehen.“
„Quatsch kein dummes Zeug!“
Die Verfolger hat er durch gute Ortskenntnis und eine überaus rasante Fahrweise offenbar zunächst einmal ein Stück weit abgeschüttelt. Zu sehen ist von ihnen im Moment jedenfalls nichts mehr – nur zu hören. Er blickt über den Rückspiegel auf den völlig verängstigten Walter und hält die Waffe über seine Schulter, offenbar bereit abzudrücken.
Doch dann wird ihm schlagartig klar, wie töricht es wäre, Walter jetzt zu erledigen. „Bestimmt“, so schießt es ihm durch den Kopf, „trägt dieser miese Verräter einen Peilsender irgendwo an seinem Körper.“ Solange er ihn – ob tot oder lebendig – im Auto hat, würde er die Verfolger niemals abschütteln können.

Hinter der nächsten Kurve macht er für Walter völlig unerwartet eine harte Vollbremsung, die den Wagen zum Schleudern bringt und ihn einige parkende Autos rammen lässt.
„Raus!“, schreit er mit ganzer Kraft und richtet wieder den Revolver auf ihn. „Beeil dich!“
Walter hat einen Sekundenbruchteil gezögert, weil er nicht so schnell begreift, was gerade passiert, doch dann reißt er die Tür auf und springt mit einem großen Satz nach draußen. Er landet auf einer kleinen Grünfläche zwischen zwei parkenden Autos und damit vergleichsweise weich und in Deckung. Sofort tritt der Fahrer wieder aufs Gaspedal. Er jagt mit noch offenstehender linker Hintertür davon, von der er sich aber an einem der nächsten Laternenmasten recht zwanglos trennt.
Walter liegt benommen auf der Erde. Es mögen vielleicht zehn Sekunden vergangen sein, als zwei Polizeiwagen mit Getöse an ihm vorbeirasen. Benommen registriert er den Doppler-Effekt der Sirenen, der bei dem Tempo der Wagen und diesem geringen Abstand beeindruckend ist. Die hohen Töne schlagen in tiefere um, als die Wagen ihn passieren.
Walter überlegt, ob er aufstehen oder lieber noch eine Weile in diesem Versteck zwischen den Autos ausharren soll. Er entscheidet sich, erst einmal zu bleiben, wo er ist. Und tatsächlich fahren wenig später weitere Polizeifahrzeuge an ihm vorbei, wenngleich ohne Sirene.
Walter spürt eine ganze Welt in sich zerbrechen. Alles, was in seinem Leben einmal von Bedeutung war, ist auf einmal unendlich fern – Caroline, seine Computer, Imelda. Er ist sich sicher – diese Jagd gilt nicht nur diesem Halunken im Rover, sondern auch ihm. In das Gejaule der Sirenen mischen sich aus der Ferne plötzlich Schüsse.

Walter denkt an die Nachricht von der Explosion in seinem Office. Was steckt dahinter? Terroristen? Ein Unfall? Eine Intrige? Wenn es wirklich eine Bombe war, gehört er jetzt wohl zum Kreis der Tatverdächtigen. Seine nächtlichen Aufenthalte im Büro werden größte Aufmerksamkeit erregen, denn sie sind letztlich mit dienstlichen Erfordernissen nicht zu begründen. Sie werden natürlich Caroline und seine Kollegen befragen und er weiß genau, was die sagen werden. Und dann auch noch diese unsägliche Geschichte mit Imelda. Tränen laufen über Walters Wangen.

Die Minuten vergehen. Walter denkt plötzlich wieder an das alte Pergament. Er greift in seine Jackentasche und spürt mit Genugtuung, dass es noch da ist. „Was sind denn all diese Probleme gegenüber diesem wunderbaren Wissen, das ich hier bei mir trage“, tröstet sich Walter und spürt wieder dieses mystische Gefühl. „Wenn ich doch nur an diesem Geheimnis weiterarbeiten könnte.“ Nichts wünscht er sich sehnlicher als das.

Aber seine Computer sind zerstört. An eine Rückkehr in sein altes Leben ist ohnehin nicht mehr zu denken. Nicht einmal sein Londoner Hotel kann er jetzt noch aufsuchen.

Da keimt eine wahnwitzige Idee in ihm auf, eine vage Hoffnung. Er weiß, dass auch in einem Forschungszentrum mit Teilchenbeschleuniger extrem leistungsfähige Superrechner benötigt werden. Gestern im Fernsehen hat Lutz Feldhoff ja selber von der gigantischen Rechenleistung seiner Computer geschwärmt. Er muss versuchen, nach Potsdam zu kommen. Lutz wird, wie er ihn kennt, die alles übersteigende Bedeutung der Sache sicherlich erkennen und ihm zumindest in den Nächten Rechenzeit für das Pi-Projekt zur Verfügung stellen. Vielleicht kann er sogar gemeinsam mit Lutz an der Sache arbeiten.

Doch dafür müsste er es erst einmal schaffen, von der Britischen Insel auf den Kontinent zu kommen. Und das ist praktisch unmöglich. Walter steht auf und folgt der dunklen, unbelebten Straße ohne Ziel. Er überlegt, was er jetzt überhaupt noch tun kann.

SIBIRIEN – Victor Plutry wacht schlagartig auf. Er hat unruhig geschlafen und wirr geträumt. Jetzt starrt er auf die weiß getünchte Zimmerdecke, die im Laufe der Jahre an einigen Stellen ausgebessert und mehrfach überstrichen worden ist. Auf diese Weise ist ein Muster entstanden, in dem er in diesem Moment das Gesicht von Noëmi zu erkennen glaubt – so wie er es gerade noch im Traum gesehen hat.

Die Matratze knirscht, als Victor sich zur Seite dreht, um aufzustehen. Er geht auf direktem Weg ins Bad. Schon seit Tagen funktioniert die Warmwasserversorgung nicht. Beim Aufdrehen des Hahns entsteht in der langen Kupferleitung ein dröhnendes Rückstoßgeräusch.

Victor schießt sich eine eiskalte Ladung Wasser ins Gesicht und blickt mürrisch in den Spiegel, der über dem Waschbecken an der Wand hängt. Ein graues Haar lugt an der rechten Schläfe hervor. Mit einem schnellen und kräftigen Ruck reißt er es aus. Der Blick seiner dunklen Augen ist scharf wie der eines Panthers – und doch liegt in ihnen ein Hauch von Traurigkeit. Dafür ist wohl das Wechselspiel von Genen seines russischen Vaters mit jenen seiner tadschikischen Mutter verantwortlich.

Victor kämmt seine schwarzen Haare, während er zurück in den Wohnschlafraum schlurft. Seine Augen mustern die glanzlose Wohnung von 30 Quadratmetern, die sich anderenorts ein Paar

mit zwei Kindern teilt und glücklich darüber ist. Heute empfindet er, dass sie seiner, als ranghohem Offizier, der Großes für sein Vaterland leistet, nicht würdig ist.
Victor schaut durch das gardinenlose Fenster auf die sich im Wind biegenden, blattlosen Birken. Er denkt an Noëmi und die schönen Tage in Deutschland. Hier in Sibirien, in einer von Stacheldrahtzäunen umgebenen Geschlossenen Stadt mit nur rund 4000 Einwohnern, hat das Leben wenig zu bieten. Er hasst die abendlichen Wodka-Gelage, die für manche Kameraden die einzige Freude sind. Außer dem Kino, in dem freitags alte Kriegsfilme und bisweilen sogar Hollywood-Streifen vorgeführt werden, gibt es kaum Abwechslung.
Bereits seit drei Monaten haben in Victors Einheit die meisten Soldaten keinen Sold mehr erhalten. Der Staat ist nahezu bankrott. Im ganzen Land warten viele Armeeangehörige, Lehrer und Wissenschaftler geduldig auf bessere Zeiten. Obwohl Victor zu den Privilegierten gehört und bislang keine Kopeke zu wenig aus Moskau erhalten hat, ist seine Geduld am Ende. Er fühlt sich verantwortlich für seine Männer. Victors Gemütslage ist eine Mischung aus solidarischem Empfinden und persönlicher Unzufriedenheit.
Victor kocht Wasser auf dem Gasherd. Als er dann am Tisch sitzt und seinen schwarzen Tee trinkt, stellt er sich in Gedanken Noëmis Zimmer vor, in dem sie damals bei ihren Eltern gewohnt hat. Er kennt es zwar nur aus ihren Erzählungen, doch er malt sich aus, dass es ein Paradies im Vergleich zu seinem Loch hier gewesen sein muss.
Victor und Noëmi haben sich natürlich nie bei ihr daheim und schon gar nicht in seiner Offizierswohnung unweit des Oberkommandos der sowjetischen Streitkräfte treffen können. Ihre

zarte Liebe konnte nur im Schatten der Geheimhaltung gedeihen – und das gelang immerhin einen Sommer lang.
Die Liaison zwischen dem jungen sowjetischen Leutnant und dem hübschen Brandenburger Mädchen hätte ohne Weiteres die Vorlage für einen kitschigen Roman abgegeben. Die Tragik war perfekt. Als die doppelt verbotene Beziehung schließlich bekannt wurde, wurde Victor sofort strafversetzt. Ein Nachbar von Noëmis Eltern mit Nebenjob als informeller Stasi-Mitarbeiter hatte Noëmi und Victor im Wald beim Küssen erwischt. Victor hatte einen Befehl verletzt. Kontakte zur Bevölkerung der DDR waren über das dienstlich Notwendige hinaus strikt untersagt. Er kannte sein Risiko. Doch die Liebe zu Noëmi war stärker. Es gab keinen Abschied, kein Lebewohl, keine Aussicht auf einen Briefkontakt. Das Schicksal hat die beiden Liebenden abrupt getrennt.
Zunächst musste er drei Monate in einem Strafbataillon verbringen, doch schon bald sorgten seine herausragenden Fähigkeiten und das bis auf die Romanze in Deutschland untadelige Verhalten für eine Rückkehr auf den Weg der militärischen Karriere. Er durfte die Militärakademie in Moskau besuchen und wurde vor zwei Jahren zum Kommandanten einer strategischen Raketeneinheit befördert. Vier Interkontinental-Raketen mit nuklearen Mehrfachsprengköpfen und rund 200 Soldaten unterstehen seinem Kommando.
Trotz vieler Orden und Belobigungen fühlt sich Victor leer und ziellos. Das Feindbild ist im Laufe der Zeit ebenso abhanden gekommen wie das Ansehen in der eigenen Bevölkerung, und sogar der bescheidene Wohlstand, den seinerzeit verdiente Exponenten der Sowjetunion genießen durften, beginnt nach dem Zusammenbruch des Imperiums zu bröckeln. Und jetzt ist nicht einmal mehr der Monatssold sicher.

Victors größtes Glück ist ein IBM-PC mit 8086-Prozessor, den der Computerexperte vor Jahren zusammen mit einem kleinen Monochrom-Monitor und einem Akustikkoppler für wenig Geld auf einem Trödelmarkt in Tscheljabinsk erstanden hat. Weil Victor über Fähigkeiten verfügt, die ihm im Westen ohne Weiteres den Titel „Hacker" eingebracht hätten, ist es ihm vor ein paar Monaten gelungen, über das Telefonnetz in die Computer eines sibirischen Ölkombinats einzudringen – für ihn die Eintrittspforte ins Internet. Seitdem surft er in seiner Freizeit stundenlang im World Wide Web und vergisst dabei die Begrenzungen seiner Welt. Auch seine guten Englisch- und Deutschkenntnisse kann er endlich wieder sinnvoll nutzen.
Vor einigen Tagen hat Victor auf dem Internet-Server des Ölkombinats sogar eine eigene E-Mail-Adresse installiert. Er ist sich bewusst, dass sein elektronischer Einbruch bei einer routinemäßigen Kontrolle des Systems früher oder später bemerkt wird. Doch er weiß, was er tut. Er muss es versuchen. Victor will Kontakt mit Noëmi aufnehmen, die er noch immer nicht vergessen hat. Und er glaubt sogar, sie zu lieben.
Er hat ihr eine kurze Mail geschickt, die vielleicht nicht sofort im Systemmanagement der Ölfirma auffallen wird. Jetzt bleiben ihm nur Bangen und Hoffen. Wird seine Mail Noëmi erreichen? Und antwortet sie, bevor sein illegaler Internetanschluss bemerkt wird?
Wochenlang hat er im World Wide Web nach Noëmi gefahndet. Er weiß, dass sie Physik studieren wollte, und so hätte sie nun in irgendeinem Forschungsinstitut rund um den Globus arbeiten können. Damals, als sie sich nahe waren, hatte sie davon gesprochen, dass sie nach dem Abitur an der Berliner Humboldt-Universität studieren wolle. Doch ihm ist klar, dass Noëmi ihr

Studium erst nach der Wende begonnen haben kann. Möglicherweise ist sie also nach West-Deutschland gegangen – oder gar ins Ausland? Victor kann es nicht wissen. Aber das ist im Moment auch nicht wichtig.

Mit Hilfe einer Suchmaschine stößt Victor im Internet auf „N. Kubichek“ – in einer Zitationsliste am Ende einer wissenschaftlichen Publikation voller Fachbegriffe und Formeln. Doch hier geht es – so viel kann er verstehen – um Forschungsarbeiten an einem Teilchenbeschleuniger. Damit weiß Victor, wo er suchen muss, und er hofft inständig, dass sich hinter dem Initial N. tatsächlich „Noëmi“ verbirgt.

Victor sucht auf Servern einschlägiger Institute und wird bei einem Potsdamer Forschungszentrum namens NERC fündig. Dort gibt es die Wissenschaftlerin Noëmi Kubichek. „Offenbar ist sie noch nicht verheiratet“, folgert Victor, ohne die deutsche Rechtslage zur Wahlmöglichkeit von Nachnamen bei Eheschließungen zu kennen.

Sein Herz pocht laut als er noemi.kubichek@nerc.de in die Tastatur tippt und beherzt auf ENTER drückt, um die elektronische Botschaft abzuschicken. Wird er je eine Antwort erhalten? Oder werden eines Morgens Mitarbeiter des militärischen Geheimdienstes vor seiner Türe stehen und ihn verhaften? Die Wahrscheinlichkeit ist hoch, dass seine illegale Leitung heraus aus der geheimen Enklave entdeckt wird.

Fünf quälende Tage sind seit dem riskanten Kommunikationsversuch vergangen. Trotz der eisigen Gesichtsdusche fühlt sich Victor müde und schlapp. Wie seitdem an jedem Morgen, schaltet er seinen Uralt-PC ein. Über die aus der Wand hängende Telefonbuchse baut Victor eine Verbindung zu seinem Internetknoten auf.

„Verdammt“, kommt es ihm leise über die Lippen. Sein elektronischer Briefkasten ist immer noch leer. Vielleicht ist seine Mail oder die Antwort von Noëmi irgendwo im Netz verlorengegangen, hängengeblieben, abgefangen worden oder Gott weiß was. Vielleicht sind ihm die Experten aus Moskau bereits auf der Spur. Was soll er jetzt tun? Er hat das Gefühl, die Zeit würde gegen ihn arbeiten. Und dieses Gefühl hat durchaus seine Berechtigung

LONDON – Vorbei an einer nicht endenden Reihe parkender Autos schleppt sich Walter die Straße entlang und wird sich seiner ausweglosen Situation immer bewusster. Er ist jetzt ganz auf sich allein gestellt, vermutlich gejagt von hunderten Polizisten und Agenten, ohne Geld und mit einem wertlosen Diplomatenpass in der Jackentasche. Es ist wohl nur noch eine Frage der Zeit, bis man ihn findet und festnimmt.

Plötzlich bleibt sein Blick an einem Plakat hängen, das an einer Litfaßsäule klebt. „Einführung in die Geheimnisse von Pi“ wird da angekündigt, veranstaltet von einem „Akademischen Club der Freunde von Pi“. Er erinnert sich, dass er so ein Poster, auf dem das Symbol von Pi riesengroß gedruckt und damit von Weitem erkennbar ist, in den vergangenen Tagen schon einmal im Vorbeifahren aus dem Taxi gesehen hat. Nun kann er auch das Kleingedruckte lesen. Es gibt offenbar in dieser Woche jeden Abend einen Einführungsvortrag über die Mathematik der Zahl Pi. Ort: St. Joseph's Church, Highgate Hill. Uhrzeit: 21 Uhr cum tempore. Eintritt: frei.

Das Plakat elektrisiert ihn. Er schaut auf seine Armbanduhr: Es ist kurz nach neun. Vielleicht könnte er es ja schaffen, wenigs-

tens einen Teil des Vortrags mitzubekommen. Dazu müsste er aber erst einmal wissen, wo genau er sich befindet und ob diese St. Joseph's Church in erreichbarer Entfernung ist. Walter kramt in seiner Jacke und findet den Mini-Faltstadtplan, den er vom Concierge im Hotel erhalten hat. Er geht vor bis zur nächsten Kreuzung und liest auf den Schildern die Namen der sich hier treffenden Straßen. Es dauert eine ganze Weile, bis er dann die betreffende Stelle im Stadtplan gefunden hat. Die Kirche findet er deutlich schneller, weil alle Gotteshäuser mit einem kleinen Symbol gekennzeichnet sind. Angesichts der Größe Londons ist Walters Freude groß, dass sich die St. Joseph's Church vergleichsweise ganz in seiner Nähe befindet. Wenn er sich beeilt, könnte er es zu Fuß in gut einer halben Stunde dorthin schaffen. Taxi oder U-Bahn kommen nicht infrage, weil er dem Barkeeper vor der Fahrt mit dem Rover sein Portemonnaie als Pfand übergeben hat. Und selbst, wenn er noch einen Geldschein in seiner Hosentasche gefunden hätte, wäre Walter zu Fuß gegangen: Die Londoner Taxifahrer haben sicher schon per Funk eine Personenbeschreibung von ihm, dem Gesuchten, erhalten. Und in der Londoner Underground wimmelt es nur so von Überwachungskameras. „Die Damen und Herren vor den daran angeschlossenen Monitoren", denkt sich Walter, „werden heute Nacht sicherlich Sonderschichten fahren müssen."
Walter macht sich auf den Weg. Über lange Seitenstraßen und die Abkürzung durch einen kleinen Park eilt er in Richtung St. Joseph's Church. Walter hat sich den Weg so gut eingeprägt, dass er nicht noch einmal auf den Stadtplan schauen muss. Ein wenig außer Atem erreicht er gegen Viertel vor zehn die unscheinbare Kirche, die er nie zuvor gesehen hat. Warum auch. Die Tür ist erwartungsgemäß unverschlossen. Walter öffnet sie.

Ihm schlägt kühle und leicht muffige Luft entgegen. Er geht hinein und sieht im Kirchenschiff ein gutes Dutzend Zuhörer auf Holzstühlen sitzen. Sie lauschen den Worten eines alten, ganz in schwarz gekleideten Mannes, den Walter sofort erkennt. An einem kurzen Flackern im Minenspiel des Vortragenden bemerkt Walter, dass er auch ihn erkannt hat. Die Blicke der beiden Männer treffen sich.
Walter nimmt in der vorletzten Reihe Platz und hört zu. Schnell hat er den Eindruck, nicht viel verpasst zu haben. Den Vortrag findet er ziemlich langweilig. Es geht um die Bedeutung sogenannter Fourier-Transformationen, bei der die Sinus- und Cosinus-Funktion – beide mathematisch abgeleitet vom Kreis – eine zentrale Bedeutung haben. Die Zuhörer machen auf Walter den Eindruck von Möchtegern-Intellektuellen. Sie applaudieren am Ende brav und verlassen ohne weitere Fragen schnell die Kirche. Ihre Gesichter sehen merkwürdig unbeteiligt aus. „Die dürften heute wenig verstanden haben, das aber nicht zugeben und auch nicht vorzeitig gehen wollen“, vermutet Walter und fragt sich, ob es überhaupt sinnvoll ist, solche Vorträge einer breiten Öffentlichkeit anzubieten.
Der Mann am Rednerpult schreitet jetzt auf Walter zu: „Ich wusste, dass du kommen würdest.“
„Nun, ich glaube, es ist eher ein wahnsinniger Zufall, dass wir uns hier und heute wiedersehen. Wenn du wüsstest...“
Die beiden schütteln sich die Hand.
„Es sind wohl mehr als zehn Jahre vergangen, seit wir uns das letzte Mal gesehen haben?“, fragt der Alte.
„Ja“, antwortet Walter, „vor zwölf Jahre habe ich das Tripos-College verlassen. Ich kann mich noch genau an deine Glückwünsche zum bestandenen Examen erinnern. Du warst für mich im-

mer mehr als nur der Pförtner. Du warst die Seele des Colleges. Ich habe gewusst, wie sehr du dich für Mathematik interessierst und dass man mit dir über Gott und die Welt philosophieren kann. Aber sogar Vorträge in London über Pi – das überrascht mich nun doch sehr. Ausgerechnet über Pi..."

„Nun, ich will dir gern mehr darüber erzählen. Lass uns doch nebenan in der Sakristei ein Gläschen Wein trinken und miteinander plaudern."

„Sehr gern."

Der College-Pförtner schließt zunächst das Kirchenportal von innen zu, lässt den Schlüssel in seiner Hosentasche verschwinden und geht dann mit Walter durch eine schwere Holztüre in die Sakristei. Auf einem großen runden Tisch aus Eichenholz stehen eine bereits geöffnete Flasche Rotwein und zwei frische Gläser. Walter könnte darüber überraschter sein, als er es tatsächlich ist. Doch sein Gehirn ist mit so vielen anderen Dingen beschäftigt, dass es die surreale Szene nur flüchtig als solche wahrnimmt.

„Komm, setz dich, Walter", sagt der geheimnisvolle Gastgeber und füllt die beiden Rotweingläser.

Walter hat auf einem Stuhl Platz genommen und nimmt eines der Gläser in die Hand. „Mir steht hier und jetzt ganz sicher keine Kritik zu", beginnt Walter „aber glaubst du wirklich, man könnte bei diesen Menschen Interesse an der Mathematik wecken, wenn man ihnen etwas über Fourier-Transformationen und konvergierende Reihen erzählt? Ich fürchte, die haben nicht all zu viel verstanden."

„Stimmt", antwortet der Pförtner, greift nach seinem Glas und prostet Walter zu, „die haben jetzt ihr Interesse an der Zahl Pi wahrscheinlich verloren. Und das ist gut so. Gerade heutzutage wird mit den großen Dingen der Wissenschaft so viel Schindluder getrieben. Dass sich diese Leute überhaupt von diesem Plakat haben ansprechen lassen, ist doch ein klares Indiz, wie schlimm es um deren Gesinnung steht. Die Menschen wittern hinter allem und jedem ein Geheimnis. Mein Vortrag allerdings war bittere Mathematik pur – da hast du vollkommen recht. Komm, lass uns auf unser Wiedersehen anstoßen."

Die beiden Männer nehmen einen Schluck Wein aus ihren Gläsern. Walter blickt fragend in das Gesicht seines Gegenüber. Er versteht nicht, was diese Vorträge dann überhaupt sollen.

„Ich kann mir denken, was du dich jetzt fragst, und ich will dir kurz alles erklären. Die Vorträge in dieser Woche habe ich in erster Linie veranstaltet, weil ich dich unbedingt wiedersehen wollte. Es war doch klar, dass du dich, wie die Dinge nun mal stehen, für vermeintliche Geheimnisse von Pi überaus interessieren würdest. Und es hat ja funktioniert. Du sitzt jetzt hier bei mir und wir können in Ruhe über alles reden."

Walter fällt das halbvolle Rotweinglas aus der Hand. Tiefrote Flüssigkeit ergießt sich über den Holztisch und tropft über die Kante hinunter auf den Steinboden. Das Glas ist indes unversehrt geblieben.

„Woher wusstest du denn, dass ich diese Woche in London sein würde?", fragt Walter trotz angestrengter Selbstbeherrschung mit versteinerter Miene. „Und warum sollte ich mich besonders für Pi interessieren?"

„Nun, das Naheliegendste wäre wohl, dass ich für die CIA oder den MI5 arbeite..."

Walter zuckt zusammen und denkt an Flucht. Doch sofort wird ihm klar, dass dies in der jetzigen Situation völlig aussichtslos ist. Die Kirche ist abgeschlossen und sein Gegenüber ohne jeden Zweifel bewaffnet. „Eine wirklich raffinierte Falle“, denkt Walter, „Pi hat ja wunderbar als Honigtopf funktioniert.“ Seine heimlichen Arbeiten am Computer sind also bemerkt worden. Aus und vorbei. Er fühlt sich endgültig in einer ausweglosen Sackgasse. Walter schließt die Augen. Doch irgendetwas an dieser Geschichte versteht er nicht. Warum haben ihn die britischen Kollegen dann nicht gleich am Flughafen, im Hotel oder bei den Verhandlungen festgenommen?

Als könnte er Walters Gedanken mitlesen, fährt der Mann fort: „...doch nicht immer ist das Naheliegende richtig. Du kannst unbesorgt sein.“

Walter versteht nun erst recht nichts mehr. „Soll das jetzt so eine Art Psycho-Verhör werden?“, fragt er sich und schweigt.

„Ich gehöre dem Orden der Kreistempler an, die um das große Geheimnis von Pi wissen“, sagt der alte Mann und hält ihm die linke Hand mit dem fehlenden Glied am Mittelfinger vor die Nase. „Unsere Bestimmung ist es, das große Geheimnis zu schützen und zu bewahren. Denn es würde die Menschheit in eine Katastrophe unabsehbaren Ausmaßes stürzen, ja gleichsam die Apokalypse verursachen, wenn dieses tiefe Wissen in die falschen Hände fallen und missbraucht würde.“

Walter unternimmt einen letzten Versuch zu bluffen: „Und was habe ich mit dem Ganzen zu tun?“

„Lass das bitte. Wir haben uns damals im College immer so gut verstanden und es verletzt mich, wenn du mir gegenüber jetzt nicht mehr offen bist.“ Er macht eine kurze Pause, nimmt einen weiteren Schluck und spricht weiter: „Es ist uns nicht verborgen geblieben, was du in den vergangenen Wochen nächtelang mit deinem Supercomputer in New York getrieben hast. Diese wundervollen Pi-Programme...“

Walter wird schwindelig. Wie kann das überhaupt irgend jemand außerhalb der „Firma“ wissen? Das ist praktisch unmöglich. Also entweder ist der Pförtner doch ein CIA-Mann, oder...

„Ich weiß, dies alles ist für dich nur schwer zu verstehen. Doch es reicht, wenn du einfach mal davon ausgehst, dass unser Orden eine sehr mächtige Organisation ist, deren Arbeitsweise durchaus mit der eines Geheimdienstes verglichen werden kann. Du bist irgendwie an dieses alte Dokument gelangt, das seit Jahrhunderten verschollen war. Es ist aber bei dir ganz sicher in den falschen Händen und nur unserem Orden steht es zu, über das Mysterium der Kreiszahl zu wachen.“

Walter staunt nur noch. Seine Augen hängen starr an den Lippen des Ordensmannes. Angst spürt er nicht mehr. Doch ihm ist klar: Sein Schicksal hängt nun allein von diesem Mann ab, den er jahrelang als den netten, klugen Pförtner im Tripos-College geschätzt hat. Walter ist bereit, sich seinem Schicksal zu ergeben – wie es auch immer aussehen mag.

„Nicht alle Kreistempler sind von so gemäßigter Natur wie ich“, sagt der Mann mit hochgezogener Augenbraue, „unmittelbar nachdem wir von deinen merkwürdigen Aktivitäten erfahren haben, beschloss unser Oberster Rat, deine Computer zu zerstören, um die gefährlichen Arbeiten ein für allemal zu stoppen. Du wirst es vielleicht noch nicht wissen, aber heute ist deine schöne Computeranlage in die Luft geflogen. Meine Ordensbrüder haben außerdem dafür gesorgt, dass du als Täter verdächtigt wirst. Du weißt, was das für dich bei einer Rückkehr in die USA bedeuten würde. Auf jeden Fall wird es dir nie mehr möglich sein, das verbotene Werk fortzusetzen. Denn Supercomputer werden für dich nicht mehr zugänglich sein.“

Walter sitzt wie angewurzelt auf seinem Stuhl, während er dem Ordensmann lauscht. Von Kreistemplern hat er noch nie etwas gehört.

„Doch bevor nun das Papier in andere unberufene Hände fällt und der Menschheit Gefahr droht, bitte ich dich, es mir zu geben oder zu sagen, wo es sich befindet. Anders als die paar naiven Mathematiker, die nichts ahnend hier und da an ihren Universitäten ein wenig an der Zahl Pi herumdoktern, könntest du mit dem Wissen dieser Rolle tatsächlich das große Geheimnis gefährden. Gib mir das Papier, und im Gegenzug bringen wir dich an einen sicheren Ort deiner Wahl. Ohne unsere Hilfe wäre es hingegen nur eine Frage der Zeit, bis deine Jäger dich aufspüren und verhaften. Sei vernünftig und nimm dieses Angebot an. Natürlich musst du überdies schwören, dich nie wieder mit Pi zu beschäftigen. Unser Oberster Rat würde dich kein zweites Mal schonen, wenn du dieses Gelübde verletzen solltest. Glaub mir, wir würden es merken."

Walter versteht, dass er im Moment keine andere Wahl hat, als dieses Angebot anzunehmen. Er zieht das alte Pergament aus seiner Jacke und übergibt es wortlos dem Ordensmann, der es mit Ehrfurcht entgegennimmt. „Du trägst es also tatsächlich bei dir, so wie ich es mir gedacht habe."

Bei einem neu eingeschenkten Glas Rotwein schwört Walter „beim Geheimnis des Kreises und des Universums", niemandem gegenüber ein Wort über den Orden der Kreistempler und das Geheimnis von Pi zu verlieren. Außerdem verspricht er, dieses Geheimnis niemals mehr erforschen zu wollen.

„Halte dich an dieses Gelübde! Du erhältst keine zweite Chance. Es würde mir sehr leid um dich tun. Ehrlich."

In den frühen Morgenstunden sitzt Walter, zwar ohne die alte Schriftrolle, dafür aber mit neuer Kleidung und Frisur, einem dazu passenden frischen Pass und 300 britischen Pfund in einem nagelneuen Portemonnaie im ersten Zug nach Paris.

BRANDENBURG – Die Woche ist wie im Fluge vergangen. Die Arbeit am Beschleuniger bereitet Noëmi große Freude und Befriedigung. Sie ist stolz darauf, im Team von Professor Feldhoff arbeiten zu dürfen. Die Sache mit der Werkzeugkiste hat sie vergessen oder zumindest gut verdrängt. Auch Victor spukt nicht mehr in ihrem Kopf. Und auf das Abendessen heute freut sie sich sehr. Sie ist mit sich und der Welt zufrieden.
Feldhoff hat darauf bestanden, sie mit seinem Auto zu Hause abzuholen. Das Restaurant befindet sich in einer alten Brandenburger Windmühle, die gut sechzig Autominuten von Potsdam entfernt ist. Noëmi hat im Regionalfernsehen einmal einen Bericht über dieses Restaurant gesehen und weiß, dass es eine erste Adresse der Nouvelle Cuisine ist. Sie putzt sich fein raus. Ein dezentes Make-up unterstreicht ihren frischen Teint. Roter Lippenstift. Chanel. Ein rotes Kostüm zu einer beigefarbenen Bluse. Helle Nylons. Marineblaue Schuhe. Sie betrachtet sich im Spiegel. Niemand würde bei diesem Anblick auf die Idee kommen, die junge Frau sei eine Physikerin.
„Perfekt", murmelt sie vor sich hin, als die Türglocke erklingt.
„Ich komme", ruft sie in die Sprechanlage, greift zum Wollmantel und eilt hinaus ins Treppenhaus.
Der Mann vor der Haustür ist perplex, als er Noëmi sieht.
„Äh…, ich habe hier einen Eilbrief für Sie." Er hält ihr ein blaues Couvert unter die Nase.
„Wie. Ein Brief am Samstagabend? Gibt es so was?"

„Na, da staunen Sie, junge Frau? Die gute alte Post ist gar nicht so lahm, wie viele glauben. Und ein Eilbrief ist eben ein Eilbrief. Wenn Sie mir bitte hier unten den Empfang und die Uhrzeit quittieren."
Er reicht ihr einen gelben Plastikstift und Noëmi macht ein paar Kringel auf dem Touchscreen des Boten. Sie nimmt den Brief und rennt wieder die Treppe hinauf. Gerade hat sie die Wohnung betreten, als es wieder schellt.
„Professor Feldhoff?", ruft sie diesmal fragend in die Sprechanlage.
„Jawohl."
Sie wirft den Brief schnell auf den Flurschrank und eilt wieder hinunter.
„Guten Abend, Herr Professor."
„Guten Abend, Noëmi", antwortet Feldhoff „mein Auto steht gleich da vorne."
Der Verband am Kopf ist verschwunden. Nur ein kleines Pflaster auf der Stirn erinnert an den Anlass dieses Abendessens. Noëmi steigt zum ersten Mal in ihrem Leben in einen Porsche, dessen Beifahrertür ihr Feldhoff galant aufhält.
Über Landstraßen und durch Alleen gleiten sie durch die spätherbstliche Landschaft. Noëmi genießt die dynamische Fahrt und das sanfte Auf und Ab.
„Noëmi, ich muss Ihnen etwas sagen. Sie erinnern mich so sehr an meine Tochter. Die gleichen Augen, die gleichen Haare, die gleiche Stimme. Ich habe Ihnen das schon immer mal sagen wollen, aber bei der Arbeit hat sich dazu nie eine Gelegenheit ergeben."
„Ich wusste gar nicht, dass Sie eine Tochter haben. Wie alt ist sie denn?"
„Sie ist jetzt 25 und studiert in Hamburg. Sie lebt dort bei meiner Ex-Frau."
„Ah, ja?"

„Deshalb freue ich mich ganz besonders über die Möglichkeit, heute einmal nicht nur über Strings und Quantenschaum mit Ihnen zu sprechen. Heute geht es eher um Shrimps und Langustenschaum."
Er lacht über sein Wortspiel. Sie lächelt.
„Sie lieben Ihre Tochter sehr?", traut sich Noëmi zu fragen.
„Oh, ja. Und es ist sehr schade, dass ich sie nur so selten sehe. Wir schaffen das nur ein-, zweimal im Jahr. Zu meiner Ex-Frau habe ich kaum noch Kontakt. Sie betreibt an der Alster eine erfolgreiche Galerie und ist durch und durch Esoterikerin. Ich konnte diesen Quatsch noch nie ertragen. Wir erklären die Welt doch lieber mit den Mitteln der Naturwissenschaft. Nicht wahr, Noëmi?"
Sie hat sich schnell daran gewöhnt, dass Feldhoff sie mit ihrem Vornamen anspricht, sie aber gleichwohl siezt. Bei anderen Professoren ist dies ohnehin ein ganz selbstverständlicher Umgangston, allerdings gilt gerade Feldhoff im Forschungszentrum eher als konservativ.
„Gewiss", antwortet Noëmi, ist sich aber dabei nicht ganz so sicher wie er.
Die Flügel der alten Windmühle sind bereits von Weitem zu sehen. Auch wenn sie sich seit vielen Jahren nicht mehr gedreht haben, so verleihen sie dieser gastronomischen Location gleichwohl einen authentisch-historischen Charme. Der kleine Parkplatz liegt rund 50 Meter von der Alten Mühle entfernt. Feldhoff und Noëmi spazieren zum Eingang, wo sie das Trio aus Chef, Maître de cuisine und Garçon mit allergrößter Freundlichkeit empfängt. Noëmi hat das Gefühl, dass Feldhoff wie ein guter alter Freund des Hauses behandelt wird und man sich sehr darüber freut, ihn wieder einmal bewirten zu dürfen.

Nachdem der Garçon ihnen die Mäntel abgenommen hat, führt der Chef die beiden persönlich zu einem prächtig zwischen Fenster und Kamin gelegenen Tisch mit einem herbstlichen Blumen-Bouquet und einem silbernen Leuchter. Die Kerzen brennen bereits.

Geschwind steht das Amuse-Bouche auf der weißen Tischdecke. Das Ambiente überwältigt Noëmi. Na, da wird sie Christin beim nächsten Treffen wirklich etwas Besonderes zu erzählen haben.

Champagner als Aperitif. Ein Fünf-Gang-Menü für beide. Feldhoff ordert zum Fisch einen weißen Mersault und zum Fleisch einen edlen roten Nuit St. Georges.

Im Laufe des Dinners entwickelt sich eine lebhafte Plauderei. Über Feldhoffs Tochter Julia und ihr Jura-Studium. Über Hamburg. Den HSV. Noëmi kennt zufällig die Galerie seiner Ex-Frau und hat dort schon einmal eine Vernissage besucht. Sie erzählt von den positiven Seiten ihrer Jugendzeit, von den Ferienlagern im Harz, den Bienchen und Bärchen, die es für Fleiß in der Schule und gute Taten gegeben hat, und von den Urkunden für gutes Lernen im sozialistischen Kollektiv. Victor taucht in ihren Erzählungen nicht auf.

Feldhoff berichtet von den politischen Kämpfen, die er führen musste, bevor der Beschleuniger nach seinen Vorstellungen erweitert werden konnte. Und sogar über Physik können sich die beiden in diesem Rahmen sehr viel besser unterhalten.

Der gute Rotwein lockert Herz und Zunge. Das Kaminfeuer knistert und spendet eine angenehme Wärme. Der Lichtschein der Flammen spiegelt sich raffiniert in ihren Weingläsern. Noëmi fühlt sich verwöhnt und geborgen. Ihr „Big Boss“ hat sich für sie unversehens zu einer Vaterfigur gewandelt. Irgendwann zwischen dem dritten und vierten Gang prosten die beiden ganz zwanglos auf das gegenseitige „Du“ und beim süßen Dessertwein berühren sich ihre Hände zum ersten Mal auf dem Tisch. Ihr momentanes Verhältnis hätte ein Quantenphysiker durchaus als Mischzustand bezeichnen können – solange keine Klärung herbeigeführt wird.

Als alle Gäste das Restaurant längst verlassen haben und nun auch das Feuer im Kamin heruntergebrannt ist, tritt der Garçon an den Tisch der beiden. Erschrocken schaut Feldhoff auf seine Rolex: „Es ist ja schon ein Uhr!“

„Die Zeit ist wie in einem Traum vergangen“, säuselt Noëmi.

„Soll ich den Herrschaften ein Taxi rufen?“, fragt der Mann im Frack mit ausgesuchter Höflichkeit.

In der Tat – nach den erlesenen alkoholischen Genüssen hätte keiner der beiden ein Lenkrad auch nur berühren dürfen.

„Hätten Sie denn vielleicht für meine Tochter und mich noch zwei Gästezimmer?“, fragt Lutz zurück.

„Bedaure, Monsieur“, entgegnet der Mann mit einem kaum wahrnehmbaren Augenzwinkern, „unsere kleine Hotellerie verfügt leider nur noch über ein freies Zimmer. Das hat aber ein wirklich sehr breites Doppelbett, in dem Ihre Tochter und Sie ganz sicher guten Schlaf finden können.“

Lutz Feldhoff und der Garçon blicken beide fragend zu der jungen Frau mit den geröteten Wangen.

„Klar doch, Paps“, mimt Noëmi perfekt und zwinkert Lutz fröhlich zu, „warum sollten wir uns denn nicht ein Zimmer teilen? Wo wir uns doch ohnehin so selten sehen.“

Der weitere Verlauf der Nacht hätte allerdings für eine Vater-Tochter-Beziehung als höchst unangemessen bezeichnet werden müssen...

Noëmi erwacht im Arm von Lutz. Ist das wirklich wahr oder nur ein Traum? Ein warmes Gefühl durchströmt ihren Körper. Sie ist verliebt. In Lutz. Professor Lutz Feldhoff – wenn ihr das jemand vor einer Woche gesagt hätte, sie hätte ihn für verrückt erklärt. Auch Lutz wacht auf. Sie gibt ihm einen kleinen Kuss auf die linke Wange.

„Guten Morgen, Lutz."

„Guten Morgen, Noëmi." Die beiden liegen nebeneinander im Bett und schwelgen in ihren Gedankenwelten.

„Gut, dass die noch das Zimmer frei gehabt haben", flüstert Noëmi mit einem glücklichen Grinsen.

„Ja, da haben wir wirklich Glück gehabt. Es war unvernünftig von mir, so viel Wein zu trinken."

„Schon gut. Ich finde nicht, dass du zu viel Wein getrunken hast."

Lutz sieht zufrieden aus: „Es war ein wunderschöner Abend mit dir. Ich freue mich schon auf das nächste Rendezvous."

„Ich auch", sagt Noëmi leise, „bisher war ich nur von deinem großen Projekt begeistert. Nun bin ich auch von dir begeistert." Sie kichert liebevoll.

„Ja. Das ist ein gigantisches Projekt. Und ich garantiere dir, dank meiner weitsichtigen Planung werden die Resultate noch großartiger sein, als du es dir vorstellen kannst."

„Was meinst du damit?"

Lutz zögert einen kleinen Moment. Dann schaut er ihr zärtlich in die Augen und sagt: „Dir verrate ich mein großes Geheimnis, damit wir uns ab jetzt gemeinsam auf das große Ereignis freuen können. Ich habe den Beschleuniger so konzipiert, dass er mit einigen geringfügigen technischen Veränderungen gleichsam über Nacht mit der doppelten Energie betrieben werden kann.

Mit der Energie, für die er offiziell ausgelegt ist, würde man die letzten, wirklich großen Fragen der Physik nämlich gar nicht beantworten können. Das weißt du doch auch. Aber da wird dann die ganze Welt ehrfürchtig staunen, wenn Lutz Feldhoff plötzlich die Weltformel in der Hand hält."

Noëmis Gesichtszüge erstarren. „Was? Du willst den Beschleuniger oberhalb der kritischen Energie betreiben? Damit riskierst du doch einen Weltuntergang. Du weißt, ernst zu nehmende Theorien sagen voraus, dass bei Energien dieser Größenordnung das Raum-Zeit-Kontinuum instabil werden könnte und das Vakuum aus seinem angeregten Zustand in den Grundzustand übergeht und somit das ganze Universum gleichsam implodiert!"

Natürlich kennt auch Feldhoff diese Theorie und bei dem Kampf um die Bewilligung des Projekts haben Gegner genau diese Horrorvision immer wieder auf die Tagesordnung gebracht. Feldhoff und ein halbes Dutzend hochkarätiger Fachgutachter aus verschiedenen Ländern konnten jedoch den Bewilligungsausschuss und die verantwortlichen Politiker davon überzeugen, dass bei den Energien, für die der Beschleuniger – offiziell – ausgelegt ist, keine Gefahr besteht. Der kritische Energiewert, so sagt es die Theorie voraus, liegt mindestens 50 Prozent darüber. Und so war das Projekt schließlich bewilligt worden. Feldhoff ist es mit Raffinesse und Cleverness gelungen, vor allen Kollegen und Gutachtern zu verbergen, dass seine Anlage so konzipiert ist, dass sie sich mit einigen Kniffen nachträglich aufrüsten und dann bei höheren Energien betreiben lässt.

Lutz bereut bereits seine unüberlegte Prahlerei und versucht, Noëmi zu beschwichtigen. „Ach, Noëmi. Das bedeutet doch nicht, dass da tatsächlich etwas passieren muss. Die Wahrscheinlichkeit für einen inversen Urknall ist auch bei doppelter Energie noch immer extrem klein. Man kann dieses Risiko schlichtweg vernachlässigen. Das Ganze bedeutet doch lediglich, dass rein theoretisch, im ungünstigsten Fall, weil eben unser Wissen in diesem Bereich der Physik noch so lückenhaft ist, möglicherweise etwas passieren könnte. Die Wahrscheinlichkeit, auf unserer Heimfahrt bei einem Autounfall ums Leben zu kommen, ist millionenfach größer."

Noëmi starrt ihn sprachlos an und richtet sich im Bett auf. Sein Arm gleitet dabei von ihrer Schulter.

„Aber das kann man doch nicht mit einem Autounfall vergleichen. Dabei geht es um das Leben von einem oder zwei Menschen. Aber hier geht es um die Existenz der ganzen Welt. Da kann man keine, auch noch so geringe Wahrscheinlichkeit für eine Katastrophe akzeptieren."

Noch ist Lutz davon überzeugt, sie besänftigen zu können, wenngleich in ihm schon die Frage aufkeimt, was er wohl machen wird, wenn Noëmi nun seinen großen Plan ernsthaft durchkreuzen will.

„Als die erste Wasserstoffbombe in der Atmosphäre getestet wurde", fährt er fort, „gab es auch ein geringes Restrisiko, die entfesselten Energien könnten eine atomare Kettenreaktion in der gesamten Erdatmosphäre auslösen. Der ganze Planet wäre bei diesem Szenario in einer gewaltigen Feuerwolke zerstoben. Die Wahrscheinlichkeit dafür galt als extrem gering, und doch konnte es niemand mit absoluter Gewissheit vorab ausschließen. Man hat es riskiert. Und es ist gut gegangen. Immer wenn man zu neuen Ufern aufbricht, wenn man von einem Felsen über eine tiefe Schlucht auf den nächsten Felsen springen will, dann gibt es das niemals zum Null-Risiko. Wenn man nicht bereit ist, das einzugehen, dann wird man schließlich überhaupt nicht mehr weiterkommen. Und hier geht es ja schließlich nicht um irgendwas. Es geht um den letzten Baustein im Theoriegebäude der Physik. Und den wird man eben nur bekommen, wenn man diese sogenannte kritische Energie überschreitet. Alles andere sind doch nur Schönheitsoperationen an den bestehenden Theorien. Kurz gesagt – den wissenschaftlichen Triumph, ich könnte auch sagen den Nobelpreis, den wird es nur mit der höheren Energie geben."

Jedes Gefühl von Verliebtheit und Glück hat Noëmi verlassen. Sie hat es offenbar mit einem Wahnsinnigen zu tun, gleichwohl einem hochintelligenten und berechnenden Wahnsinnigen. Für seinen wissenschaftlichen Ruhm ist er offenbar bereit, die Existenz des ganzen Universums aufs Spiel zu setzen. Und es macht für sie keinen Unterschied, wie klein die Wahrscheinlichkeit dafür auch immer sein mag. Hier kann es für sie keine Kompromisse geben. Noëmi weiß gar nicht, ob und wie sie noch gegen Feldhoff argumentieren soll.

Schlagartig wird ihr bewusst, in welch gefährliche Lage sie als Mitwisserin von Feldhoffs Geheimplan geraten ist. Sie spürt, wie skrupellos dieser Mann ist. Er wird sich doch nach all den jahrelangen Anstrengungen und raffinierten Planungen nicht von einer jungen Forscherin seinen kranken Lebenstraum vermasseln lassen – auch dann nicht, wenn er tatsächlich in sie verliebt sein sollte.

Tausend Gedanken schießen ihr in Sekundenbruchteilen durch den Kopf. Sie begreift den Ernst der Lage und macht sich klar, dass dieser Mann sicher nicht einmal vor einem Mord zurückschrecken würde, sollte sie ihm in die Quere kommen. Was bedeutet denn ein Menschenleben für einen Narzissten, der kühl das Ende der ganzen Welt riskiert? Sie reißt sich zusammen. Nun gilt es, die Nerven zu behalten. Langsam lässt sie sich wieder hinuntergleiten und drückt ihm einen langen, leidenschaftlichen Kuss auf den Mund.

„Ja, Lutz. Ich glaube, ich verstehe jetzt deinen genialen Plan. Ich mache ja schließlich auch Flugreisen, obwohl ich weiß, dass es stets eine winzige Wahrscheinlichkeit für einen Absturz gibt. Dabei bringt ein Flug mit dem Jet die Menschheit keinesfalls auf eine fundamental neue Ebene der Erkenntnis – so wie dein Experiment. Nimmst du mich denn auch mit nach Stockholm zur Nobelpreis-Verleihung?“, fragt Noëmi mit einem schmachtenden Blick, der einen kläffenden Pitbull hätte besänftigen können.

Lutz entspannt sich und streicht ihr langsam durch das lange Haar. „Na klar. Wir fahren gemeinsam nach Stockholm. Schließlich werden es nun ja auch wir beide sein, die dieses Experiment der Experimente gemeinsam durchführen. Ich habe gewusst, du würdest verstehen, worum es hier geht. Aber nicht ein Wort zu irgendeinem anderen Menschen. Die Sache provoziert ja geradezu Missverständnisse. Und es gibt so viele Neider.“

„Versteht sich doch von selbst. Von mir wird niemand auch nur ein Sterbenswörtchen erfahren“, lügt sie wie ein Profi. Er umarmt sie innig und zieht sie zu sich herüber. Was dann geschieht, würde ein Psychologe möglicherweise als Hybrid-Form aus Prostitution und Vergewaltigung bezeichnen, wobei jeder der beiden für sich das Gefühl hat, den anderen zu betrügen.

Noëmi hat auf der Rückfahrt große Mühe, ihre Rolle weiterzuspielen. Doch sie reißt sich zusammen. Mit Smalltalk lässt sich die Zeit noch am besten füllen, die dann doch überraschend schnell vergeht. Lutz Feldhoff hält direkt vor Noëmis Haus. Es ist kurz vor zwölf Uhr am Sonntagmittag. Eine kurze Umarmung im Auto zum Abschied.

„Dann bis morgen", tönt Feldhoff.

„Bis morgen", antwortet sie leise und springt aus dem Porsche.

„Einen Moment noch", ruft er ihr nach.

„Ja?"

„Noch was ganz Besonderes. Ich lade dich zur großen pazifischen Feuermondnacht ein. Die Karten hab ich schon."

„Toll", schluchzt sie noch, bevor sie sich zur Haustür wendet. Feldhoff hat den Eindruck, sie würde vor Freude zu weinen beginnen. Noëmi stürzt die Treppe zu ihrer Wohnung im zweiten Stock hoch, als müsse sie um ihr Leben rennen. Als die Wohnungstür hinter ihr ins Schloss fällt, bricht sie mit einem Weinkrampf zusammen.

Eine halbe Stunde liegt sie laut schluchzend auf dem Parkettboden im Flur, bevor sie sich ins Schlafzimmer schleppt und auf ihr Bett fallen lässt. Sie ekelt sich, sie hat Angst, sie fühlt sich entehrt und als Mitwisserin einer Art Weltuntergangsverschwörung. Das ist jetzt einfach alles zu viel. Noëmi starrt auf die weiße Zimmerdecke mit den kleinen fluoreszierenden Plastiksternen, die in der Nacht glimmen, und spürt eine schwere Last, eine sie geradezu erdrückende Verantwortung. Sie weiß nun von Feldhoffs Plan und nur sie kann ihn stoppen. Aber wie? Was könnte sie tun? Sie greift zum Telefonhörer, um Christin anzurufen. Doch dann lässt sie ihn wieder auf die Gabel fallen. Wie nur hätte sie ihr das jetzt alles erklären sollen?

POTSDAM – Die Kopfschmerzen haben nachgelassen. Noëmi erhebt sich langsam von ihrem Bett und geht in die Küche. Sie setzt Wasser für einen Ayurveda-Tee auf und nimmt am Küchentisch Platz. Noch immer fühlt sie eine unbeschreibliche Mischung aus Liebeskummer, Angst, Ekel und der Sorge um den apokalyptischen Ausgang von Feldhoffs geplantem Experiment. Sie zwingt sich, darüber nachzudenken, was in dieser Situation zu tun ist. Sie atmet tief durch und gießt das heiße Wasser in die Teekanne. Als sie den ersten Schluck trinkt, wird ihr eines schon mal klar: Liebeskummer hat sie gar nicht. „Dieser Arsch", denkt sie. Schluck für Schluck gibt ihr der Tee Energie zurück. Was sie in erster Linie spürt, ist eine Riesenportion Verantwortung, die auf ihren Schultern lastet.

„Ich muss diesen Wahnsinnigen stoppen!", ruft sie trotzig in die kleine Küche, als wolle sie sich auf diese Weise Mut machen. „Dieses Experiment darf nicht stattfinden und es liegt an mir, die skrupellosen Pläne von Feldhoff zu durchkreuzen." Doch sie hat noch keine Idee, wie sie dies anstellen könnte. „Vielleicht Sabotage", denkt sie für einen Moment. Damit würde sie die Sache aber nur verzögern und sich selbst zum Täter machen. Dann erinnert sie sich an das Flugblatt mit der Forderung „Stoppt die unverantwortlichen Experimente". „Vielleicht sollte man diese Leute darüber informieren, was Feldhoff wirklich plant", überlegt Noëmi. Doch sofort verwirft sie auch diese Idee. Die glauben ja ohnehin, dass die Versuche gefährlich sind, und haben deshalb alles versucht, um die Erweiterung des Beschleunigers und die geplanten Experimente zu verhindern. Ausgerechnet ihnen würde man nun gar nicht glauben, Feldhoff plane etwas, von dem sonst angeblich niemand etwas weiß.

Doch dann hat sie noch eine Idee. Natürlich. Sie kann sich als Whistleblower an die Presse wenden. Als Mitarbeiterin des Forschungszentrums und unmittelbar am Experiment Beteiligte

könnte sie so Feldhoffs Pläne und deren mögliche Konsequenzen öffentlich machen. Dann würden die Journalisten eigene Recherchen anstellen und sie könnte ihnen dabei behilflich sein. Der öffentliche Druck dürfte so groß werden, dass eine heimliche Aufrüstung der Beschleunigeranlage und damit Versuche oberhalb der kritischen Energie unmöglich würden. „Ja, so sollte sich Feldhoff stoppen lassen“, ist Noëmi überzeugt.
Noëmi malt sich aus, was in so einem Fall mit ihr passieren würde. Feldhoff wird zweifelsohne abstreiten, jemals Experimente oberhalb der kritischen Energie geplant zu haben. Sie stünde als Verleumderin da und würde ihren Job verlieren. Mindestens das. Sie denkt darüber nach. In diesen Minuten fällt ihre Entscheidung, sich zu opfern. Für die ganze Welt. Die Menschheit. Das Universum. Sie sieht keine andere Möglichkeit. Es muss sein. Für einen größeren Sinn, als ihre eigene Karriere zu retten. Und niemand würde letztlich davon erfahren, dass sie die Welt gerettet hat. Nur Feldhoff würde nie vergessen, wer seine großen Pläne durchkreuzt hat. Sie würde schon irgendeinen neuen Job finden und ein neues Leben beginnen, sinniert Noëmi.
Ihre Angst ist jedenfalls verschwunden. Noëmi sieht ihr schicksalhaftes Ziel. Sie muss Lutz Feldhoff stoppen. Noch heute will sie in Berlin bei ihrer Zeitung anrufen, die sie zum Studentenpreis abonniert hat. Sie geht in den Flur, um sich die ungelesene Samstagsausgabe zu holen und einen Blick in das Impressum zu werfen. Schließlich muss sie ja wissen, wen sie anrufen kann. Zuständig für dieses Thema ist ja wohl, so überlegt sie sich, das Ressort Wissenschaft.
Als sie gerade nach der Zeitung greifen will, fällt ihr Blick auf den ungeöffneten Eilbrief, der seit Samstagabend noch immer auf der Kommode liegt. „Oh, den habe ich ja ganz vergessen“,

erschrickt sich Noëmi. Sie reißt das Couvert mit einer schnellen Bewegung auf, wobei der Klebestreifen im fensterlosen Flur kurz bläulich aufleuchtet. Es ist eine Einladung für Montagabend, also bereits heute. Deshalb offenbar der Eilbrief. Eine Einladung der russischen Botschaft in Berlin zu einer Causerie anlässlich eines Jubiläums der deutsch-russischen Zusammenarbeit in Wissenschaft und Forschung. Weiter unten ist zu lesen: „Nach dem Vortrag bittet der Wissenschaftsattaché zu einem kleinen Empfang – u. A. w. g."

Noëmi ist überrascht. Es ist keinesfalls selbstverständlich, dass sie zu derartigen Empfängen eingeladen wird. In aller Regel repräsentiert Professor Feldhoff das Forschungsinstitut bei externen Veranstaltungen. Normalerweise hätte sie ihn in dieser Situation erst einmal gefragt, ob sie zu der Veranstaltung überhaupt gehen solle und dürfe. Jetzt ist das aber anders. Selbstverständlich wird sie zu dieser Causerie gehen. Und falls Feldhoff ebenfalls dort sein sollte – umso besser. Soll er sich doch ruhig den Kopf darüber zerbrechen, warum ausgerechnet seine Noëmi eingeladen worden ist. Doch irgendwo in einer nicht ganz so bewussten Ebene ihres Gehirns fragt sie sich das selbst auch. Noch vor dem Frühstück sagt sie per Mail ihre Teilnahme an der Causerie zu.

Nach dem Frühstück blättert Noëmi in ihrer Zeitung und sucht das Impressum. Bislang hat sie sich noch nie für das Kleingedruckte interessiert. Sie wird schnell fündig und notiert die Telefonnummer des Wissenschaftsredakteurs. Zunächst ruft sie aber Feldhoffs Sekretärin an. „Mich hat eine heftige Erkältung erwischt", lügt Noëmi, „ich muss mich leider für heute krank melden."

„Kurieren Sie die Sache nur gut aus, bevor Sie sich wieder in die Arbeit stürzen", antwortet Sabine, „Sie sind ja so ein Arbeits-

tier. Doch die Gesundheit geht vor. Ich wünsche Ihnen gute Besserung."
„Danke. Ich denke, dass ich bald wieder fit bin. Es sind ja auch noch einige wichtige Arbeiten zu erledigen."
Wenig später ruft sie bei der Zeitung an und muss sich von einer Sekretärin belehren lassen, dass so früh noch keine Redakteure im Hause sind. Und im Laufe des Vormittags gebe es dann eine Konferenz nach der anderen. Am besten solle sie es nochmals gegen Mittag probieren. Tatsächlich gelingt es ihr gegen 12.30 Uhr, den Wissenschaftsredakteur ans Telefon zu bekommen. Nach einem kurzen Gespräch sind Bert Kluge und Noëmi noch am gleichen Tag um 21 Uhr in einem italienischen Restaurant in Berlin-Mitte zu einem investigativen Informanten-Treff verabredet. Noëmi hat intuitiv die richtigen Schlüsselworte verwendet: „Mega-Skandal", „Weltuntergang" und „exklusiv". Kluge hat sofort angebissen.
„Das läuft ja alles ganz hervorragend", freut sich Noëmi über die beiden Termine am heutigen Abend. Jetzt ist erst mal Zeit für einen frisch zubereiteten Ayurveda-Tee. Sie denkt noch einmal an das Flugblatt der Aktivisten, das sie neulich überflogen und dann weggeworfen hat. Jetzt sieht sie es in einem ganz neuen Licht. „Im Prinzip haben diese Mahner ja durchaus Recht, auch wenn sie von falschen Voraussetzungen ausgehen", denkt Noëmi. Würde der Beschleuniger in der genehmigten Art und Weise betrieben, kann nach dem Stand der Wissenschaft ein Risiko ausgeschlossen werden. Noëmi ertappt sich dabei, wie sie über den Begriff „Stand der Wissenschaft" sinniert. Ist der Stand der Wissenschaft nicht ständig im Fluss? Kann er sich also nicht jederzeit durch neue Erkenntnisse verändern?
Doch nun gilt es erst einmal, für den heutigen Abend passende Garderobe auszuwählen – erst der Empfang in der Botschaft

„Unter den Linden“ und daran anschließend das Treffen mit dem Journalisten. „Wie gut, dass bei Veranstaltungen mit protokollarischem Charakter nicht nur die Anfangszeit, sondern auch schon das Ende im Voraus feststeht“, denkt sie. Beginn 18.00 Uhr, Empfang bis 21.00 Uhr. Der zeitliche Fahrplan für den Abend scheint zu passen. Noëmi entscheidet sich für ein unauffälliges und doch schickes, knielanges Kleid in dunkelblau. Damit würde sie hier wie dort angemessen angezogen sein und auch vorher noch ein wenig in Berliner Geschäften bummeln können. So oft kommt sie schließlich auch nicht in die Metropole. Mit Bus und S-Bahn sind es insgesamt ja fast eineinhalb Stunden Fahrzeit.

BERLIN – Um Viertel vor sechs erreicht Noëmi das Botschaftsgebäude und zeigt am Eingang ihre Einladungskarte vor. „Guten Abend“, sagt der junge Herr im Anzug mit ausgesuchter Höflichkeit und weist ihr den Weg zur Garderobe, „wir freuen uns, dass Sie unserer Einladung gefolgt sind.“ Noëmi schreitet die breite, mit Teppichen ausgelegte Treppe hinauf zum großen Kuppelsaal der Botschaft. Ein großer roter Stern leuchtet über dem Kreml, der als riesiges Glasmosaik die Stirnseite des Saals schmückt. Von dem Stern gehen in alle Richtungen leuchtende Strahlen in Form laufender Lichtpunkte aus. Noëmi ist von der gigantischen Kulisse des stalinistischen Nachkriegsbaus beeindruckt.
Gut vierzig Stühle stehen im Kuppelsaal. Vor dem gläsernen Kreml steht das Rednerpult. Die meisten Gäste stehen noch in Zweier- und Dreiergrüppchen zusammen und plaudern miteinander. Noëmi kennt hier niemanden und setzt sich lieber schon

mal auf einen Gangplatz in der vorletzten Reihe. Sie beobachtet die Menschen. Da entdeckt sie doch noch ein ihr bekanntes Gesicht. „Der da vorne ist doch der Wissenschaftssenator“, denkt sie plötzlich. Sein markantes Gesicht hat sie schon öfter in der Zeitung gesehen. Er ist im Gespräch mit einem älteren Mann von kräftiger Statur. „Ist das vielleicht der Botschafter?“, fragt sie sich, „oder der Wissenschaftsattaché?“

Nach und nach lösen sich die Grüppchen auf. Die Reihen füllen sich. Tatsächlich bleibt kein Stuhl frei. Noëmi ist eine von nur wenigen Frauen. Sie taxiert die anderen und deklariert sie zu dekorativen Trophäen jener Männer, die zu diesem Abendvortrag eingeladen worden sind. Noëmi kann sich nicht vorstellen, dass diese Frauen ernsthaft an Physik interessiert sind. Sie selbst ist jedenfalls auf den Vortrag sehr gespannt. In der Einladung ist der russische Teilchenphysiker Juri Ioffe aus Dubna angekündigt. Der Titel seines Vortrags lautet: „Auf dem Weg zur letzten Theorie“.

Professor Ioffe ist in der Welt der Teilchenphysiker einer der ganz Großen. Fast alle seiner wissenschaftlichen Veröffentlichungen hat Noëmi gelesen und einige auch in ihren eigenen Arbeiten zitiert. Ihr wird in diesem Moment bewusst, dass sie Ioffe noch nie persönlich begegnet ist. Auf dem großen, internationalen Fachkongress hat Juri Ioffe im vergangenen Jahr eine Keynote-Speech gehalten. Leider hat der Reiseetat nicht für ihre Teilnahme an der Tagung gereicht. Professor Feldhoff war mit drei seiner engsten Mitarbeiter in die USA geflogen. Als sie daran denkt, schaut sich Noëmi um, ob nicht Lutz Feldhoff ebenfalls unter den Gästen ist. Es sieht nicht danach aus. Irgendwie ist sie darüber erleichtert.

Plötzlich tritt der Mann, der eben noch mit dem Wissenschaftssenator gesprochen hat, an das Pult und begrüßt die Gäste im

Namen des Botschafters, der heute Abend leider verhindert sei. Er selbst gibt sich als Wissenschaftsattaché zu erkennen und führt den Vortragenden dann mit herzlichen und würdigenden Worten ein. „Wir freuen uns sehr darüber und sind außerordentlich dankbar, dass Professor Ioffe die Zeit gefunden hat, uns heute Abend einen kleinen Einblick in seine faszinierende Forschung zu gewähren“, sagt der Attaché und bittet den in der ersten Reihe sitzenden Wissenschaftler nach vorn.

Ioffes Präsentation ist eher eine Plauderei als ein wissenschaftlicher Vortrag, den Noëmi eigentlich erwartet hat. Sie ist ein wenig enttäuscht, aus dem Munde dieses exzellenten Wissenschaftlers keine wirklich neuen Dinge zu erfahren. Gleichwohl genießt sie es, wie er selbst komplizierteste Zusammenhänge überaus anschaulich präsentiert. Ihr wird klar, dass die allermeisten Zuhörer keine Fachleute sind. „Ah ja“, denkt sie für sich, „ich habe wohl das Glück gehabt, als Junior-Forscherin die Frauenquote heute Abend ein wenig anheben zu dürfen.“

Nach seinem Vortrag wird die illustre Gesellschaft von Ioffe ermuntert, Fragen zu stellen. Nachdem, wie Noëmi findet, zwei recht dumme Fragen gestellt und dennoch sehr klug beantwortet worden sind, fasst sie sich ein Herz und meldet sich zu Wort.

„Sehr geehrter Herr Professor Ioffe“, sagt Noëmi mit sehr freundlicher Stimme, nachdem sie sich vom Stuhl erhoben hat, „Sie kennen die sogenannte kritische Energie, oberhalb der bei einer Teilchenkollision der angeregte Zustand des Vakuums zerstört werden könnte. Für wie wahrscheinlich halten Sie einen solchen Effekt?“ Sie hat die Frage bewusst sehr wissenschaftlich und so wenig reißerisch wie möglich formuliert. Schließlich hätte sie ja auch ganz unverblümt danach fragen können, ob er einen Welt-

untergang durch Experimente oberhalb der kritischen Energie für plausibel hält.
Professor Ioffe zögert einen kleinen Moment. Dann antwortet er umso schneller: „Das ist eine sehr gute Frage. Sie haben sich offensichtlich mit dieser Thematik schon intensiv auseinandergesetzt. Ich muss Ihnen sagen, die Antwort darauf ist nicht einfach. Es würde aber leider den Rahmen dieser netten Causerie sprengen, wenn ich jetzt versuchte, die von Ihnen angesprochene Hypothese vom angeregten Zustand des Vakuums im Detail zu diskutieren. Doch ich bin sehr gerne bereit, mit Ihnen anschließend beim Buffet darüber zu reden. Gibt es weitere Fragen?"
Die gibt es nicht. Und so spricht der Attaché noch einige Worte des Dankes, philosophiert in aller Kürze über die zentrale Bedeutung der Wissenschaft bei der Lösung der großen Menschheitsprobleme und erklärt dann das Buffet im Nebenraum für eröffnet. Die Gäste strömen nach links in einen langgestreckten Saal mit Spiegelwänden, grünen Stofftapeten und prächtigen Vorhängen an den Fenstern. Das Buffet und die Getränkebar sind auf der den Fenstern gegenüberliegenden Seite aufgebaut. Im Raum steht rund ein Dutzend Stehtische, die reich mit Blumen dekoriert sind.
Noëmi hat sich mit einem Glas Krimsekt, das beim Betreten des Saals gereicht wird, an einen noch freien Tisch gestellt. Sie kommt sich ein wenig verloren vor in dieser Gesellschaft von offenbar allesamt bedeutenden Menschen. Professor Ioffe, mit dem sie sich in der Tat noch sehr gern über die kritische Energie des Vakuums ausgetauscht hätte, steht am anderen Ende des Raumes im Gespräch mit mehreren Männern.
Plötzlich steht der junge Mann neben ihr, der am Eingang der Botschaft die Einladungen kontrolliert hat. „Sie scheinen sich ja

in dieser Materie sehr gut auszukennen?“, fragt er sie mit dem Unterton eines Kompliments, „wenn ich mich vorstellen darf, ich bin Botschaftsrat Sergej Milanow.“

„Angenehm. Dr. Noëmi Kubichek.“ Sie reicht ihm die Hand. „Ich arbeite beim NERC in Potsdam am großen Teilchenbeschleiniger. Da war für mich der Vortrag von Professor Ioffe natürlich so etwas wie ein Heimspiel.“

„Wunderbar, wenn man an dieser spannenden Forschung mitarbeiten kann. Ich wünschte mir, ich würde mehr über diese Dinge wissen. Offengestanden habe ich heute Abend nur die Hälfte verstanden.“

„Ich vermute, das ist schon viel mehr, als man das von manch anderem Zuhörer sagen könnte“, versucht Noëmi charmant zu sein.

„Nein, nein. Das glaube ich nicht“, antwortet Milanow und setzt eine bescheidene Miene auf.

Noëmi weiß nun nicht mehr, was sie sagen soll und nippt verlegen an ihrem Sektglas.

„Ich freue mich sehr, dass Sie heute Abend gekommen sind“, fährt Milanow fort, „zum einen, weil Sie so eine kluge, sympathische Frau sind, zum anderen, weil ich die Hoffnung habe, dass Sie uns weiterhelfen können.“

„Ich Ihnen weiterhelfen?“, entgegnet sie überrascht, „wobei soll ich Ihnen denn helfen können? Möchten Sie gerne Privatunterricht in Teilchenphysik bekommen?“

„Nein, nein“, lächelt er und prostet ihr zu. „Es ist mir wirklich unangenehm, wenn ich Sie heute Abend damit überfalle, aber ich würde es nicht tun, wenn es nicht so wichtig wäre. Sie müssen da bitte nachsichtig mit mir sein.“

„Nun, dann mal raus mit der Sprache“, ruft sie ihm neugierig zu.

„Ich weiß, das liegt alles lange zurück und vielleicht möchten Sie nicht gerne daran erinnert werden. Es geht um Victor Plutry."

Noëmi muss schlucken. „Plutry?", fragt sie rhetorisch, um Zeit zu gewinnen. Natürlich weiß sie sofort, wer gemeint ist.

„Genau, Victor Plutry. Sie wissen, wen ich meine?"

„Ja, natürlich. Das ist in der Tat lange her und ich möchte tatsächlich nicht gerne darüber sprechen."

„Das kann ich verstehen. Es ist auch nur eine Frage, die ich Ihnen stellen möchte. Sie würden mir sehr helfen, wenn Sie mir sagen könnten, ob Sie in der letzten Zeit E-Mails von Victor Plutry erhalten haben."

Noëmi wundert es nun nicht mehr, dass der Diplomat auch dies weiß. Sie fragt sich allerdings, was er überhaupt noch von ihr wissen will, wenn sie die elektronische Nachricht von Victor ohnehin im globalen Netz abgefangen haben? Sie denkt einen Moment nach, was sie antworten will, findet dann aber nichts dabei, wahrheitsgemäß zu berichten, sie habe in der Tat und zu ihrer großen Überraschung vor einigen Tagen eine Mail von Victor erhalten.

„Und was stand in dieser Mail?", fragt Milanow weiter.

„Das wissen Sie doch selber genau so gut wie ich", entgegnet Noëmi mit einem leicht kecken Unterton. „Ich habe unverlangt diese Mail erhalten und ich habe nicht darauf geantwortet. Das ist alles, was ich dazu sagen kann. Ich fürchte, dass ich Ihnen da wirklich in keiner wie auch immer gearteten Weise helfen kann."

„Sie haben mir schon viel geholfen, indem Sie gesagt haben, dass es nur eine Mail war, die bei Ihnen angekommen ist. Wir waren uns nämlich nicht ganz sicher, ob Sie nicht noch weitere

Mails von Victor Plutry erhalten haben. In diesem Fall hätte uns interessiert, was in den Mails gestanden hätte. Doch Sie haben nur eine Mail bekommen, richtig?"
„Ja", antwortet Noëmi etwas genervt, „und warum ist das für Sie so wichtig, ob Victor mir schreibt?"
„Ich weiß, es ist nicht ganz fair, wenn ich Ihnen das jetzt nicht sagen kann. Doch ich bitte Sie um Verständnis. Ich kann Ihnen leider nicht erklären, warum diese Information für uns wichtig ist. Es tut mir aufrichtig leid. Doch glauben Sie mir, es ist im besten Sinne zum Wohle von uns allen. Ich danke Ihnen für die freundliche Unterstützung." Er prostet ihr zu.
Einen Moment lang hat Noëmi das unbestimmte Gefühl, Victor irgendwie mit einer Art Zeugenaussage belastet zu haben. Doch dann wischt sie diesen Gedanken schnell weg. Schließlich hat sie ja nicht mehr gesagt, als Milanow ohnehin schon wusste. Und ob es nun eine oder zwei Mails gewesen sind – was könnte dies denn schon für eine Rolle spielen? Und wobei eigentlich? Sie versteht das Ganze nicht.
Noëmi dreht sich kurz um und hält nach Professor Ioffe Ausschau. „Ich würde sehr gern noch ein wenig mit Professor Ioffe diskutieren", wechselt Noëmi das Thema.
„Oh, Professor Ioffe", wiederholt Milanow und lässt seinen Blick ebenfalls über die Gesellschaft schweifen, „ich fürchte, Professor Ioffe ist gerade eben schon gegangen. Soweit ich weiß, hat er heute Abend noch einen anderen Termin."
„Das ist aber schade", entgegnet Noëmi sichtlich enttäuscht, „jetzt haben Sie mir mit dieser blöden E-Mail von Victor Plutry die Chance vermasselt, noch ein paar Takte mit dem berühmten Ioffe zu reden. Das wäre mir sehr wichtig gewesen." Ihr Ton ist charmant und vorwurfsvoll zugleich.

„Jetzt muss ich mich schon wieder bei Ihnen entschuldigen. Aber in diesem Fall kann dann wiederum ich Ihnen behilflich sein. Professor Ioffe wird noch gut eine Woche in Berlin sein und ich werde Ihnen einen exklusiven Termin mit ihm vermitteln – versprochen! Vielleicht bei einem Abendessen. Dann können Sie ihre Expertenfragen direkt mit ihm besprechen. Ist das nicht ein Angebot?"
„Oh ja. Das wäre wirklich ganz toll", sagt Noëmi und hofft für sich, dass Ioffe in irgendeiner Weise dabei hilfreich sein könnte, Feldhoff an der Durchführung des geplanten Experimentes zu hindern. Vielleicht könnte sie Professor Ioffe den Medien als eine Art Kronzeuge präsentieren. Schließlich wäre er als renommierter und international anerkannter Wissenschaftler glaubwürdiger als eine junge Forscherin wie sie. In Gedanken baut Noëmi ihr Konzept bereits weiter aus.
Mit einer Visitenkarte holt Milanow sie zurück in die Realität. „Bitteschön. Rufen Sie mich übermorgen an und ich werde mich in der Zwischenzeit erkundigen, wann Professor Ioffe Zeit hat."
„Vielen Dank. Ich nehme Ihr Angebot gerne an." Noëmi ist nun mit dem Verlauf des Abends doch noch zufrieden. Wie unwichtig ist doch Victor und die merkwürdige Mail im Vergleich zur Möglichkeit, mit Ioffe über die kritische Energie sprechen zu können. Sie nimmt sich schon jetzt vor, Ioffe in die ganze Geschichte einzuweihen.
Noëmi blickt auf die Uhr. Es ist Viertel vor neun. Nun wird sie erst einmal die Presse von der apokalyptischen Gefahr aus dem Beschleunigerrund informieren.
„Ich muss jetzt leider gehen", sagt Noëmi freundlich, „es hat mich sehr gefreut, Sie kennenzulernen."

„Die Freude ist ganz meinerseits. Ich hoffe, dass wir uns wiedersehen", entgegnet Milanow mit einer gekonnten Verbeugung, „und vergessen Sie am besten einfach die Sache mit Victor Plutry."

Noëmi macht sich auf den Weg zum Restaurant. Ihr ist bewusst, dass sie mit diesem Termin die hoffnungsvolle Kariere als Wissenschaftlerin aufs Spiel setzt. Doch was ist ihr kleines Wissenschaftlerleben im Vergleich zu dem, worum es hier geht. So empfindet sie es. In ihrem Alptraum der vergangenen Nacht, so interpretiert es Noëmi inzwischen, hat sie visionär das finale Inferno geschaut. Am Nachmittag hat sie noch einmal die Sache mit der kritischen Energie akribisch nachgerechnet. Es ist nicht von der Hand zu weisen: Das von Feldhoff geplante Experiment führt mit einer Wahrscheinlichkeit von zehn Prozent zum Weltuntergang. Ihre Intuition sagt ihr indes, dass es tatsächlich dazu kommen wird. Sie ist umso mehr entschlossen, alles in ihrer Kraft Stehende zu tun, um Feldhoff an der Durchführung seines Experimentes zu hindern.
„Wie passend", denkt Noëmi, als ihr Taxi vor dem italienischen Restaurant „Diabolo" hält. Bert Kluge wartet bereits an einem Zweiertisch im hinteren Teil des Restaurants auf seine Informantin. Erfahrungsgemäß ergeben sich nur aus den wenigsten Treffen dieser Art verwertbare Storys. Doch man weiß ja nie. Bert hatte heute Abend noch nichts anderes vor, essen muss er ja sowieso und die Stimme dieser Frau klang am Telefon so interessant. Ihre Story erst recht. Er ist sehr neugierig.
Als sie plötzlich vor ihm steht, ist er einen langen Augenblick von ihrer Schönheit überrascht. So hat er sich eine Teilchenforscherin nicht vorgestellt: Lange blonde Haare und ein schickes,

figurbetontes Kleid. Auch die wachen, blauen Augen und der sinnliche Mund sind ihm sofort aufgefallen.

„Nehmen Sie doch bitte Platz", sagt er eine Nuance zu höflich, nachdem sie sich kurz begrüßt haben. „Ich bin sehr gespannt, was Sie mir zu berichten haben."

„Ich hoffe, Sie werden das ernst nehmen, was ich zu sagen habe."

„Gewiss. Was trinken Sie als Aperitif, vielleicht ein Gläschen Champagner?"

„Oh, nein. Bitte nur ein Glas Wasser."

Nachdem sie sich mühsam bis zum Hauptgang geplaudert haben, versucht Noëmi das Gespräch endlich auf den Punkt zu bringen.

„Warum ich Sie um dieses Treffen gebeten habe, ist ein ganz und gar außergewöhnlicher Grund."

„Wie ich es bei einer ganz und gar außergewöhnlichen Frau auch nicht anders erwartet habe."

Sie versucht, diese Antwort zu ignorieren. „Im NERC laufen derzeit die Vorbereitungen für ein neues Experiment. Im Teilchenbeschleuniger sollen Protonen mit einer unvorstellbar hohen Energie aufeinander geschossen werden."

„Ja, und? Solche Versuche werden doch schon seit vielen Jahren gemacht. Nicht nur in Potsdam. Und wenn man Glück hat, entdeckt man dabei wieder mal ein neues Teilchen."

„Stimmt. Doch dieses Experiment ist unvergleichlich anders. Erstmals wird die Energie, die bei der Kollision der Teilchen freigesetzt wird, so groß sein, dass es zu einem Phasenübergang des Vakuums kommen könnte."

„Versteh ich nicht. Und wenn schon. Was wäre daran so besonders?"

„Sie haben mir doch vorhin erzählt, dass Sie auch einige Semester Physik studiert haben. Dann erinnern Sie sich vielleicht daran, dass das Vakuum keinesfalls ein absolutes Nichts ist, sondern dass sich unterhalb der Schwelle zu unserer materiellen Welt ein gigantischer See aus virtuellen Teilchen verbirgt, die immer nur für kurze Augenblicke in unsere Welt hinüber blinzeln können."
„Ja. Das habe ich schon mal gehört."
„Das Vakuum selbst kann sich in verschiedenen energetischen Zuständen befinden. Wir wissen aber nicht definitiv, ob sich die Schattenwelt des kosmischen Vakuums in seinem energetischen Grundzustand oder in einem mehr oder weniger angeregten Zustand befindet. Sollte dies der Fall sein – und das ist die deutlich wahrscheinlichere Möglichkeit – dann kann eine starke Energieinjektion, zum Beispiel punktuell in einem Teilchenbeschleuniger, diesen metastabilen Zustand des Vakuums stören, ja zerstören. Das Vakuum würde dann schlagartig in seinen Grundzustand übergehen und dabei die ganze uns bekannte, materielle Welt mit sich reißen. Wir hätten das Gegenteil des kosmischen Urknalls verursacht. Von diesem Punkt im Teilchenbeschleuniger ausgehend würde sich das neue Nichts mit Lichtgeschwindigkeit kugelförmig in alle Richtungen des Universums fressen und es in seiner heutigen Form vernichten. Es würde quasi wieder der Zustand vor dem Urknall hergestellt, der eine Fluktuation aus dem Grundzustand des Vakuums in einen labilen angeregten Zustand war. Dieser angeregte Zustand ist unsere materielle Welt, das Universum, die Sterne, die Erde. Sie und ich. Und das alles ist metastabil."
Bert schaut sie ungläubig an und bleibt in Gedanken an den Worten „angeregter Zustand" hängen. „Wenn ich Sie also richtig verstehe, wollen Sie vor einem möglichen Weltuntergang war-

nen?“, fragt er und prostet Noëmi mit seinem Glas Rotwein zu.
„Ja, genau das. Vergleichen wir die Welt mal mit einer gefüllten Badewanne. Wenn wir den Stöpsel herausziehen, dann ist die Wanne anschließend komplett leer. Das Vakuum des Universums besitzt gleichsam an jeder Stelle einen Stöpsel. Wenn man den betätigt, also an dieser Stelle das Vakuum aus seinem Gleichgewicht bringt, dann läuft quasi das gesamte Universum aus. Im Bruchteil einer Sekunde wird unser Planet verschwunden sein. Niemand wird das wahrnehmen können. Plötzlich ist einfach alles weg. Zuerst die Erde, dann unser gesamtes Planetensystem inklusive der Sonne, die Milchstraße und schließlich das ganze Universum. Der Zusammenbruch des Vakuums wird sich wie eine kugelförmige Welle und mit Lichtgeschwindigkeit ausbreiten.“
Bert muss sich beherrschen, jetzt nicht laut loszulachen. Bei fast jedem anderen Gesprächspartner hätte er es wohl getan. Doch dieser jungen Frau gegenüber möchte er Gentleman bleiben.
„Wenn das stimmt, was Sie mir da gerade erzählt haben, dann wäre doch bestimmt auch schon jemand anderes darauf gekommen. Warum warnt denn sonst niemand davor? Wenn die Sache wirklich so brisant ist, dann wäre doch niemals grünes Licht für ein solches, zumal sehr aufwendiges und teures Experiment gegeben worden. Haben Sie sich da nicht vielleicht in eine zwar plausibel klingende, aber dennoch völlig fantastische Idee hineingesteigert?“
„Wenn sich jemand in eine fantastische Idee hineingesteigert hat, dann ist es Professor Feldhoff. Für das von ihm geplante Experiment gibt es keine Genehmigung. Offiziell ist der NERC-Beschleuniger nur für Energien ausgelegt, die deutlich unterhalb der Schwelle liegen, ab der eine Zerstörung des Vakuums

möglich ist. Das lässt sich alles auf der Basis der heutigen kosmologischen Modelle berechnen. Ich bin keinesfalls die Einzige, die das so sieht. Eine Reihe von Physikern haben zur kritischen Energie publiziert und bei der Genehmigung des Experiments ist tatsächlich darauf geachtet worden, dass dieser Wert beim Betrieb des Beschleunigers nicht überschritten wird. Der entscheidende Punkt, warum ich heute mit Ihnen spreche, ist die Absicht Feldhoffs, sich über diese Begrenzung hinwegzusetzen. Er hat durch einen raffinierten technischen Trick erreicht, dass sich die nutzbare Energie mit relativ wenigen Umbauten verdoppeln lässt. Und damit liegt sie dann oberhalb des kritischen Wertes. Das ist das Problem. Vermutlich weiß nur eine sehr kleine Zahl von Feldhoff-Vertrauten von dieser streng geheimen Möglichkeit. Ich selbst habe erst am vergangenen Wochenende davon erfahren."

„Und wie?", hakt Bert nach.

Noëmi nimmt einen Schluck Wasser und überlegt kurz. „Ein Feldhoff-Vertrauter hat es mir erzählt", lügt Noëmi, die es unpassend und unnötig findet, dem Journalisten die tatsächliche Quelle ihres Wissens zu offenbaren. „Und deshalb weiß ich nun Dinge, die sich auch überprüfen lassen. Ich kann zum Beispiel die von Feldhoff geplanten Umbauarbeiten am Beschleuniger im Detail erklären. Und ich weiß, dass Feldhoff das Experiment mit der verdoppelten Energie am Heiligen Abend starten will. Nur eingeweihte Kollegen werden an diesem Tag im Forschungszentrum sein."

Bert hat ihr aufmerksam und zunehmend fasziniert zugehört. Seine arrogante Skepsis ist verflogen und einer Nachdenklichkeit gewichen, die ihm sein Beruf nur selten ermöglicht. Er beginnt, sich auf Noëmis Argumentation einzulassen. „Kennt

Feldhoff denn das Risiko nicht?“, fragt Bert, „und was ist mit den anderen, die da mitmachen?“
„Eigentlich müsste Feldhoff die Gefahr kennen“, antwortet Noëmi, „doch unbändiger Ehrgeiz und grenzenlose Neugier, hinter die Kulissen des Weltgeschehens zu schauen, verstellen ihm wohl den Blick auf mögliche Konsequenzen. Vermutlich hat er sie einfach verdrängt. Möglicherweise ist es sogar die Wette mit dem Teufel – Alles oder Nichts. Erkenntnis um jeden Preis. Für die Aussicht auf höchsten wissenschaftlichen Ruhm nimmt er das mögliche Ende der Welt in Kauf. Feldhoff ist jedenfalls davon überzeugt, dass er mit diesen Experimenten Antwort auf die großen offenen Fragen der Physik erhalten wird.“
„Also ein moderner Dr. Faustus?“
„Ja, so könnte man es sagen.“
„Der Baum der Erkenntnis“, fährt sie mit einer biblischen Metapher fort, „steht schon lange nicht mehr im Paradies, sondern heute lockt er tief unter der Erde in Form gigantischer Maschinen. Mit ihrer Hilfe wollen die Forscher die Weltformel finden, eine alles erklärende Theorie, das universelle Wissen, den heiligen Gral des Kosmos.“
„Ist das nicht vermessen und töricht?“
Noëmi, die gestern selbst noch tief unter der Erde am NERC-Teilchenbeschleuniger gearbeitet hat und grundsätzlich vom Gewinnen neuer Erkenntnisse durch physikalische Forschung begeistert ist, hält gleichwohl das Streben nach einem universellen Wissen für gefährlich. „Ja. Was Feldhoff plant, ist vermessen und töricht. Ein Phasenübergang des Vakuums wäre das Ende der Menschheitsgeschichte, die mit der Vertreibung aus dem Paradies begann. Das Ende einer Menschheit, die stets versuchte, irgendwie eine Hintertür zurück ins Paradies zu finden – sei

es durch Babelsche Turmbauten, das Suchen des heiligen Grals oder durch Faustisches Erkenntnisstreben. Es ist immer die gleiche Geschichte. Doch wir kreisen immer nur um das Zentrum einer angenommenen Wahrheit, ohne ihr wirklich näher zu kommen. Die Natur lässt sich nicht zwingen. Bereits vergleichsweise simplen Nachfragen entzieht sie sich vornehm durch das Prinzip der Unschärfe. Von einem Elektron kann man nicht einmal sagen, wo genau es sich befindet und wie schnell es gerade ist. Nicht einmal das."

„Das ist die Heisenbergsche Unschärferelation", versucht Bert mit seinem rudimentären Wissen zu glänzen.

„Genau", entgegnet Noëmi unbeeindruckt, „wenn wir die Geheimnisse des Kosmos mit der Brechstange entschlüsseln wollen, dann sollten wir darauf gefasst sein, dass die Natur sich dieser dreisten Zugriffe schon zu entziehen weiß. Und das muss nicht immer dezent und vornehm geschehen. Sie könnte sich dem menschlichen Erkenntniszugriff auch total und vollständig entziehen, wenn man sich dem Kern der Dinge zu nähern versucht. Genau darauf zielen aber Feldhoffs Experimente. Die Gefahr ist nicht nur wissenschaftlich begründbar, mir scheint sie geradezu philosophisch zwingend zu sein."

„Wenn Sie recht haben, dann ist das ja der helle Wahnsinn", stottert Bert: „Und bislang ahnt niemand etwas von der drohenden Gefahr?"

„Nun. Wir beide wissen immerhin davon", kontert Noëmi.

Bert hat auf einmal das belastende Gefühl, Mitwisser einer schier unglaublichen Geschichte zu sein. Sein Schädel pocht. Ein nicht regulär genehmigtes Experiment ist ja schon für sich eine große Enthüllungsgeschichte. Das hätte ihm ja bereits als Story gereicht. Dass es darüber hinaus gleich um das Schicksal

der ganzen Welt gehen soll, lässt ihn erschaudern. Er schluckt und schaut Noëmi ernst an.
„Schreiben Sie und versuchen Sie, diesen Wahnsinn zu stoppen!", fordert Noëmi ihn auf.
Bert fühlt sich überfordert: „Ja, aber ich brauche doch konkrete Beweise."
„Sie können sich auf mich berufen. Eine Mitarbeiterin packt aus, oder enthüllt. So oder so ähnlich schreibt man das doch, oder? Schicken Sie mir eine Mail, wenn Sie noch Fragen haben." Sie reicht ihm eine Visitenkarte.
„Kann ich Sie telefonisch erreichen?", fragt Bert.
„Ja, entweder im Forschungszentrum oder zu Hause. Beide Telefonnummern stehen auf der Karte. Ebenso meine Mailadresse. Morgen bin ich auf jeden Fall im Büro. Spätestens nach der Veröffentlichung Ihrer Enthüllungsgeschichte in der Zeitung werde ich das NERC wohl nicht mehr betreten können. Bis dahin bleibe ich vor Ort, um die weiteren Vorbereitungen für das Experiment so lange wie möglich beobachten zu können."
„Und was geschieht danach mit Ihnen?"
„Machen Sie sich keine Sorgen um mich. Ich werde meinen Weg gehen. Hier und heute habe ich den ersten Schritt in eine neue Zukunft gemacht. Ich weiß nicht, ob ich auf diese Weise das Unglück verhindern kann. Doch ich muss es zumindest versuchen. Bitte helfen Sie mir dabei! Sie können jetzt wirklich Großes für die Menschheit leisten."
Noëmi erhebt sich von ihrem Stuhl. „Ich danke Ihnen für das Gespräch", verabschiedet sie sich etwas unbeholfen.
„Ich schaue dann mal, wie sich daraus eine Story machen lässt. Kommen Sie gut nach Hause. Tschüss", antwortet Bert. Noëmi ist schon eine Weile in die Dunkelheit des Abends entschwun-

den, als Bert immer noch nachdenklich am Tisch sitzt. Er blickt auf die vom Kellner ausgestellte Quittung für seine Spesenabrechnung. „Ganz schön teuer", denkt er, „aber immerhin verspricht die Sache ja auch eine Super-Story abzuwerfen."
Bert Kluge ahnt nicht, dass sich just in diesem Moment drei Straßen weiter in einem sehr viel exklusiveren Restaurant sein Chefredakteur und Professor Lutz Feldhoff nach einem exzellenten Fünf-Gang-Dinner gegenseitig auf ihre großen Erfolge mit Champagner zuprosten.

POTSDAM – Am nächsten Morgen fährt Noëmi wieder wie gewöhnlich mit dem Fahrrad ins Institut. Sie hat sich vorgenommen, mit diversen Kolleginnen und Kollegen zu sprechen und dabei mit geschickten Fragen nach weiteren Hinweisen und Indizien für den von Feldhoff geplanten Versuch zu fahnden. Noëmi genießt den Blick auf die vielen Bäume entlang der Allee, die sie auch ohne Blätter als kraftvolle Natur empfindet. Beim Radeln kommt ihr plötzlich Christin in den Sinn. Schon seit Tagen haben die beiden nicht mehr miteinander gesprochen. Doch die Ereignisse haben sich halt überschlagen und gestern Abend ist Noëmi erst spät in der Nacht nach Hause gekommen.
Immerhin hat Noëmi jetzt das Gefühl, die Lage einigermaßen unter Kontrolle zu haben. Das mit der Presse hat ja soweit erst mal funktioniert. Sie fiebert dem Tag entgegen, an dem sie morgens in der Zeitung die große Feldhoff-Geschichte lesen wird. Dies könne einige Tage dauern, hat Bert Kluge ihr gestern erklärt. Ab dem Tag der Veröffentlichung, das ist Noëmi bewusst, wird sie das Forschungszentrum nicht mehr betreten können.

Wer weiß, was dann alles losbricht. Die verbleibende Zeit will sie nutzen, um noch so viele Informationen wie möglich über das geplante Experiment herauszufinden. Gewisse Bauelemente, die Feldhoff für seine geheime Erweiterung benötigt, müssten eigentlich schon irgendwo in der Beschleunigeranlage gelagert sein. Interessant sind für Noëmi auch Dokumente und Unterlagen, die belegen könnten, dass entsprechende Bauteile und Geräte bestellt oder geliefert worden sind. Alles, was für Experimente in der genehmigten Version des Beschleunigers nicht benötigt wird, wäre ein Indiz für Feldhoffs unlautere Absicht. Solche Informationen wären für Bert Kluge und die von ihr erhoffte Medienschlacht sicher von großem Wert. Sie wird nun also die Rolle einer Detektivin übernehmen.
Großes Unbehagen bereitet Noëmi die Frage, wie sie sich jetzt Feldhoff gegenüber verhalten soll. Es ist keinesfalls ausgeschlossen, dass sie sich im Institut begegnen. Soll sie in diesem Fall vorerst weiter die Rolle der Geliebten spielen? Oder hat sich das aus Feldhoffs Perspektive ohnehin schon erledigt? Schließlich hat er sich seit der Verabschiedung am Sonntag nicht mehr bei ihr gemeldet. Und bei der erkrankten Geliebten – davon hat er doch wohl von Sabine erfahren – hätte er sich ja mal telefonisch nach dem Wohlergehen erkundigen können. Sie war gestern vor ihrer Fahrt nach Berlin den ganzen Tag zu Hause erreichbar. Noëmi kann nicht einschätzen, was in Feldhoffs Seele tatsächlich vor sich geht. Sie hält ihn für unberechenbar. Am besten wäre es natürlich, ihm möglichst aus dem Weg zu gehen. Doch das lässt sich eben nicht mit Sicherheit erreichen. Noëmi stellt sich also darauf ein, dass sie je nach Situation spontan entscheiden muss, wie zu agieren ist. Ohne Frage verfügt sie über ein gewisses schauspielerisches Talent. Die große Bedeutung der

Mission, davon ist sie überzeugt, wird ihr notfalls schon die nötige Kraft und Kreativität geben.

Noëmi erreicht das Forschungszentrum gegen neun Uhr. In ihrem Büro erledigt sie einige Routinearbeiten, um den Anschein eines normalen Arbeitstages zu wahren. Dann widmet sie sich aber intensiv dem baulichen Lageplan des Beschleunigers. Sie will eine Idee davon bekommen, wo Feldhoff die zusätzlichen Teile und Aggregate versteckt haben könnte, die er am Tag X hervorzaubern wird. Wenn der Lageplan vollständig ist, dann kommen nach ihrer Einschätzung dafür nur zwei Orte in Frage. Zum einen ein stets verschlossener Lagerraum in der Nähe der Hauptlifte. Zum anderen ein gemäß Plan ins „Nichts" führender Seitengang in der Nähe des großen Rechenzentrums mit seinen hunderten Servern. Wer weiß, zu welchem Zweck dieser mysteriöse Gang ursprünglich gegraben worden ist. Heute spielt er jedenfalls für den Betrieb des Beschleunigers keine erkennbare Rolle. Sie selbst war noch nie in diesem Teil der unterirdischen Anlage. Am Abend will sie sich beide Orte einmal etwas genauer ansehen – am späteren Abend, nachdem Feldhoff seine Fahrradrunde gedreht hat.

Im NERC ist es nicht mehr so betriebsam wie noch vor einigen Tagen. Die technischen Arbeiten am Beschleuniger sind weitgehend abgeschlossen. In der aktuellen Phase geht es darum, alle Komponenten zu testen, damit beim Beginn der Versuche sichergestellt ist, dass wirklich alles funktioniert. Hier und da wird auch noch Software optimiert. Es sind keine zwei Wochen mehr bis zum „ersten Schuss", wie Physiker die Inbetriebnahme eines Teilchenbeschleunigers bezeichnen.

Im Laufe des Tages wird Noëmi von einigen Kolleginnen und Kollegen gefragt, wie es ihr gesundheitlich gehe. Auch Feldhoffs

Sekretärin ruft sie extra aus diesem Grund an: „Das ist aber sehr unvernünftig, wenn Sie jetzt schon wieder arbeiten“, sagt sie am Telefon, „Sie sollten so eine Erkältung nicht auf die leichte Schulter nehmen.“
Kein Gespräch, das Noëmi an diesem Tag mit Kollegen und Studenten führt, ergibt irgendeinen Anhaltspunkt für ein Geheimexperiment. Geschickt hat sie sich nach allen möglichen Parametern erkundigt: Ölmengen, Amperewerte, mechanische Auslegungen, Vakuumtechnik, Magnetfelder – alles ist unauffällig normal, ohne eine Abweichung vom genehmigten Plan. Unter einem Vorwand fragt sie sogar bei einer befreundeten Kollegin in der Verwaltung nach, ob bestimmte Bauteile – von denen Noëmi annimmt, dass sie für die geplante Erweiterung benötigt werden – bereits geliefert worden seien. Auch hier Fehlanzeige.
„Sollte ich am Ende vielleicht nur einem üblen Scherz von Feldhoff aufgesessen sein?“, fragt sich Noëmi. Nein, das kann nicht sein. Sie hat seine Besessenheit doch ganz deutlich gespürt. Lutz Feldhoff plant diesen Versuch. Bei den Vorbereitungen dazu muss er Spuren hinterlassen haben. Und diese will sie aufspüren.
Die Uhr auf Noëmis Schreibtisch zeigt 22.22 Uhr. Die allermeisten Kollegen sind schon lange zu Hause. Und selbst Feldhoff dürfte vor Stunden mit der Radtour fertig geworden sein. Noëmi fährt hinunter in den Beschleunigertunnel und nimmt ein Rad. Den Gang in der Nähe des Computerzentrums will sie sich als erstes anschauen. Sie nähert sich der Tunnelposition V-92. Hier zweigt nach innen ein rund zwanzig Meter langer Stichgang ab, an dessen Ende sich eine große Doppelflügel-Stahltür befindet. Noëmi steigt vom Fahrrad und nähert sich der

Tür zu Fuß. Alles ist ruhig. Nur Noëmis Schritte sind zu hören. Sie hallen in dieser Gangröhre mit den glatten Betonwänden. „Elektrischer Betriebsraum“ steht auf der blaugrauen Tür und darunter das Warnschild „Vorsicht Hochspannung“. Noëmi denkt kurz nach. Wenn hier in der Nähe die sensiblen Computer stehen, dann können sich hinter dieser Türe eigentlich keine Hochspannungs-Transformatoren befinden. Deren Felder würden die empfindliche Elektronik stören. Sie hält das Schild für einen Bluff. Doch vielleicht ist ja auch der Lageplan, den sie einsehen konnte, nicht korrekt und die Computer sind tatsächlich weiter von hier entfernt? Sie kann es nicht wissen, ist sich aber intuitiv sicher, dass diese Tür zu einem Lagerraum führt. Dort könnte Feldhoff alles versteckt haben, was er für seinen geheimen Plan braucht.

Unter den NERC-Mitarbeitern kursierten schon immer Gerüchte, dass es im Beschleunigerkomplex verborgene Räume und Verbindungsgänge gibt. Schließlich war die ursprüngliche Planung der unterirdischen Anlage militärisch motiviert. Die Idee, den größten Teilchenbeschleuniger der Welt zu bauen, wurde ja erst bei der Suche nach einer Legende zur Verschleierung des Projekts geboren. Der Tunnel rund um Berlin hätte zum Beispiel verdeckte Truppenbewegungen ermöglicht. Dass hier in der Tiefe auch Räume zur Lagerung von Waffen und Munition vorgesehen waren, ist außerordentlich wahrscheinlich. Nach der Wende wurde nach dem Bekanntwerden des Ringtunnels auch spekuliert, dass sich in der unterirdischen Anlage ein Atombunker befinden könnte. Dort hätte die Führungselite des sogenannten Arbeiter- und Bauernstaates im Falle eines Falles für längere Zeit Schutz finden können. Bis heute ist dies von offizieller Seite stets dementiert worden.

Noëmis Herz pocht, als sie sich der Stahltür nähert. Ob ihr Generalschlüssel für wissenschaftliche Mitarbeiter wohl ins Schloss passt? „Wahrscheinlich nicht“, denkt sie und fingert dennoch den Schlüsselbund aus ihrer Hosentasche. Dabei fällt er ihr aus der Hand und landet auf den Betonboden. Das Klirren hallt unheimlich. Dann herrscht sofort wieder absolute Stille. Noëmi greift den Schlüsselbund und versucht, ihren NERC-Schlüssel in das Schloss zu schieben. Halb verschwindet er darin, doch dann geht es nicht weiter. „Das war ja irgendwie klar, dass der hier nicht passt“, spricht Noëmi leise mit sich selbst. Ohne zu überlegen folgt sie einem Impuls und drückt auf die Klinke. Die Tür ist erstaunlicherweise gar nicht abgeschlossen!

Langsam zieht Noëmi an der schweren Türe, die nach außen aufgeht. Dahinter liegt schwärzeste Dunkelheit. Sie tastet an der Wand hinter der Tür nach einem Lichtschalter. Vergeblich. Mit dem wenigen, aus dem Stichgang einfallenden Licht ist nur zu erkennen, dass sich der Gang zunächst einfach geradeaus weiter in das Innere des Kreisringes fortsetzt. Noëmi lässt die Türe wieder leise ins Schloss fallen, besorgt sich an der nächsten Notstromstation im Beschleunigerring eine Taschenlampe und kommt zurück.

Noëmi ist von einer großen Neugierde erfüllt. „Auf was werde ich hier wohl stoßen?“, fragt sie sich und öffnet die Türe erneut. Sie schlüpft hindurch und sieht im Licht ihrer Lampe einen langen Gang vor sich, mit dem gleichen Querschnitt wie der Stichgang bis zur Stahltür. Der Lichtkegel der Taschenlampe reicht nicht aus, um ein Ende des Ganges zu erkennen. Noëmi marschiert los. Leise klackt noch das Schloss hinter ihr. Der drei Meter breite Gang ist kahl. Keine Türen, keine Schilder, keine Rohre oder Kabel – nur nackter Beton. In größeren Abständen befinden sich

an der Decke kleine Lampen, für die Noëmi aber keinen Schalter entdecken kann. Sie schätzt, dass sie bereits 50 Meter zurückgelegt hat. Noch immer ist kein Ende zu sehen. Noëmi empfindet ein durchaus angenehmes Gefühl von Abenteuer. Zugleich schüttet ihr Körper eine große Menge Adrenalin aus.
Noëmi muss an all die Legenden und Gerüchte denken, die sich um dieses unterirdische Bauwerk ranken, und fühlt sich im Moment fast schon wie eine Agentin, die Staatsgeheimnisse einer fremden Macht ausspionieren will. Wieso hat sie eigentlich nicht schon längst mal diverse Türklinken in dieser unterirdischen Welt heruntergedrückt, fragt sie sich und geht langsam weiter.
Noëmi lässt das Licht der Taschenlampe über die Wände gleiten. Nichts. Plötzlich gibt es eine Unterbrechung in der bislang monoton glatten Wand. Auf der linken Seite öffnet sie sich zu einem Treppenhaus. Stufen führen dort nach oben und unten. Und auf der rechten Seite befindet sich eine breite Stahltüre, baugleich mit jener, durch die sie in diesen Gang gekommen ist. Sie leuchtet kurz zurück in Richtung dieser Eingangstür, kann sie aber nicht mehr sehen. Noëmi bleibt zwischen dem Treppenhaus und der gegenüberliegenden Türe auf dem Gang stehen und untersucht die Umgebung mit dem Lichtkegel ihrer Taschenlampe. Rechts neben dem Treppenhaus wird die Betonwand von breiten Fahrstuhltüren unterbrochen. Bedienknöpfe für einen Lift sind allerdings nicht zu sehen.
Diesmal drückt Noëmi die Klinke der Stahltür sofort herunter und siehe da – auch sie ist nicht verschlossen. Noëmi hätte darüber verblüffter sein können, als sie es tatsächlich ist. Sie öffnet die Tür und tritt sofort ein. Sie tastet den Raum mit dem Licht ihrer Taschenlampe ab. Links stehen bis zur Decke aufeinander

gestapelt Dutzende braune Kartons. Auf der rechten Seite sieht sie die Glasscheiben mehrerer Abzüge für gefährliche Dämpfe, wie sie in Chemielaboren eingesetzt werden. Einige von ihnen sind mit integrierten Gummihandschuhen ausgerüstet, mit denen man unter den Abzugsanlagen gut geschützt mit ätzenden Substanzen arbeiten kann. Auf dem Boden stehen überall große, ungeöffnete Holzkisten, teilweise mehrere übereinander. Dazwischen gibt es nur enge Durchgänge. Der Lichtkegel ihrer Taschenlampe streift einen Schalter an der gegenüberliegenden Wand neben einer Abzug-Glasbox.

Die Holzkisten lassen einen schmalen Durchgang frei, durch den Noëmi hindurch bis zum Lichtschalter geht. Sie drückt ihn. An der Decke beginnen Neonröhren zu flackern. Wenige Sekunden später ist der Raum hell erleuchtet. Noëmi schreit laut auf und lässt die Taschenlampe fallen. In der Eingangstür steht Lutz Feldhoff.

„Aber, aber, mein Kind“, sagt er langsam und mit tiefer Stimme, „du musst dich doch nicht so erschrecken. Ich bin‘s doch nur, dein Lutz.“ Seine Mundwinkel verziehen sich zu einem aufgesetzten Lächeln.

Noëmi steht für einen Moment wie angewurzelt da. Dann fängt sie sich und denkt, dass sie jetzt ihre bekannte Rolle weiterspielen muss.

„Hallo Lutz, das ist ja wirklich eine Überraschung. Ich war einfach neugierig, mal das Innenleben unserer Beschleunigeranlage kennenzulernen. Die Tür hinten am Ring war nicht verschlossen und da bin ich einfach mal...“

Feldhoff zieht die Tür ins Schloss. „So, du warst also einfach mal neugierig? Das habe ich mir schon gedacht.“

„Vielleicht hätte ich dich ja besser fragen sollen. Tut mir leid,

wenn ich hier etwas eigenmächtig gehandelt habe...", entschuldigt sich Noëmi und geht auf Lutz Feldhoff zu.
„Du hättest mich besser auch fragen sollen, bevor du zu dieser Kröte von Journalisten gehst", fährt Feldhoff mit einem feinen Unterton der Ironie fort und greift eine lange Stange aus Edelstahl, die neben ihm an der Wand lehnt. Von einem Moment auf den anderen wird Noëmi klar, dass nun kein Schauspielern mehr hilft. Todesangst und ein gewaltiger Schuss Panik ergreifen sie. Im Bruchteil einer Sekunde mustert sie nochmals den gesamten Raum und stellt fest, dass es offenbar nur diese eine Türe gibt, vor der Feldhoff mit wütender Miene und Stahlstange steht. Er hält sie in der rechten Hand. Sie registriert nun auch, dass sich neben der Eingangstür ebenfalls ein Lichtschalter befindet.
„Du hast mein Vertrauen missbraucht und mich bei diesen Tatsachenverdrehern denunzieren wollen. Du miese Hure! Hast du wirklich geglaubt, eine Fast-noch-Studentin könnte den großen Feldhoff so billig reinlegen? Du Abschaum!" Feldhoff hat die letzten dieser Worte laut geschrien. Dann macht er einen großen Satz auf Noëmi zu und holt gleichzeitig mit der Stange weit aus. Blitzschnell ist Noëmi seitlich hinter einen der Labortische zurückgewichen, als auch schon die Stahlstange mit großem Schwung durch die Luft pfeift und zunächst einige Bechergläser und Retorten vom Tisch fegt. Mit lautem Klirren zersplittern sie auf dem Boden. Bei der kraftvollen Bewegung gleitet Feldhoff die Stange mit der glatten Oberfläche aus der Hand. Sie fliegt nur knapp vorbei an Noëmis Kopf und prallt gegen die Schutzglasscheibe eines Abzugs. Diese zersplittert zwar nicht, ist aber schlagartig von einem Muster aus Bruchlinien durchzogen.
Nach dem missglückten Hieb mit der Stahlstange setzt Feldhoff

sofort ohne diese Waffe nach. Noëmi befindet sich zwischen den Labortischen und Abzugskästen in einer Sackgasse. „Du Aas!“, schreit Feldhoff, während er auf Noëmi zustürmt. Sie bleibt plötzlich stehen und fixiert Feldhoff mit festem Blick. In ihrem Kopf ist schlagartig ein Programm aktiv, das sie seit Jahren Woche für Woche trainiert. Noëmi versucht nicht zu fliehen, sondern steht mit beiden Beinen fest und ruhig. Ihr linkes Bein ist leicht angewinkelt vorn, der rechte Fuß unter dem Körper um 90 Grad nach rechts gedreht. Unzählige Hundertstelsekunden sind für sie schon vergangen, in denen sie mit äußerster Konzentration die Augen und den gesamten Körper Feldhoffs, seine Arme und Hände erfasst, wie er auf sie zustürmt und sie attackieren will.

Dann geht alles ganz schnell. Noëmi beherrscht den Bewegungsablauf: Ausweichen, schneiden, greifen, drehen, werfen. Und schon fliegt Feldhoff durch die Luft in das von ihm selbst angerichtete Arrangement aus Glasscherben. Er schneidet sich dabei beide Arme und das Gesicht auf. Noëmi springt mit einem schnellen Satz auf den langen Labortisch und will über ihn hinweg in Richtung Ausgang fliehen, vorbei an dem auf dem Boden liegenden Mann. Der ist auf den Scherben allerdings schon fast zwei Meter in Richtung Tür gerutscht, trotz seiner Verletzungen blitzschnell aufgestanden und zum Ausgang gerannt. Noëmi, die sich noch für einen kurzen Moment in auf dem Tisch liegenden Gummischläuchen verheddert, erreicht das andere Ende des Labortisches erst, als Feldhoff bereits nach der Türklinge greift. Für einen kurzen Moment ist Noëmi unschlüssig, ob sie jetzt nachsetzen und mit dem angeschlagenen Gegner weiter kämpfen soll. Beim Aikido-Training stand immer die Philosophie der Verteidigung im Vordergrund. Um Angreifen geht es in dieser

Kampfsportart nicht. Doch diese Situation erfordert offensichtlich andere Regeln. Sie springt mit einem großen Satz vom Labortisch auf Feldhoff zu und will sich ihren Weg nach draußen freikämpfen. Feldhoff wiederum ist klar, dass er zumindest in seinem jetzigen Zustand keine Chance gegen die flinke Budo-Künstlerin hat. Er erinnert sich, wie Noëmi beim Abendessen über Aikido gesprochen hat und dass sie vor Kurzem den ersten Meistergrad erhalten hat. Jetzt ist er im Fluchtmodus. Blitzschnell öffnet er die Tür, springt hinaus und zieht sie hinter sich eilig wieder ins Schloss.
Im gleichen Moment drückt Noëmi bereits von innen die Klinke wieder herunter und versucht, die Tür nach außen zu drücken. Tatsächlich öffnet sie sich wieder um einige Zentimeter. Feldhoff und Noëmi kämpfen jetzt beide mit ganzer Kraft um diesen Spalt. Sie wirft sich mit ihrem schlanken Körper gegen die Tür, er stemmt sich mit seinen 85 Kilogramm dagegen. Hier ist er klar im Vorteil. Überdies profitiert er davon, dass seine Sportschuhe auf dem raueren Betonboden im Gang besser Halt finden. Dennoch schwankt die Breite des Spalts hin und her – ähnlich einer Markierung am Seil beim Tauziehen. Schließlich fällt aber die Tür ins Schloss. Sofort fixiert Feldhoff die Klinke und drückt sie mit ganzer Kraft nach oben. Im Vergleich der Armkräfte hat Noëmi nun endgültig keine Chance mehr, auch wenn sie versucht, einen Teil ihres Körpergewichts auf den Türgriff zu lenken. Feldhoff kann die Klinke auf der anderen Seite der Tür mit einer Hand beherrschen. Die andere greift in die Hosentasche, holt einen Schlüssel heraus und schließt ab. Es macht „Klick". Dieses Geräusch entmutigt Noëmi. Sie lässt die Türklinke los und sackt hinter der abgeschlossenen Tür auf den Boden. Feldhoff hingegen eilt mit stechendem Schmerz im Ge-

sicht die gegenüberliegende Treppe hinunter – eine feine, kaum sichtbare Blutspur hinterlassend.

BERLIN – „In der vergangenen Woche haben wir mal wieder alles richtig gemacht", lobt der Chefredakteur vordergründig die versammelte Redaktion und implizit auch sich selbst. „Sehr gute Themen, tolle Exklusivgeschichten und überdurchschnittlich viele Zitierungen durch andere Medien. Weiter so, dann müssen wir uns um die Entwicklung unserer Auflage nicht sorgen."

In dieser, einmal wöchentlich stattfindenden Konferenz geht es darum, die großen Ideen für die kommende Woche zu besprechen. Vertreter aller Ressorts stellen hier ihre Planungen vor. Über die Vorschläge wird mehr oder weniger lange diskutiert und dann entschieden, ob und wie ein Thema behandelt werden soll. Die Konferenz startet regelmäßig mit dem Ressort Politik, der – wie in der realen Welt – das Primat eingeräumt wird.

Die Wissenschaft ist wie immer der vorletzte Programmpunkt. Bert Kluge hat schon eine ganze Menge über die aktuellen Entwicklungen in Politik, Wirtschaft und Kultur erfahren, bis er schließlich selber an der Reihe ist und seine Vorschläge präsentieren kann.

Bert hat sich schon den ganzen Tag darauf gefreut, heute ausnahmsweise mal einen richtigen Scoop ankündigen zu können. Spannende Knaller, die alle sofort als solche begreifen, gibt es in der Welt der Wissenschaft ja nicht allzu häufig. Doch heute hat er wirklich eine Mega-Story zu bieten.

„Wir haben eine exklusive Investigativ-Geschichte. Es geht um das New Energy Research Center in Potsdam. Unsere Recherchen haben ergeben, dass dort nicht genehmigte Geheim-Experimente durchgeführt werden sollen. Das ist ein Riesenskandal, insbesondere weil diese Experimente zum Weltuntergang führen könnten."

„Das ist doch großer Blödsinn", unterbricht ihn der Chefredakteur.

„Ja, ich gebe zu, das klingt zunächst ziemlich absurd. Doch wir haben eine Informantin, eine Wissenschaftlerin am NERC, die als Whistleblower alles im Detail erklären und belegen kann. Sie ist bereit, uns zitierbare O-Töne zu liefern. Und wie gesagt, wir haben das alles exklusiv."

„Mir liegen da Informationen vor, dass Professor Lutz Feldhoff, der Direktor des NERC, Opfer einer fiesen Intrige werden soll. Als seriöse, unabhängige Zeitung dürfen wir uns da in gar keinem Fall instrumentalisieren lassen. Ihre tolle Informantin heißt nicht zufällig Noëmi Kubichek?"

Bert erstarrt und fragt sich, wie der Chefredakteur das wissen kann. Er versteht die Welt nicht mehr und bringt nur noch ein Wort leise über seine Lippen: „Doch."

„Sehen Sie, Herr Kluge, dann bin ich wohl richtig informiert. Diese Kubichek ist eine üble Aktivistin, die schon in mancher Hinsicht aufgefallen ist, insbesondere politisch extremistisch. Daher kenne ich die Thematik. Die Dame wird vom Verfassungsschutz überwacht. Was immer Ihnen Kubichek auch erzählt haben mag, es ist Teil der Intrige gegen einen der angesehensten Wissenschaftler unseres Landes. Lassen Sie die Finger von dieser Frau. Am Ende könnten Sie selber in den Schlamassel mit hineingezogen werden."

Bert Kluge hat den Worten seines Chefredakteurs regungslos gelauscht und fühlt sich wie nach einem Faustschlag ins Gesicht.

„Doch die Idee, mal etwas über die bald beginnenden Experimente im NERC zu machen, ist natürlich nicht schlecht", fährt der Chefredakteur mit einem plötzlich sehr freundlichen Ton fort, „das wird unsere Leser sicher sehr interessieren. Und weil Professor Feldhoff bekanntlich ein geborener Wissenschaftskommunikator ist, machen Sie am besten ein großes Interview mit ihm. Kein anderer kann die Dinge besser erklären als er. Sie bekommen dafür nächste Woche eine komplett anzeigenfreie Seite extra." Ein feines Lächeln umspielt seinen Mund.
„Wird gemacht", bestätigt Bert den Auftrag.
Eine Stunde später ruft Bert Kluge im Sekretariat von Lutz Feldhoff an, um ein Interview anzufragen. Sabine notiert seine Telefonnummer und verspricht, sich noch heute bei ihm zu melden.
Zwei Stunden später kommt der Rückruf.
„Es tut mir leid", sagt Sabine mit großer Freundlichkeit, „Professor Feldhoff hat in den kommenden Wochen keine Zeit für ein Interview."
Zum zweiten Mal an diesem Dienstag muss Bert ganz unerwartet eine schwere Niederlage einstecken. Er ist völlig frustriert. Er kann nicht ahnen, dass die Absage Feldhoffs bereits am Abend zuvor vereinbart wurde und Teil des Spiels ist.

POTSDAM – Noëmi sitzt in ihrem Gefängnis. Die Situation erscheint ihr ziemlich aussichtslos. „Wenn Feldhoff zurückkommt, dann sicher mit einer Waffe. Dann bin ich chancenlos", überlegt sie sich. „Und wenn er sich nicht wieder blicken lässt, dann wäre das ebenfalls ein Todesurteil. Wie lange könnte ich denn schon in diesem Verlies ohne Wasser und Nahrung überleben?" Und schreien mag sie hier so laut, wie sie nur kann, niemand würde es hören – außer vielleicht Feldhoff. Noëmi malt sich aus, dass sie für den Fall der Rückkehr von Feldhoff eine raffinierte Falle konstruieren könnte, die ihn zumindest für eine gewisse Zeit aufhält. Dann könnte es ihr gelingen zu fliehen. Vorher würde sie sich irgendwo im Raum gut verstecken. Noëmi schaut sich um. Sie kann allerdings weder ein gutes Versteck entdecken, noch hat sie eine Idee für einen geeigneten Fallen-Mechanismus. „Wahrscheinlich kommt er ohnehin nicht wieder“, denkt Noëmi verzagt. Da nimmt sie ein leises Rascheln wahr und sieht zwei Mäuse über den Boden huschen. Die kleinen Nager bleiben einen Moment lang stehen und blicken Noëmi neugierig an. „Wo Mäuse sind, da muss es auch etwas zu essen geben“, ist ihr erster Gedanke.

Noëmi will erst einmal einen Blick in die an einer Seite des Raums gestapelten Kartons werfen. Die meisten von ihnen sind noch ungeöffnet. Es handelt sich offensichtlich um Lieferungen amerikanischer Firmen. Die Absender sind auf den Kartons gut sichtbar. „Möglicherweise Bauteile, die Feldhoff für den Umbau des Beschleunigers benötigt“, denkt Noëmi. In einen bereits offenen Karton schaut sie hinein und entdeckt nur langweilige Vakuum-Dichtringe und Verbindungsstutzen – ganz gewöhnliche Ersatzteile.

Als sie sich bis zur Wand durchgearbeitet hat, sieht sie wieder eine Maus. Sie huscht an ihren Füßen vorbei und verschwindet durch ein kleines Loch in einer betonfarbenen Kunststoffverkleidung der Wand. „Wenn es dahinter einen Hohlraum gibt, wäre das kein schlechtes Versteck“, denkt sie.

Noëmi versucht, die zirka eineinhalb mal einen Meter große Platte von der Wand zu entfernen. Doch sie sitzt sehr fest und lässt sich allein mit ihren Händen nicht bewegen oder gar aufbrechen. Noëmi schaut sich weiter um. Unter einem Labortisch steht ein großer Werkzeugkasten, in dem sie insbesondere einen Hammer, einen Meißel und eine kleine Taschenlampe findet. Mit Hammer und Meißel ist es kein Problem mehr, die Platte zu brechen. Noëmi entfernt die Reste der jetzt arg ramponierten Kunststoffverkleidung von der Wand und blickt durch eine rechteckige Öffnung in einen Kabelschacht. Darin verläuft ein Dutzend teils armdicke Kabel senkrecht entlang der Wand. Das Wichtigste jedoch ist: Zwischen den Kabeln und der Innenwand ist genügend Platz für ihren zierlichen Körper. Ohne lange zu überlegen, ist sie schnell entschlossen, über diesen Kabelschacht zu fliehen. Zurückklettern kann sie ja notfalls immer noch, wenn sich der Schacht als Sackgasse erweisen sollte. Doch dann hält sie einen Moment inne. Vielleicht wäre es klug, vor ihrem Einstieg in den Kabelschacht die Kartons so gut es geht zurück zu stapeln, so dass Feldhoff bei einer Rückkehr nicht sofort sieht, wohin sie entschwunden ist.

Außerdem entscheidet sich Noëmi, das Werkzeug mitzunehmen – für den Fall, dass sie anderenorts eine ähnliche Kunststoff-Platte entfernen muss. Nach einem geschickten Rückbau der Kartons klemmt sie sich – bereits halb in der Wandöffnung – noch den Meißel unter den Gürtel ihrer Jeans und zieht diesen stramm. Den Hammer knotet sie mit den beiden gerafften Zipfeln ihrer Bluse fest, die sie dazu ein Stück weit aufgeknöpft hat. Und in der Hosentasche hat auch noch die Taschenlampe Platz. Dann steigt sie mit dem ganzen Körper in den Schacht. Die Frage, ob sie nach oben oder unten klettern soll, entscheidet sie intuitiv und schnell: nach oben! Kurz darauf wird ihr dafür auch eine sachliche Begründung bewusst. Wenn ihre Kräfte nachlassen sollten oder der Weg in eine Sackgasse führt, wäre eine Rückkehr abwärts sicherlich einfacher, als dann noch Höhe gewinnen zu müssen. Außerdem ist es psychologisch besser, in Richtung Erdoberfläche zu klettern, auch wenn die über einen solchen Schacht wahrscheinlich nicht unmittelbar erreichbar sein wird.

Glücklicherweise befinden sich an der Schachtwand in Abständen von ungefähr dreißig Zentimetern in den Beton eingelassene Stahlbügel, die sich gut als Steigleiter eignen. Wahrscheinlich hat man sie genau zu diesem Zweck dort angebracht. Noëmi klettert und zählt dabei die Stiegen. So kann sie den zurückgelegten Weg grob abschätzen.

Noëmi ist mittlerweile rund zehn Meter nach oben geklettert. Währenddessen ist sie im Schacht auf keine weitere Kunststoff-Platte gestoßen. Sie hält inne und leuchtet mit der Lampe nach oben. Der Schacht scheint sehr lang zu sein. Sie steigt weiter. Plötzlich erblickt Noëmi wenige Meter vor sich einen Querschacht. Nachdem sie diese Kreuzung erreicht hat, blickt sie nach links und rechts. Ein Teil der von oben kommenden Kabel verzweigt sich hier in den waagerechten Schacht. Außerdem befindet sich parallel zu den Kabeln ein mannsdickes Metallrohr, offenbar ein Teil des Systems zur Versorgung der unterirdischen Welt mit frischer Luft. Im gesamten Beschleunigertunnel verlaufen unter der Decke ähnliche Belüftungsrohre. „Irgendwie müssen die ja alle miteinander verbunden sein“, denkt Noëmi. Und vielleicht gibt es eine Möglichkeit, über die Versorgungsschächte und Belüftungsrohre wieder zurück in den Beschleunigerring zu kommen, hofft sie.

Noëmi entscheidet sich, in den Schacht nach rechts zu kriechen, also in die Richtung, die aus dem Inneren der Anlage zum Beschleunigerkreis weist. Noëmi verliert in diesem dreidimensionalen Labyrinth die räumliche Orientierung nicht. Um die Batterie der Taschenlampe zu schonen, macht sie diese nur sporadisch an, um die unmittelbar vor ihr liegende Strecke zu mustern. Dann robbt sie im Dunkeln weiter. Deshalb erkennt sie bereits in größerer Entfernung einen schwachen Lichtschein, nachdem sie rund 50 Meter in den Schacht hineingekrochen ist.

Mehr noch. Sie glaubt plötzlich, eine menschliche Stimme zu hören. Noëmi hält inne und versucht zu verstehen, was gesprochen wird. Unmöglich. Die Stimme ist zu leise. Die in dem Rohr über ihrem Kopf strömende Luft ist zu laut. Ganz vorsichtig und so geräuschlos wie möglich kriecht sie auf allen Vieren weiter. Schließlich nimmt sie wahr, dass es sich um die Stimmen von zwei Männern handelt, die sich miteinander unterhalten. Eine der beiden Stimmen kennt sie sehr gut. Es ist die von Lutz Feldhoff.

Noëmi erreicht schließlich eine Stelle, an der sich aus dem über ihr laufenden Rohr mehrere kleinere Rohre zur Seite verzweigen und an Lüftungsgittern enden, um so Luft in den Raum zu blasen. Die Abluft wird offenbar einfach durch den Schacht geleitet, durch den sie gerade kriecht. Das erklärt den schwachen Luftzug, den sie bisweilen gespürt hat. Durch das Abluftgitter blickt sie in einen hell beleuchteten Raum voller Monitore und Tastaturen. Das ist offenbar ein Teil des Rechenzentrums. Auf einem Stuhl sitzt ein Mann, den sie noch nie zuvor gesehen hat. Ihm gegenüber steht Feldhoff, der jetzt ein neues, langärmeliges Hemd trägt – und im Gesicht einige Pflaster.

„Bitte, Lutz, lass mich nur noch drei Wochen an diesem Rechner weiterarbeiten. Dann müsste ich mit dem Projekt so weit sein, dass erste Ergebnisse vorliegen. Du wirst begeistert sein. Das ist das Größte. Stell dir vor, das Geheimnis der Welt steckt in dieser Zahl.“

„Nein, Walter. Ich habe wirklich großes Verständnis für deine mathematische Forschung und für einen alten Kumpel würde ich wirklich fast alles tun, das weißt du. Doch in diesem Fall geht nun mal mein Projekt vor. Dein Pi läuft doch nicht weg. Ich will mein Experiment unbedingt noch vor Weihnachten starten. Zumal ich davon Wind bekommen habe, dass sich da möglicherweise eine Intrige gegen mich zusammenbraut. Es gibt leider Neider, die mir diesen Forschungserfolg nicht gönnen", erklärt Lutz Feldhoff.
„Du hast mir doch erzählt, dass du noch Urlaub auf einer Pazifikinsel machen willst", sagt Walter vorsichtig.
„Ja, ich werde morgen mit meiner Freundin für ein paar Tage zur pazifischen Feuermondnacht fliegen – das will ich mir auch in dieser Zeit durchaus gönnen."
Noëmi muss schlucken. „Er meint ja wohl nicht mehr mich", denkt sie.
„Aber wenn ich zurück bin, dann brauche ich den Rechner wirklich rund um die Uhr. Dann werden hier meine Mitarbeiter Testläufe der Software für unser Experiment machen."
„Tag und Nacht?", fragt Walter ungläubig.
„Jawohl. Tag und Nacht. Und ich selber werde mich nicht scheuen, mitten in der Nacht höchstpersönlich an der Software zu schrauben, wenn es nötig sein sollte."
„Aha!", denkt Noëmi, „für das Experiment mit der höheren Energie muss natürlich auch die Software modifiziert werden."
„Als du vergangene Woche aus heiterem Himmel aufgetaucht bist und mich um mathematisches Asyl gebeten hast, da hast du etwas von einigen Tagen gesagt, aber nicht von Wochen."
„Okay, Lutz. Ist ja gut. Ich sehe es ein. Aber wenn deine Versuche erst einmal erfolgreich angelaufen sind und es einen Rou-

tinebetrieb gibt, dann könnte ich doch hier in den Nächten arbeiten?"
„Klar, Walter. Es gibt nur eine Bedingung. Wenn es zu einer wissenschaftlichen Veröffentlichung kommt, dann ist das ein Gemeinschaftswerk von uns beiden. Schließlich würdest du ohne meine Computer die Sache gar nicht bearbeiten können."
„Ich muss nicht unbedingt bei einer Publikation als Autor genannt werden. Der Ruhm soll deiner sein."
„So kommen wir ins Geschäft. In den nächsten Wochen kannst du unten im Bunker wohnen bleiben. Irgendwann wird ja wohl der Detektiv, den dir deine Frau auf den Hals gehetzt hat, das Interesse an dir verloren haben. Wenn du es hier nicht mehr aushalten solltest oder mit der Arbeit fertig bist, kannst du jederzeit über den Geheimausgang im Wald die Anlage verlassen. Du bist ja kein Gefangener."
Noëmi muss erneut schlucken.
„Walter, du musst selber wissen, wie unangenehm das Leben da oben für dich im Moment ist und wie lange du in diesem fensterlosen Bunker hocken möchtest." Feldhoff spricht mit nachdrücklicher Stimme weiter: „Wenn du das Forschungszentrum verlässt, dann pass' gut auf, dass du dabei den getarnten Ausgang nicht verrätst. Also wenn, dann nur in der Nacht. Ist das klar?"
„Ja, ja. Das habe ich verstanden. Doch ich werde auf absehbare Zeit hier bleiben. Es gibt hier alles, was ich im Moment brauche. An dem PC kann ich wenigstens einige Modellrechnungen durchführen und die Software für mein Projekt optimieren."
„Für unser Projekt!", korrigiert Feldhoff herrisch.
„Ja, Lutz. So hab ich das doch nicht gemeint. Natürlich unser Projekt, und du wirst die Ergebnisse publizieren." Noëmi fällt auf, dass der Fremde recht kleinlaut klingt.

„Dann wünsche ich dir erfolgreiches Schaffen bis ich wieder aus dem Südpazifik zurück bin", ruft Feldhoff.
„Und ich wünsche dir viel Spaß bei der Feuermondnacht." Dieser Satz kommt Walter nicht leicht über die Lippen. „Dass sich Lutz für diesen Scheiß interessiert", denkt er.
„Was hast du eigentlich mit deinem Gesicht gemacht?", fragt Walter noch, als Lutz Feldhoff bereits auf dem Weg zur Tür ist.
„Ach, ich bin vorhin mit ein paar Gläsern in der Hand ausgerutscht und ganz unglücklich gefallen. Das hat halt ein paar Schnittwunden im Gesicht gegeben. Ist aber nicht schlimmer als ein Mal schlecht rasiert." Beide Männer lachen, als Feldhoff hinter sich die Tür zuzieht.
Noëmi liegt noch immer im Schacht hinter dem Lüftungsgitter, das sich knapp unterhalb der Decke des Raums befindet. Die wichtigste Erkenntnis für sie ist, dass Feldhoff sein Experiment offenbar noch vor Weihnachten starten will. Die Uhr tickt.
Der Mann da unten, der jetzt allein im Raum ist, starrt gebannt auf einen Monitor und tippt ab und zu ein wenig auf der davorstehenden Tastatur. Er ist offenbar ein Kumpel aus alten Zeiten, vermutet Noëmi, die auch bemerkt hat, dass er mit amerikanischem Akzent spricht. „Ein Wissenschaftler, dem Feldhoff Rechenzeit für ein mathematisches Forschungsprojekt zur Verfügung stellt, um dann später den Ruhm dafür einzuheimsen", denkt sie, „das passt zu Feldhoff." Noëmi ist sich mit ihrem Bauch darin einig, dass dieser Walter bestimmt kein ebenso schlimmer Bursche wie Feldhoff sein kann. Sie hat wahrgenommen, dass zwischen den beiden im Gespräch eine gewisse Distanz herrschte – mindestens jene, wie sie bei Menschen üblich ist, die sich viele Jahre nicht gesehen und

gesprochen haben. Zudem hat Noëmi in ihrer Lage ohnehin nicht die Wahl, auf einen anderen Menschen zu warten, der ihr möglicherweise vertrauenswürdiger erscheint als dieser Walter. Sie wartet eine Viertelstunde ab. Dann ruft sie mit engelhafter Frauenstimme aus dem Off der Lüftungsgitter: „Walter."
Walter zuckt zusammen und dreht sich um. „Wer ist da?"
„Hier oben bin ich. Hinter dem Lüftungsgitter."
Walter schaut sich ängstlich um, entdeckt das Lüftungsgitter, kann aber weiter nichts erkennen. Bewegungslos starrt er auf die Wand.
„Sie werden doch jetzt keine Angst vor einem jungen Mädchen haben", sagt sie betont sanft. „Ich bin die Tochter von Lutz Feldhoff und habe auf eigene Faust ein bisschen die Unterwelt meines Vaters erkundet. Doch jetzt bin ich hier in so einem blöden Lüftungsschacht stecken geblieben. Holen Sie mich bitte raus!"
Walter zeigt mit seiner rechten Hand auf das Lüftungsgitter. „Dort oben?", fragt er mit ungläubiger Stimme.
„Ja, genau."
Walter schiebt einen leeren Tisch heran und steigt darauf. Durch die Stege des Kunststoff-Gitters blickt er jetzt in zwei strahlend blaue Augen. Er schaut sich an, wie die Verkleidung rund um das Gitter verschraubt ist. „Warten Sie einen Moment, ich muss mal schnell Werkzeug holen", sagt Walter und springt vom Tisch. Zurück kommt er nach wenigen Minuten mit einem Elektro-Schraubenzieher. Schnell löst er die Schrauben und nimmt das Lüftungsgitter vorsichtig ab. Jetzt blickt er in ein Staub verschmiertes, aber dennoch unverkennbar schönes Gesicht. Walter streckt der jungen Frau beide Arme entgegen.
„Komm, halten Sie sich fest."

Als sie langsam über die Kante rutscht, die Arme voran, fällt plötzlich der schwere Hammer nach unten und reißt ein großes Stück ihrer roten Bluse mit. Mit einem dumpfen „Plopp" schlägt das Werkzeug zunächst neben Walters linkem Fuß auf den Tisch und verursacht eine deutliche Kerbe in der Kunststoffoberfläche, bevor es weiter auf den Fußboden hüpft.
Noëmi greift mit beiden Händen die Handgelenke von Walter, und er die ihren. In einem Schwung fliegt sie dann an seinen Armen wie in einer Vierteldrehung am Karussell durch die Luft und landet sanft mit beiden Füßen neben ihm. Da steht also plötzlich eine junge, hübsche Frau mit halbnacktem Oberkörper mit ihm zusammen auf einem Tisch im Computerzentrum des NERC – vom Himmel gefallen aus einem Lüftungsschacht. Walter weiß nicht, was er sagen soll.
Die Gesichter der beiden sind nur wenige Zentimeter voneinander entfernt. Sie schauen sich einige Momente schweigend an. Dann sagt Noëmi: „Danke, vielen Dank." Sie springt sportlich vom Tisch, bevor Walter ihr einen zweiten Abschwung am ausgestreckten Arm anbieten kann. Er bleibt zunächst oben und schraubt das Gitter wieder vor den Lüftungsschacht. Erst dann steigt auch er vom Tisch herunter. Sie zieht den Meißel aus ihrem Gürtel und legt ihn auf dem Tisch ab.
„Also, ich glaube, das müssen Sie mir jetzt mal näher erklären, wie Sie da hineingekommen sind", stammelt Walter und schiebt den Tisch wieder zurück an seinen ursprünglichen Platz.
Sie bemerkt seine Verlegenheit und zieht die Reste ihrer Bluse mit verschränkten Armen an den Körper.
„Ja, ich werde Ihnen alles erklären", antwortet Noëmi und versucht, ein wenig Zeit zu gewinnen. Sie überlegt, was genau sie jetzt sagen und tun soll.

„Dort am Haken neben der Tür hängen einige Arbeitskittel. Vielleicht möchten Sie einen davon überziehen?“, schlägt Walter vor, der ihre unbequeme Körperhaltung registriert, „und dort im Nebenraum gibt es ein Waschbecken, wo Sie sich frisch machen können. Ich werde in der Zwischenzeit schon mal Ihren Vater anrufen, der sich sicher Sorgen macht, wo denn seine Tochter in diesem unterirdischen Labyrinth verschollen ist.“

„Nein. Bitte lassen Sie mich ihn selber anrufen. Ich glaube, dass er noch viel ärgerlicher über mich wird, wenn er erfährt, dass ich durch meinen Leichtsinn auch noch Ihnen zur Last gefallen bin und ich Sie hier von Ihrer Arbeit abhalte.“

„Das verstehe ich. Da drüben steht ein Telefon.“

„Danke“, sagt Noëmi artig.

Sie nimmt den Hörer ab und tippt die Nummer ihres eigenen Büros ein. Sie presst den Hörer dicht an ihren Kopf, sodass Walter das bleibende Freizeichen nicht hören kann. „Hallo Paps, ich bin‘s. Ich hab mich ein bisschen in deinem Super-Beschleuniger verlaufen... Ja, alles okay... Ja, ich bin in einer Viertelstunde am Hauptlift. Danke... bis gleich.“ Noëmi ist mit ihrem Einfall sehr zufrieden. Nun wird Walter sie ohne jeden Zweifel gleich zum Hauptlift bringen, den sie von hier aus wahrscheinlich gar nicht ohne Weiteres finden würde. Wenige Augenblicke später wäre sie dann in Freiheit und würde dieses Forschungszentrum nie wieder betreten.

„Echt Glück gehabt“, denkt Noëmi für sich und sagt: „Ich gehe mich dann schnell mal waschen.“

Noëmi geht auf die Türe zu, um sich einen der weißen Kittel zu schnappen. In der Tat hätte sie sich ungern in ihrem jetzigen Outfit der Welt da oben gezeigt. Just in dem Moment, als sie den Kittel greifen will, fliegt die Tür mit großem Schwung auf und ihr beinahe gegen die Nase. „Mist", denkt sie und kann sich gerade noch in den Gang zum Waschraum retten, ohne gesehen zu werden. Mit dem rechten Zeigefinger vor ihrem Mund, den linken Unterarm vor ihrer Brust und einem schmachtenden Blick in Richtung Walter versucht sie ihm noch schnell zu signalisieren, dass er Feldhoff bitte nichts von ihrer Anwesenheit verraten möge.

Doch Walter hat offenbar ganz andere Sorgen. Aus seinem entsetzten, ja geradezu Angst verzerrten Gesicht folgert sie, dass wohl doch nicht Feldhoff in den Raum gestürmt ist. Jedenfalls nicht dieser kameradschaftlich gestimmte Lutz Feldhoff, der vor etwa zwanzig Minuten den Raum durch eben diese Tür verlassen hat. Andererseits traut sie ihm inzwischen wirklich alles zu.

Sie lugt vorsichtig um die Ecke, doch die offen stehende Tür versperrt den Blick, so dass sie nicht sehen kann, wer den Raum betreten hat. Dann aber wird die Tür mit Schwung zurück ins Schloss geworfen. Noëmi sieht eine Gestalt in einer schwarzen Kutte und mit einem Kapuzen-ähnlichen Kopfüberwurf. Auf Noëmi wirkt dieses Wesen wie ein Gespenst, das da zwischen der Tür und Walter steht. In der Hand hält der oder die Vermummte eine funkelnd neu aussehende Maschinenpistole, die ganz unverhohlen auf Walter gerichtet ist. Nein, das hätte sie selbst Feldhoff nicht zugetraut. Noëmi steht nach wie vor in dem Gang zum Waschraum und hofft, dass Walter sie nicht durch einen unvorsichtigen Blick verrät. Walters Augen sind indes starr auf die mysteriöse Gestalt gerichtet. Er steht dort wie angewurzelt. Bislang ist kein Wort gefallen.

„Du hast das Gelübde gebrochen und dich gegenüber der Nachsicht, die wir walten ließen, höchst undankbar gezeigt", hört Noëmi eine tiefe Männerstimme, die ihr irgendwie bekannt vor-

kommt. „Wir haben dir edelmütig eine Chance gegeben. Und was machst du? Keine Woche später sitzt du schon wieder an einem Computer und versuchst, das heilige Geheimnis zu entschlüsseln. Der große Rat der Kreistempler hat dein Todesurteil gefällt und ich bin gekommen, es zu vollstrecken."
„Ich habe doch nur...", stammelt Walter.
„Schweige er!", herrscht die Gestalt ihn an.
Noëmi hat keine Zeit, sich darüber bewusst zu werden, was sie jetzt tut. Beim Wort „Todesurteil" hat sie sich schnell und lautlos wie eine Raubkatze von hinten an die schwarze Gestalt herangeschlichen und sofort eine der effektivsten Aikido-Hebeltechniken angewendet. Diese Form der Selbstverteidigung wird nur selten und dann sehr vorsichtig geübt, weil sie bereits bei etwas zu viel Kraft einen Genickbruch zur Folge haben kann.
Um eine Dosierung der Kraft geht es jetzt aber nicht. Gleichzeitig mit dem Hebelgriff reißt Noëmi den Vermummten rücklings zu Boden. Salven aus der Maschinenpistole peitschen durch die Luft. Querschläger lassen Computermonitore splittern. Walter hat sich sofort auf den Boden geworfen. Die Waffe ist verstummt und die Gestalt liegt reglos auf dem Boden. Noëmi hält den Hals noch immer in einem brutalen Haltegriff und kniet auf dem Rücken des Kuttenmanns.
„Nehmen Sie ihm die Maschinenpistole aus der Hand!"
Walter nähert sich dem am Boden Liegenden vorsichtig in einem Bogen, um zu keinem Zeitpunkt in einer Linie mit dem Lauf der Waffe zu sein. Schließlich greift er von der Seite die Maschinenpistole ganz schnell mit beiden Händen und entreißt sie der schwarzen Gestalt, die keinerlei Gegenwehr leistet.
„Also, entweder, der stellt sich tot, oder er ist es wirklich", sagt Walter, der jetzt vor den Füßen der Kuttengestalt steht und die

Waffe auf diese richtet. Erst jetzt sieht Noëmi, die noch immer den am Boden Liegenden fixiert, dass der Kopfüberwurf des Vermummten das Gesicht nahezu vollständig bedeckt und es nur zwei größere Löcher für die Augen gibt.

„Ich glaube, Sie können ihn jetzt loslassen", sagt Walter, der nun die Maschinenpistole fachmännisch in seinen Händen hält, „wenn er sich auch nur einen Zentimeter bewegen sollte, werde ich auf den Abzug drücken. Ziehen Sie doch mal die Kapuze vom Kopf."

Vorsichtig greift Noëmi das schwarze Leinen am Halsansatz und pellt es über das Gesicht nach hinten. Sie blickt in zwei todesstarre Augen. Noëmi erkennt den Mann sofort. Es ist ein Pförtner vom NERC.

„Oh Gott, ich habe ihn umgebracht."

„Das war Notwehr. Sie haben mir das Leben gerettet, und sich selber wahrscheinlich auch. Wenn der erst einmal mich erledigt hätte, dann hätte er bestimmt auch noch Sie entdeckt und ebenfalls erschossen. Glauben Sie mir, der hätte keine Zeugen akzeptiert."

Noëmi erholt sich ein wenig von dem fürchterlichen Schreck.

„Ja. Es war Notwehr. Da haben Sie wohl recht."

Sie muss daran denken, dass sie vor gut einer Stunde noch selbst Ziel eines missglückten Mordanschlags war. Und nun hat sie das Leben eines Mannes gerettet, den sie erst vor einigen Minuten kennen gelernt hat.

„Ich glaube, auch Sie müssen mir eine Menge erklären", sagt sie noch vor dem Kopf der Leiche kniend. Noëmis Bluse ist bei der Aikido-Aktion endgültig in Fetzen vom Leib gefallen.

„Schauen Sie sich mal seinen linken Mittelfinger an", sagt Walter. „Es fehlt das oberste Glied."

„Das ist das Erkennungszeichen der Kreistempler, einer Sekte, von deren Existenz ich auch erst seit weniger als einer Woche weiß."
„Und warum wollte dieser Kreistempler Sie umbringen?", fragt Noëmi ungläubig.
„Das ist eine komplizierte Geschichte. Ich weiß nur, dass ich jetzt ganz schnell von hier weg muss. Ich bin so konspirativ wie nur irgend möglich von Paris nach Potsdam gereist. Die Kreistempler konnten unmöglich meine Spur verfolgen – dachte ich jedenfalls. Doch sogar hier, tief unter der Erde, wo ich bei meinem Studienfreund Lutz Unterschlupf gefunden habe, haben sie mich irgendwie aufgespürt. Das ist geradezu unheimlich."
„Vielleicht haben die mir in London einen winzigen GPS-Ortungschip in den Körper injiziert", denkt sich Walter.
„Was den hier betrifft, so ist es wohl kein Kunststück, dass er von Ihrer Anwesenheit im Forschungszentrum wusste", sagt Noëmi, „das ist, beziehungsweise war, nämlich einer unserer Pförtner. Dass ihm dieses Glied am Mittelfinger fehlt, ist mir allerdings noch nie aufgefallen."
„Der Pförtner?" Walter schwant etwas. „Na klar", denkt er laut, während er Bilder von seiner Studienzeit im Tripos-College vor dem inneren Auge vorbeiziehen sieht, „die Pförtner von Institutionen, die etwas mit höherer Mathematik zu tun haben oder über Supercomputer verfügen, sind für die Kreistempler natürlich von größter strategischer Bedeutung. Nur in solchen Einrichtungen gibt es die Voraussetzungen dafür, das Geheimnis von Pi zu entschlüsseln."
„Welches Geheimnis?" Noëmis fester gewordenen Stimme holt ihn aus seinen Gedanken zurück in die Gegenwart.
„Das erkläre ich später. Aber jetzt verstehe ich, wie die mich hier finden konnten. Der Pförtner wusste natürlich von meinem Aufenthalt im Forschungszentrum", sagt Walter.

Tatsächlich hatte dieser Mann vor einigen Tagen Feldhoff darauf angesprochen, wo denn der Amerikaner geblieben sei, der ihn kürzlich besucht, seitdem aber das Gelände nicht wieder verlassen habe. Lutz Feldhoff wusste, dass er mit der Aufnahme von Walter gegen die strengen Sicherheitsbestimmungen verstößt und versuchte, den Pförtner zu beschwichtigen. Er erzählte ihm irgendetwas von einer speziellen Computerwartung und dass der Mann nur noch einige Tage im Beschleuniger bleiben werde.
„Lutz hat mir von seinem Gespräch mit dem Pförtner berichtet. Auch wenn ich hier zeitweise die Computer nutzen darf, so könne ich nicht beliebig lange hier unten im Bunker wohnen bleiben. Das ist schließlich gegen die Vorschriften."
„Sie wohnen in einem Bunker?", fragt Noëmi neugierig.
„Ich habe keine Zeit, das jetzt zu erklären. Ich muss so schnell wie möglich von hier verschwinden. Spätestens in ein paar Stunden werden die Kreistempler wissen, dass ihr Mann beim NERC den Vollzug des Auftrags nicht gemeldet hat. Dass er im Gegenteil selber ums Leben gekommen ist, wird auch nicht lange unbemerkt bleiben."
„Wieso? Hier unten lässt sich eine Leiche doch wunderbar verstecken."
„Darum geht es nicht. Ich werde so oder so im Fadenkreuz der Kreistempler bleiben. Eine verschwundene Leiche würde mich vielleicht vor Nachforschungen der hiesigen Kriminalpolizei bewahren. Doch die Kreistempler und die CIA schaffe ich mir damit nicht vom Hals."
„Haben Sie CIA gesagt? Das wird ja immer schöner."
Walter ärgert sich, dass ihm diese drei Buchstaben herausgerutscht sind. Doch diese Frau weiß ohnehin schon viel zu viel. In der akuten Ausnahmesituation macht sich Walter indes keine

Gedanken darüber, ob nun auch noch von ihr eine Gefahr für ihn ausgeht. Vielmehr empfindet er große Dankbarkeit. Vielleicht ist Walter sogar ein wenig in sie verliebt. Doch wenn es so sein sollte, wird es ihm nicht bewusst. Allerdings beginnt er unvermittelt, Noëmi zu duzen.
„Ich danke dir, dass du mir das Leben gerettet hast. Bitte richte deinem Vater aus, dass ich schnell verschwinden musste, weil mich meine Verfolger gefunden hätten. Ich habe ihm gesagt, dass ich von Detektiven gejagt würde. Er wird jetzt sicher schon am Hauptlift auf dich warten."
„Nein, wird er nicht."
„Was soll das heißen?"
„Er ist nicht mein Vater. Ich habe vorhin nicht mit ihm telefoniert und er wird auch nicht am Lift auf mich warten. Das kann ich jetzt ebenfalls nicht auf die Schnelle erklären. Nur soviel: Auch ich werde bedroht und schwebe in Lebensgefahr. Auch ich muss weg. Lass uns gemeinsam fliehen. Für den Rest dieser Nacht werden wir wahrscheinlich noch in meiner Wohnung sicher sein. Und ich habe auch schon eine Idee, wie es danach weitergehen könnte. Nehmen wir jetzt den Hauptlift oder den Geheimausgang?"
„Welchen Geheimausgang?"
„Gibt es etwa mehrere? Feldhoff hat doch vorhin davon gesprochen, dass du den Geheimausgang kennst."
„Ach so, klar. Den hat er mir gezeigt, damit ich notfalls unbemerkt wieder von hier verschwinden kann. Genau das sollte ich jetzt tun. Ich meine, sollten wir jetzt tun. Lass uns gemeinsam fliehen."
„Und was machen wir mit der Leiche?"
„Ich glaube nicht, dass es sich lohnt, die Leiche noch irgendwo zu verstecken. Lutz wird sie so oder so finden. Wenn er das hier

sieht, wird er sich ganz sicher keinen Reim darauf machen können, was sich hier abgespielt hat."
„Das kann uns ja auch egal sein. Wir sollten jetzt schnell abhauen", drängt Noëmi.
„Ja, verschwinden wir."
Noëmi schnappt sich noch schnell einen Laborkittel und zieht ihn sich über die nackte Haut. Dann laufen beide hinaus.
„Ich muss nur kurz noch ein paar Sachen aus dem Bunker holen. Die drei Minuten haben wir wohl noch."
„Okay", antwortet Noëmi, die ebenfalls zum „du" gewechselt ist, „dann kannst du mir ja auch noch schnell deinen Bunker zeigen."

BERLIN – Sergej Milanow sitzt an seinem Schreibtisch in der russischen Botschaft und will gerade Professor Ioffe anrufen, um ihm ein Treffen mit Noëmi vorzuschlagen, da signalisiert ihm ein kleines Lämpchen am Telefon, dass ihn der Botschafter höchstpersönlich kontaktiert. Er nimmt ab und meldet sich: „Milanow."
„Guten Tag, Milanow. Ich muss dringend mit Ihnen reden. Wir treffen uns in zehn Minuten im Konferenzraum A."
„Jawohl, in zehn Minuten im Konferenzraum A", bestätigt Milanow. Er verzichtet darauf, in der Zwischenzeit noch Professor Ioffe anzurufen, weil er mit ihm nicht unter Zeitdruck sprechen möchte. Milanow macht sich auf den Weg zum besagten Besprechungsraum, einem fensterlosen, abhörsicheren Zimmer in einem Untergeschoss. Milanow hat dort erst ein paar Mal an Sitzungen teilgenommen. Er ist gespannt, worüber der Botschafter mit ihm reden will. Wenig später sitzen die beiden Diplomaten hinter verschlossener Tür im Konferenzraum.

„Milanow, Sie haben doch Kontakt zu dieser Physikerin Noëmi Kubichek?“, fragt ihn der Botschafter rhetorisch.
„Ja. Wir hatten sie zur Causerie eingeladen, weil wir von ihr gewisse Informationen brauchten. Die habe ich am Montag von ihr erhalten und sofort weitergeleitet. Im Moment versuche ich, für sie ein Treffen mit Professor Ioffe zu organisieren – als kleines Dankeschön. Sie möchte sehr gerne mit ihm über irgendwelche physikalischen Dinge fachsimpeln.“
„Vergessen Sie das Treffen mit Ioffe. Es gibt eine neue Lage. Die Sache mit Victor Plutry ist eskaliert. Wir haben jetzt einen nationalen Notstand. Und die Potsdamer Physikerin könnte die Krise als Vermittlerin entschärfen. Wir brauchen Noëmi Kubichek dringend und unverzüglich in Russland. Sie muss uns schnell helfen. Ihre Aufgabe, Milanow, ist es, die Frau zu motivieren, dass sie sich für diese gute Sache einsetzt. Es macht keinen Sinn, sie zu entführen. Das Ganze kann nur funktionieren, wenn Frau Kubichek freiwillig mitmacht. Ich bin mir sicher, Sie haben dafür das richtige Händchen. Ein geeignetes Flugzeug steht ab morgen früh bereit.“
Der Botschafter erklärt Milanow noch im Detail, welche Informationen er für seine Überzeugungsarbeit bei Frau Kubichek verwenden darf und welche nicht. Das Ganze ist eine schwierige Gratwanderung in einem streng geheimen Terrain. Und am Ende geht es um nichts Geringeres als das Verhindern des dritten Weltkriegs.

POTSDAM – Noëmi und Walter laufen durch einen langen Gang und dann über ein Treppenhaus nach unten. Wenn es hier Stockwerke geben würde, dann hätten sie in etwa die Höhe von zehn Etagen zurückgelegt. Durch ein massives Doppelschleu-

sentor gelangen sie in einen weiteren Gang und von dort, links ab, in einen Raum.
„Hier habe ich in den vergangenen Tagen gelebt“, sagt Walter.
Ein Bett, ein Waschbecken, ein Schrank sowie ein kleiner Holztisch, auf dem ein paar Notizblöcke und Disketten liegen. Walter kramt die Sachen zusammen und steckt sie in eine Aktentasche, die neben dem Bett steht.
„Mehr brauch ich nicht. Jetzt kann‘s losgehen.“
Die beiden laufen durch ein Labyrinth aus Gängen und Treppenhäusern, bevor sie eine längere Strecke mit einem kleinen Lift nach oben fahren. Dann wieder Treppen. Schließlich erreichen sie einen quadratischen Raum voller Elektrik, Transformatoren und Hochspannungsanlagen. Eine klappbare Aluminium-Leiter führt aus seiner Mitte senkrecht nach oben. Walter klettert zuerst. Sie folgt ihm. Oben erweitert sich die Betondecke zu einer metallischen Haube, die, von der anderen Seite betrachtet, ein grünes Trafohäuschen am Rande eines Waldes ist. Walter kramt einen Schlüssel hervor und öffnet eine Metalltür, die sich in der Rückseite des Trafohäuschens befindet.
Nachdem sie durch die Luke nach draußen gestiegen sind, schließt Walter die Tür sofort wieder ab und steckt den Schlüssel in seine Hosentasche. Eigentlich war abgesprochen, dass er ihn durch einen kleinen Schlitz zurück in das verschlossene Trafohäuschen hätte werfen sollen.
Noëmi und Walter atmen tief durch. „Das wäre geschafft“, denken beide und fühlen sich deutlich erleichtert. Vom Mond, der sich der Vollmondphase nähert, gelangt nur wenig Licht durch die dicke Wolkendecke. Doch es reicht aus, um den Warnhinweis auf der Außenseite der Trafohaustür gut lesen zu

können: „Vorsicht Lebensgefahr!" Ohne ein Wort zu wechseln, haben beide den gleichen Gedanken: „Wohl wahr!"
„Weißt du, wo wir hier sind?", fragt Noëmi.
„Nur ungefähr. Lutz hat mir grob beschrieben, dass sich der Ausgang in der Nähe des Schlachtensees befindet. Und wenn wir in diese Richtung gehen, senkrecht zur Längsachse des Trafohäuschen, dann sollten wir zu einer S-Bahn-Station kommen."
Noëmi schaut auf ihre Armbanduhr. Es ist kurz vor halb fünf Uhr morgens. Die Bahnen würden also schon wieder fahren. Für einen Moment muss Noëmi daran denken, dass sich dieser Ausstieg aus der unterirdischen Anlage in West-Berlin befindet. „Wozu mag der wohl", fragt sie sich, „vor der Wende gedient haben?"
Ein eisiger Wind weht durch den blätterlosen Wald. Walter und Noëmi versuchen, sich zu beeilen, obwohl ihre Füße in den mit Laub bedeckten, weichen Waldboden immer wieder einsinken. Sie fröstelt unter dem dünnen Kittel. Er nimmt sie an die Hand. Sie begegnen niemandem und erreichen nach zwanzig Minuten die besagte S-Bahn-Station. Walter kramt aus seiner Aktentasche eine Wollmütze hervor, die er sich aufsetzt und tief ins Gesicht zieht. Noëmi fragt nicht, was das soll. Als die beiden erschöpft in die Plastiksessel der S-Bahn fallen, sind beide nur noch froh, dem Tod entronnen zu sein. Sie fahren bis Potsdam Hauptbahnhof und mit einem Linienbus weiter zu Noëmis Wohnung. Schweigend sitzen sie auf dem Sofa nebeneinander. Er hält noch immer ihre kalten Hände. Sie sind einander zutiefst dankbar. Jeder hat dem anderen das Leben gerettet.
„Ich heiße übrigens Noëmi", kommt es leise über ihre Lippen.
„Ich bin Walter", antwortet er, „aber das weißt du ja schon."

Er drückt ihre Hände. Noëmi spürt, dass sie diesem Mann von Feldhoffs Plänen berichten kann, und hofft, dass er ihr helfen wird, ihn zu stoppen. Walter wiederum hat das gute Gefühl, jemanden gefunden zu haben, dem er seine überaus komplizierte Situation anvertrauen kann, obwohl er noch überhaupt nicht weiß, wer Noëmi eigentlich ist. Vielleicht sind die beiden auch einfach nur frisch ineinander verliebt.

SIBIRIEN – Insgesamt fünf Mails hat Victor an Noëmi geschickt. Täglich kontrolliert er seinen elektronischen Briefkasten – vergeblich. Es gibt keine Antwort von ihr. Victor kann nicht wissen, dass nur eine dieser Mails bei Noëmi angekommen ist – die erste und kürzeste. Alle anderen sind nur noch auf diversen Festplatten in Moskau gelandet.

Jetzt kann Victor nicht mehr warten. Der Tag X ist gekommen und er weiß den größten Teil der Offiziere und Soldaten auf seiner Seite. Der Unmut über die Verschlechterung der Lebensumstände eint sie. Dass Victor noch ein ganz anderes, sehr persönliches Motiv hat, müssen seine Kameraden nicht wissen. „Ich muss jetzt handeln", ist er überzeugt.

Früher als gewöhnlich geht Victor an diesem Morgen zur Operationszentrale. Sein Stellvertreter Nikita Kutjelschik hatte Nachtwache. Die beiden Freunde grüßen sich militärisch korrekt.

„Vor wenigen Minuten ist eine überraschende Nachricht eingetroffen. Moskau schickt uns unaufgefordert eine Verstärkungseinheit, die schon im Laufe des Tages eintreffen soll. Glaubst du, die ahnen etwas?", fragt Nikita.

„Oh, ja", antwortet Victor, der als einziger weiß, dass er mit seinen Aktivitäten im Internet unerwünschte Aufmerksamkeit verursacht haben könnte, „irgendwie habe ich damit schon gerechnet. Sie wollen uns wohl mal ein wenig auf die Finger schauen. Wir haben also nicht mehr viel Zeit. Du kennst unseren Plan. Es ist soweit.“

„Ich bin bereit.“

„Ich auch“, sagt Victor knapp und steckt einen Schlüssel in die große Schalttafel an der Stirnwand der Operationszentrale. Das Stillleben aus bunten Lämpchen verändert sich. Eine Kontrollleuchte blinkt. Dann drückt Victor auf einen roten Knopf: „Generalalarm!“

Sirenen heulen auf in der Geschlossenen Stadt. Jeder hier kennt die Bedeutung des Signals und ein großer Teil der hier stationierten Soldaten hat es erwartet und herbeigesehnt. Dieser Aufstand ist von langer Hand geplant. Alle begeben sich auf ihre Gefechtsstation.

„Schließen Sie alle Zugänge zur Stadt und lassen Sie niemanden mehr hinein oder heraus“, ruft Victor in einen Telefonhörer, „und verstärken Sie die Wachen entlang der Grenzanlagen rund um die Stadt auf Gefechtsstärke.“

„Jawohl“, tönt es laut aus dem Hörer. Der Wachoffizier hat verstanden. Diese Maßnahme wäre zum gegenwärtigen Zeitpunkt nicht automatisch eingeleitet worden. Doch Victor weiß, warum er diesen Befehl gibt. An den beiden einzigen Zufahrten zur Stadt, die dem früheren Checkpoint Charlie in Berlin nicht unähnlich sehen, fahren je zwei Schützenpanzer auf. Ansonsten laufen alle Aktivitäten nach Plan. Überall eilen Soldaten durch den Stützpunkt. Jeder weiß, an welcher Stelle er erwartet wird. Die Flakgeschütze und Radarsysteme zur Luftverteidigung werden besetzt, beziehungsweise verstärkt. Fünfzehn Minuten nach dem Drücken des roten Knopfes melden alle Abteilungen „auf

Station" und „gefechtsbereit". Die wenigen, die nicht in den Plan eingeweiht sind, halten das Ganze für eine Übung.
„Okay", sagt Victor zu Nikita, „dann kann das Telex nach Moskau jetzt raus." Den Text hat Victor schon vor Wochen verfasst.

Von: Oberkommando Ykrutz-15
An: Generalstab Nuklearverteidigung, Moskau
Code: YY080712567-K
Meldung: Alarmzustand und Gefechtsbereitschaft

In Fürsorge für die mir anvertrauten Soldaten und Sorge um die Einsatzfähigkeit von Ykrutz-15 fordere ich die Einhaltung humanitärer Mindeststandards. Dazu gehört insbesondere die pünktliche und regelmäßige Zahlung des Solds. Wir fordern die kurzfristige Auszahlung aller ausstehenden Beträge sowie eine Einmalzahlung von 500 Rubel für jeden Soldaten von Ykrutz-15 als Entschädigung für bereits erlittene Nachteile.
Die Verantwortung für die getroffenen Maßnahmen trage alleine ich. Für mich persönlich fordere ich freies Geleit nach Deutschland. Zu diesem Zweck wünsche ich die Herstellung eines Kontakts zu Noëmi Kubichek. Details dazu sind in meiner Personalakte zu finden.
Sollten die Forderungen nicht innerhalb von 48 Stunden erfüllt werden, behalten wir uns ernste Schritte vor.

Victor Plutry
Kommandant

LANGLEY – „Es ist wirklich unglaublich, dass Ihnen Walter Smith in London entwischen konnte", schnaubt Carolines Vater

in seinem Büro in Langeley. Zurückgelehnt in den CIA-Chefsessel aus schwarzem Leder blickt er mit strenger Mine auf den Mann, der vor seinem großen Holzschreibtisch steht – ein hagerer Mittvierziger in einem ziemlich britisch aussehenden Anzug.
„Ich kann es mir ja auch nicht erklären...", sagt der Mann mit einem Akzent, der genau so englisch ist wie das Outfit.
„Wenn man nicht alles selber macht! Wir hatten vereinbart, dass ihr in London für das Observieren zuständig seid. Schließlich lassen wir euch ja hierzulande auch nicht im Stich. Und jetzt könnt Ihr nicht einmal sagen, ob sich dieser Kerl noch in Großbritannien aufhält oder nicht."
Carolines Vater springt auf und geht nervös im Zimmer auf und ab. „Ich erwarte innerhalb von 48 Stunden einen detaillierten Bericht darüber, wie diese Panne passieren konnte und wo sich Walter Smith jetzt aufhalten könnte. Schließlich hängt unsere weitere Zusammenarbeit ganz sicher davon ab, wie sehr man sich auf euch verlassen kann."
„Selbstverständlich", antwortet der Brite sichtlich angespannt, „wir werden unser Bestes tun. Und wir haben auch schon eine Spur."
„Was heißt das?", zischt Carolines Vater.
„Eine Sekte, eine außerordentlich konspirativ operierende Sekte, hat Smith möglicherweise Unterschlupf gewährt. Wir haben da einen Anhaltspunkt..." Sein Zögern provoziert eine ungeduldige Nachfrage.
„Was ist das für eine Sekte?" Der CIA-Chef zeigt sich übertrieben überrascht und ist doch sehr neugierig auf die Antwort.
„Das wissen wir noch nicht genau. Doch sie befasst sich offenbar zur Verschleierung mit mathematischen Themen. Ihre Treffen sind, so haben wir herausgefunden, als Abendvorträge getarnt.

Und der Fluchtweg von Walter Smith, so fand unser Spürhund, führte in eine Kirche. Dort wurde just an jenem Abend, an dem Smith untergetaucht ist, ein solcher Vortrag gehalten. Und genau in dieser Kirche verliert sich seine Spur."
Carolines Vater schaut den Mann aus London mit einem gekonnten Ausdruck des Spotts an.
„Jetzt reicht es mir aber. Wenn Sie glauben, mich mit irgendwelchen Märchen über mysteriöse Sekten abspeisen zu können, dann haben Sie sich getäuscht. Das macht doch alles nicht den geringsten Sinn. Ich schlage Ihnen jetzt mal was vor: Sie lassen einfach die Finger von diesem Fall. Sie haben da ohnehin schon genug Schaden angerichtet. Wir übernehmen die Causa Smith wieder in Eigenregie. Wäre doch gelacht, wenn die CIA nicht einen ihrer eigenen Männer aufspüren könnte."
„Wie Sie wünschen. Wir halten uns da selbstverständlich heraus, wenn Sie die Sache komplett übernehmen wollen. Es spart uns, ehrlich gesagt, eine Menge Arbeit", sagt der Brite und denkt sich: „Gut so, schließlich ist dieser Smith ja auch Amerikaner und CIA-Mann."
„Ich biete Ihnen noch eine Wette an", sagt Carolines Vater mit überlegenem Lächeln. „Ich verspreche Ihnen, dass wir Smith in spätestens zwei Tagen haben. Darauf setzte ich eine Kiste feinsten Scotch."
„Ich will kein Spielverderber sein. Doch ich fürchte, es wird nicht ganz so einfach. Ich setze zwei Kisten dagegen."
„Abgemacht. Zwei Kisten."
Die beiden Männer reichen sich die Hand. Die Stimmung ist plötzlich wieder entspannt. Beide scheinen mit dem Ausgang des Gesprächs zufrieden zu sein.
„Wird nicht wieder vorkommen, so eine Panne. Das nächste

Mal arbeiten wir auf jeden Fall mit einem GPS-Chip", sagt der Brite.
„Schon gut."

POTSDAM – Noëmi und Walter haben keine Minute geschlafen. Sie sind irgendwann vom Sofa an den Küchentisch umgezogen. Sie sitzen dort im flackernden Schein einer Kerze und trinken Ayurveda-Tee. Sie haben sich viel zu erzählen. Sie weiht ihn in Feldhoffs Plan ein, die kritische Energie bei einem nicht genehmigten Experiment überschreiten zu wollen. Und sie erzählt von Feldhoffs Versuch, sie zu töten. Walter berichtet ihr vom Fund der alten Schriftrolle, seinen Arbeiten mit Pi in New York, den dramatischen Ereignissen in London und den Kreistemplern.
„Die werden mich überall finden. Und jetzt werden sie mich auch noch für den Tod eines ihrer Ordensbrüder verantwortlich machen. Ich glaube nicht, dass ich hier bei dir sicher bin. Und außerdem bringe ich dich in noch größere Gefahr."
In diesem Moment klingelt das Telefon. Beide halten erschrocken den Atem an. Es ist 7.45 Uhr. Ein Anruf um diese Zeit ist ungewöhnlich. Noëmi überlegt, ob sie abheben soll. „Wahrscheinlich ist das Feldhoff, der mich inzwischen vergeblich im Chemieraum gesucht hat und nun einfach mal schauen will, ob ich zu Hause bin."
„Könnte sein", meint Walter, „vielleicht sind es aber auch die Kreistempler oder die CIA." Seine Stimme zittert.
„Wenn wir Glück haben, ist es ja nur die Kriminalpolizei, die einen Mord aufzuklären hat", versucht Noëmi sarkastisch zu scherzen.

Der Anrufbeantworter ist inzwischen angesprungen und die männliche Stimme des Anrufers ist deutlich zu hören: „Guten Morgen, Frau Dr. Kubichek. Hier spricht Sergej Milanow. Bitte entschuldigen Sie die frühe Störung, doch ich habe einen wichtigen Grund, mich bei Ihnen zu melden…“ Der russische Akzent beruhigt in dieser Situation beide.

Noëmi springt schnell in den Flur und nimmt den Hörer ab. Jetzt kann Walter nur noch ihre Stimme hören und mithin nur ihren Anteil am Gespräch.

„Guten Morgen, Herr Milanow. Ich war gerade im Bad und konnte nicht sofort ans Telefon kommen. Es geht bestimmt um das Treffen mit Professor Ioffe?“

„Nein. Es geht noch einmal um Victor Plutry. Wir haben ein ernstes Problem. Er befindet sich offenbar in einem Ausnahmezustand. Victor Plutry hat Geiseln genommen und droht damit, sie umzubringen, wenn er nicht mit Ihnen, Noëmi Kubichek, sprechen kann.“

„Oh Gott“, Noëmi ist entsetzt und trotzdem irgendwie auch beruhigt. Das klingt immerhin so viel weiter weg als die akuten Bedrohungen, denen sich Noëmi und Walter ausgesetzt sehen.

„Ich weiß, dass es Ihnen nicht leicht fallen wird“, fährt Milanow fort, „aber Sie sind im Moment unsere einzige Hoffnung, ein Blutvergießen abwenden zu können. Bitte nehmen Sie sich frei und fliegen noch heute mit mir nach Russland. Selbstverständlich werden Sie für alle entstehenden Unannehmlichkeiten und Kosten entschädigt.“

Noëmi zögert kurz und antwortet dann schnell: „Unter einer Bedingung.“

„Und die wäre?“

„Dass ich meinen Freund mit auf die Reise nehmen darf."
Walter schaut sie fragend an. Sie lächelt ihn nur an und nickt.
„Sie haben einen Freund?", fragt Milanow, ohne dass dabei seine Stimme verblüfft klingt, „aber selbstverständlich dürfen Sie ihn nach Sibirien mitnehmen. Sie werden beide Ehrengäste unseres Landes sein. Mit Ihrer Hilfe werden wir das Problem, davon bin ich überzeugt, schnell lösen können. Wann dürfen wir Sie abholen? Sie müssen verstehen, die Zeit drängt."
„Können Sie in einer Stunde hier sein? Wir wären dann bereit."
„Selbstverständlich. Wunderbar. Ich bin in genau einer Stunde bei Ihnen."
„Dann bis gleich."
Sie legt den Hörer auf und geht zurück in die Küche: „Ich glaube, wir beide müssen noch kurz eine kleine Sache in Russland erledigen, bevor wir uns um Lutz Feldhoff kümmern können."
Walter versteht zunächst nicht, wie ihm geschieht, doch nach den Ereignissen der vergangenen Nacht ist es für ihn durchaus eine Perspektive, erst einmal von der Bildfläche zu verschwinden und mit Noëmi in den Osten zu reisen – aus welchem Grund auch immer. Er vertraut ihr.
„Ich erkläre dir das später alles. Wir werden noch genug Zeit zum Plaudern haben, bis wir in Sibirien sind," sagt Noëmi, die seine Gedanken errät, „wir müssen jetzt schnell unsere Sachen zusammenpacken. In einer Stunde geht es bereits los."
„Gut", sagt Walter, „ich hab nicht viel zu packen. Nur meine Unterlagen aus der Aktentasche."
„Dafür werde ich wohl noch Platz in meinem Koffer haben. Unterwegs wird es gewiss auch eine Möglichkeit für dich geben, ein paar neue Klamotten zu kaufen – und sei es in einem Flughafenshop." Noëmi faltet zwei Blusen und legt eine Jeans zusammen.

„Christin", schießt es Noëmi durch den Kopf. Seit Tagen hat sie nicht mehr mit ihrer Freundin telefoniert, geschweige denn sie gesehen. Die Ereignisse haben sich halt überstürzt. Christin weiß ja noch nicht einmal von ihrer Affäre mit Lutz. Aber das ist ja noch das Unwichtigste. Die Enthüllung seiner skrupellosen Pläne, der Mordanschlag in der vergangenen Nacht – das alles hat sie Christin noch nicht erzählen können. Und in diesen Minuten wird ganz sicher keine Zeit mehr dafür sein, der besten Freundin das Herz auszuschütten. Doch vor der Abreise nach Russland will sie sich wenigstens kurz bei Christin melden.

Noëmi drückt die Kurzwahltaste Nr. 1. Christin sollte um diese Zeit gerade noch zu Hause sein, bevor sie sich auf den Weg zu ihrer Bankfiliale macht. Tatsächlich hört sie Sekunden später die vertraute Stimme.

„Hallo!"

„Guten Morgen, Christin. Schön, dass ich dich erreiche. Du glaubst nicht, was bei mir die letzten Tage los gewesen ist. Absolutes Chaos..."

„Das ist jetzt aber nicht gerade die allerbeste Zeit für einen Plausch. Du weißt doch, ich muss gleich los ins Büro."

„Klar, weiß ich. Ich will dir nur ganz kurz das Wichtigste sagen. Nächste Woche reden wir dann in Ruhe über alles. Ich fliege jetzt für ein paar Tage nach Russland – nur damit du dich nicht wunderst, wenn ich nicht da bin..."

„Nach Russland?", Christins klingt zugleich zweifelnd und neugierig. „Was willst du denn da?"

„Dienstreise. Erkläre ich dir später."

„Ich hätte dir auch so viel zu erzählen. Ich bin die nächsten Tage ebenfalls nicht im Lande. Ich fliege zur pazifischen Feuermondnacht..."

„Was?"

„Ja, heute Abend geht es los. Mein neuer Freund hat mich dazu eingeladen." Christin klingt geradezu euphorisch. „Die Dinge haben sich bei mir in den vergangenen Tagen echt überschlagen. Ich erzähle dir alles, wenn ich zurück bin."
„Ist ja ein Wahnsinn! Glückwunsch Christin! Viel Spaß in der Südsee! Auch ich habe noch eine Überraschung für dich. Ich reise auch nicht allein. Mein kleiner Prinz heißt Walter, ein Amerikaner. Im Moment scheint ja bei uns beiden unglaublich viel zu passieren. Nächste Woche müssen wir uns unbedingt treffen. Dann können wir uns alles erzählen. Du glaubst gar nicht, was alles geschehen ist..."
Christin unterbricht sie: „Du, ich muss jetzt los. Ist heute mein letzter Arbeitstag vor dem Urlaub. Ich wünsch dir eine schöne Zeit, was immer du da in Russland zu erledigen hast. Wir sehen uns dann nächste Woche."
„Ja, genau. Mach's gut. Tschüss Christin, und genieße die Feuermondnacht."
„Danke. Bis dann."
Christin hat am Telefon den Namen Lutz Feldhoff einfach nicht über die Lippen gebracht. Sie weiß ja, dass er Noëmis Chef ist, und möchte ihr von der Liebesgeschichte lieber persönlich und nicht unter Zeitdruck am Telefon erzählen. Noëmi legt auf und geht zurück in die Küche, wo Walter noch immer vor seiner Tasse Tee sitzt. Die Wanduhr zeigt zehn Minuten vor neun.
Pünktlich um 9 Uhr hält eine große, schwarze Limousine vor Noëmis Wohnhaus. Sie blickt durch das Küchenfenster, erkennt das Diplomaten-Kennzeichen am Auto und den Fahrer, der gerade aussteigt – Milanow. Noëmi und Walter gehen die Treppe hinunter. Er trägt den Koffer. Gerade will Milanow den Knopf am Klingelschild „Kubichek" drücken, da öffnet sich bereits die Tür.

„Guten Morgen, Frau Dr. Kubichek. Vielen Dank für Ihre schnelle Bereitschaft, zu helfen. Kommen Sie, bitte“, sagt Sergej Milanow ungeduldig.
„Guten Morgen, Herr Milanow“, antwortet Noëmi, „das ist mein Freund Walter.“
„Guten Morgen“, sagt der Diplomat eilig in Richtung Walter, während er sich schon den Koffer geschnappt hat und ihn mit raschen Schritten zum Fahrzeug trägt. Nachdem Noëmi die Haustür zugezogen und abgeschlossen hat, folgen sie und Walter ihm ebenso schnell. Milanow verfrachtet das grüne Gepäckstück im Kofferraum des Mercedes. Walter und Noëmi steigen hinten ein. Sie rechts, er links. Das Auto riecht fabrikneu. Die beiden haben sich gerade auf den schwarzen Ledersitzen angeschnallt, da fährt Milanow, der geschwind hinter dem Lenkrad Platz genommen hat, auch schon los.
„Ich habe mich noch gar nicht bei Ihnen vorgestellt“, entschuldigt sich Milanow, nachdem das Auto bereits einige Meter zurückgelegt hat. Im Rückspiegel sieht er Walters Gesicht. „Mein Name ist Sergej Milanow. Ich bin Mitarbeiter der russischen Botschaft in Berlin. Wir sind sehr dankbar, dass sich Ihre Freundin bereit erklärt hat, uns zu helfen. Ich denke, Sie wissen worum es geht?“
„Ja“, lügt Walter, weil er das in diesem Moment für angebracht hält. In der Kürze der Zeit, die ihnen bis zur Abreise blieb, hat Noëmi ihm den Grund dieser Reise nur rudimentär beschreiben können. „Mein Name ist Walter Smith, angenehm Sie kennenzulernen“, sagt Walter in recht gutem Deutsch, doch mit unverkennbar amerikanischen Akzent.
Milanow ist einen kurzen Moment irritiert. „Sie sind Amerikaner?“
„Ja.“

„Und wahrscheinlich ebenfalls Wissenschaftler am NERC?“
„Ich bin Mathematiker und Computerexperte.“
„Habe ich mir es doch gedacht.“ Irgendwie kommt ihm der Name Walter Smith bekannt vor. Hat er ihn nicht schon mal gehört? „Doch Smith“, das macht sich Sergej Milanow klar, „ist nun wirklich kein seltener Name.“
„Ich freue mich sehr, dass Sie bereit sind, Frau Kubichek auf dieser Reise zu begleiten. Das hat ihr die Entscheidung sicherlich erleichtert. Damit gilt unser Dank natürlich auch Ihnen.“
Die Fahrt geht zu einem kleinen Flugplatz in Brandenburg, der in erster Linie von Sportfliegern, aber auch von Geschäftsreisenden und bisweilen von russischen Diplomaten genutzt wird, die ihr Gepäck bei allem Vertrauen lieber doch nicht unbeaufsichtigt im Bauch eines Linienjets verschwinden sehen wollen.
Als der kleine Jet mit Noëmi, Walter, Milanow und den beiden Piloten von der Startbahn mit Ziel Moskau abhebt, sind bereits drei, mit schwarzen Rollkragenpullis und Handschuhen bekleidete junge Männer lautlos in Noëmis Wohnung eingedrungen und durchsuchen dort akribisch jeden Kubikzentimeter.

POTSDAM – Feldhoff hat schlecht geschlafen. Und zu kurz. Noch vor seiner Abreise zur pazifischen Feuermondnacht will er seine engsten Mitarbeiter instruieren, mit den Umbauarbeiten am Beschleuniger bereits während seiner Abwesenheit beginnen. Dann könnte nach seiner Rückkehr alles ganz schnell gehen. Feldhoff will nach allem, was geschehen ist, das große Experiment baldmöglichst starten. Von Noëmi geht zwar keine Gefahr mehr aus, ist Feldhoff überzeugt. Aber er kann nicht so recht einschätzen, ob dieser Journalist nicht vielleicht doch

noch ein Risiko birgt. Zwar hat der Chefredakteur Feldhoff am Telefon nochmals versichert, dass Bert Kluge seine Lektion gelernt habe und ganz sicher keine Probleme mehr bereiten werde. Doch wer weiß. Vielleicht gibt dieser bei seiner eigenen Zeitung ausgebremste Schreiberling sein Wissen ja an einen anderen Journalisten weiter, bei irgendeinem anderen Medium. Diese Wissenschaftsjournalisten sollen ja ganz gut vernetzt sein. Außerdem ist nicht auszuschließen, dass Noëmi die geheimen Interna auch noch weiteren Personen verraten hat.
Feldhoff hat für einen Moment sogar daran gedacht, auf die Reise nach Moon-Island zu verzichten und noch in dieser Woche den Beschleuniger startklar zu machen. Doch die Versuchung, als VIP und in Begleitung von Christin zu diesem einzigartigen Event zu reisen, war denn doch größer. „Auf die paar Tage wird es nicht ankommen", beruhigt er sich.
Nur Feldhoffs engster, ihm ganz und gar ergebener und habilitierter Mitarbeiter Julian Schramm ist in alle Aspekte des geplanten Experiment eingeweiht. Er könnte ein kleines Team von jungen Wissenschaftlern anleiten, um bereits in den kommenden Tage einen Großteil der Neuinstallationen zu erledigen. Feldhoff weiß, dass der Frühaufsteher Schramm Tag für Tag bereits um acht Uhr morgens im Forschungszentrum ist. Und so fährt Feldhoff an diesem Morgen so rechtzeitig los, dass auch er schon gegen acht im NERC sein kann.
Schramms Überraschung ist groß, als am frühen Morgen Feldhoff in seiner Bürotür steht.
„Guten Morgen, Julian."
„Guten Morgen, Lutz. Was machst du denn um diese Zeit hier?"
„Ich will mit dem Beginn des Experimentes nicht mehr bis Weihnachten warten. Und bevor ich mich heute Abend auf den Weg

gen Südsee mache, wollte ich dich bitten, in den kommenden Tagen schon mal die grundlegenden Erweiterungen am Beschleuniger vorzunehmen. Dabei werden dir, wie geplant, die Mitarbeiter Borg, Kaintoch, Böhm und Potthoff helfen. Das sind alles gute, fleißige Leute, die gleichwohl keine unangenehmen Fragen stellen. Und Ihr seid eh ein gutes, eingespieltes Team. Am Sonntag komme ich ja schon nach Deutschland zurück. Dann werden wir gemeinsam die Feinjustagen vornehmen, und los kann es gehen."
„Kein Problem, Lutz. Ich weiß ja Bescheid, was zu tun ist. Und mit den Kollegen wird das super funktionieren. Ich bräuchte dann nur noch die Schlüssel für die diversen Lagerräume."
„Ich weiß", sagt Feldhoff und holt einen Schlüsselbund aus der Hosentasche, „die habe ich natürlich mitgebracht."
Die beiden Männer gehen aufeinander zu und Feldhoff übergibt die Schlüssel. Den Schlüssel zum Chemieraum hat Feldhoff schon zuvor von diesem Bund entfernt. In diesem Raum befindet sich ohnehin nichts, was das Team von Schramm in den kommenden Tagen brauchen wird. Doch man weiß ja nie, ob sich nicht doch irgendjemand dorthin verirren könnte. Und nichts würde in der Zeit seiner Abwesenheit die wichtigen Arbeiten wohl so sehr stören wie der spektakuläre Fund einer Leiche.
„Um diese Zeit sind die anderen gewiss noch nicht im Institut", fährt Feldhoff fort, „aber du kannst dir ja schon mal die optimale Logistik überlegen und mit den Arbeiten beginnen, sobald alle da sind. Ich mach mich gleich wieder auf den Weg nach Hause. Ich habe noch nichts für die Reise gepackt und heute Abend fliege ich schon nach London."
„Vielleicht hast du auch noch etwas Zeit für ein Mittagsschläfchen. So früh aufzustehen, muss doch schrecklich für dich gewesen sein."

„Du kennst mich, Julian. Ich bin tatsächlich ziemlich müde. Mit einem Nickerchen am Mittag habe ich auch schon geliebäugelt. Mal sehen. Doch es war einfach wichtig für mich, dir die Dinge rechtzeitig zu übergeben. Ich melde mich dann sofort nach meiner Rückkehr."
„Alles klar. Du kannst dich auf mich verlassen. Bis Sonntag werden wir den größten Teil der Installationen erledigt haben. Wir arbeiten natürlich das Wochenende durch."
„Danke, Julian. Dann wünsche ich dir viel Erfolg!"
„Und dir wünsche ich eine fantastische Feuermondnacht!"

IM JET – Die ganze Welt blickt auf die kleine Insel im Südpazifik. In den Medien gibt es kaum noch ein anderes Thema. Es ist nun bald soweit: Bühne frei für die ultimative pazifische Feuermondnacht!
Schon seit Tagen operiert der Flughafen auf Moon-Island deutlich über seiner Kapazitätsgrenze. Rund um die Uhr landen und starten hier Großraumjets. Kolonnen von Bussen und Taxis befördern Heerscharen von Gästen aus aller Welt in ihre Hotels und Pensionen. Sogar mehrere Zeltstädte wurden im Norden und Südwesten der Insel errichtet, da sich mit den Passagiermaschinen mehr Menschen herbeischaffen lassen, als in den Hotels der Insel untergebracht werden können. Dies alles ist letztlich eine Frage der Gewinnmaximierung. Selbst in einem Zelt für zwölf Personen kostet die Nacht auf Moon-Island deutlich mehr als üblicherweise in einem Premium-Hotel. Flüge ohne Übernachtung konnte man nicht buchen. Die Feuermondnacht gibt es nur zum Pauschalpreis – oder gar nicht.

Der Veranstalter Casha kann mehr als zufrieden sein. Kein Platz in einem der Flugzeuge oder auch nur ein Bett auf Moon-Island ist frei geblieben. Besser hätte es gar nicht laufen können. Medienvertreter, die über die Feuermondnacht und das Drumherum der Veranstaltung berichten wollen, mussten horrende Gebühren für ihre Akkreditierung bezahlen. Die Senderechte für die große Feuermondnacht-Show vor Ort und die synchronen Live-Bilder vom bunt leuchtenden Pyro-Mond sind weltweit nur an einige wenige Pay-TV-Kanäle verkauft worden – zu gigantischen Preisen. So können auch Daheimgebliebene auf ihrer Wohnzimmer-Couch ein klein wenig am Happening teilhaben und einen bescheidenen Beitrag zur Bilanz von Casha leisten.
Caroline gehört zu den wenigen, für die der Flug nach Moon-Island eine Dienstreise ist. Auch vor Ort gibt es für sie noch eine Menge Arbeit, unter anderem das Organisieren von Interviews. Auf dem Business-Class-Sitz neben Caroline sitzt ein Mann, der dafür, dass er jetzt ein paar Tage mit seiner Tochter fernab vom Alltagsstress verbringen darf, auffällig nervös ist.
„Du machst dir noch immer Gedanken wegen Walter?“, fragt Caroline ihn.
„Mir hat noch nie ein Mitarbeiter soviel Sorgen bereitet wie er. Verschwindet einfach urplötzlich in London von der Bildfläche und lässt auch noch sein Computerzentrum in die Luft fliegen. Ich glaube, wir haben diesen Mann völlig falsch eingeschätzt. Wer weiß, für wen der wirklich arbeitet!“ Caroline spürt, dass die vergangenen Tage sehr stressig für ihren Vater gewesen sein müssen.
„Ich habe ihn anfangs ja auch falsch eingeschätzt. Aus heutiger Sicht würde ich sagen: Der ist schlicht und einfach eine Niete. Außer seinen Computern hat der nichts im Sinn. Etwas ver-

rückt war er schon immer und nachdem ich mit ihm Schluss gemacht habe, ist er offenbar völlig durchgedreht. Ich glaube, der hat die Trennung einfach nicht verkraftet. Der hat sein Büro möglicherweise im Wahn in die Luft gejagt und sich inzwischen selber umgebracht. Vielleicht hat er sich in London von der Tower Bridge in die Themse gestürzt. So oder so ähnlich. Alles schlimm genug, doch ich glaube, mehr steckt nicht dahinter."
Sie nippt gelassen an ihrem Champagner-Glas.
„Ich fürchte, mein Kind, so einfach ist die Sache nicht. Wer sagt uns, dass er nicht ein Doppelagent ist und beispielsweise für die Russen arbeitet. Sein Verschwinden ist mir einfach zu glatt gelaufen. Wenn er in die Themse gesprungen wäre, hätten wir ihn schon längst irgendwo aus dem Wasser gefischt."
„Doch wenigstens für die nächsten Tage solltest du die Sache mal ganz vergessen. Jetzt ist Party-Time. Genieße das Happening und die Feuermondnacht. Es geht um Spaß – und nur um das! Wenn einer von uns beiden auf Moon-Island noch etwas mit Arbeit am Hut hat, dann bin ich das. Okay?"
„Du hast ja vollkommen recht", sagt Carolines Vater. Sie prostet ihm mit ihrem Glas strahlend lächelnd zu. Er greift nach seinem Gin-Tonic. Die zwei ungleichen Gläser berühren sich mit einem kaum hörbaren „Plink".
Nach einem kräftigen Schluck und einer kurzen Pause spricht er weiter: „Sagt dir der Name Imelda O'Connor etwas?"
„Nein. Wieso? Wer soll das sein?"
„Hast du nicht von ihr in der Zeitung gelesen? Die Terroristin, die just am gleichen Tag in London verhaftet wurde, als Walter spurlos verschwand?"
„Ja, doch. Davon habe ich gehört. Aber wie kommst du jetzt darauf? Siehst du einen Zusammenhang mit Walter?"

„Ach, das fiel mir nur gerade so ein. Ist wahrscheinlich nicht wichtig. Du kennst ja mein assoziatives Denken. Dass zwei bemerkenswerte Dinge am gleichen Tag in der gleichen Stadt passieren, muss ja nicht unbedingt etwas bedeuten."
„Kann es aber. Es ist schließlich dein Job, Zusammenhänge auch dort zu erkennen, wo Normalsterblichen nichts Ungewöhnliches auffällt."
„Da hast du allerdings recht."
Die beiden stoßen erneut an, während das Flugzeug angenehm ruhig durch einen strahlend blauen Himmel mit Kurs Moon-Island fliegt.

SIBIRIEN – Das rote Telefon in der Operationszentrale von Ykrutz-15 klingelt. Victor nimmt den Hörer ab. General Ludkow, Oberbefehlshaber der Nuklearstreitkräfte, ist persönlich in der Leitung.
„Wir haben Ihre Alarmmeldung registriert. Ich hoffe, Sie haben die Situation unter Kontrolle. Was Ihre Forderungen betrifft, so darf ich Ihnen versichern, dass wir überhaupt keinen Grund haben, diese nicht unverzüglich zu erfüllen."
Victor ist durchaus überrascht, dass Moskau ohne Wenn und Aber sofort auf seine Forderungen eingehen will. Ein gewisses Misstrauen bleibt. Versprechen kann man viel. Das kostet nichts. Victor will Sicherheiten.
„Wie können Sie mir beweisen, dass Sie es damit wirklich ernst meinen?", fragt Victor.
„Wie ernst wir es meinen, können Sie daran erkennen, dass wir auch Ihrem persönlichen Wunsch bezüglich Frau Noëmi Kubichek entsprechen werden. Frau Kubichek befindet sich bereits

auf dem Weg zu Ihnen. Nachdem wir ihr von Ihrem dringenden Wunsch berichtet hatten, erklärte sie sich sofort zu einem Treffen bereit. Ich bitte Sie jetzt nur um ein wenig Geduld. Voraussichtlich in acht bis zehn Stunden kann sie bei Ihnen sein. Dann können Sie mit ihr persönlich besprechen, wie Sie sich Ihre Ausreise nach Deutschland vorstellen."
In Victor keimt ein Glücksgefühl. Noëmi ist auf dem Weg und wird ihn aus diesem Tal der Hoffnungslosigkeit holen. Dass es so einfach sein würde, hat er sich nicht vorgestellt. Glauben wird er es dennoch erst, wenn sie leibhaftig vor ihm steht.
„Ich danke Ihnen", sagt Victor militärisch knapp und legt auf.
„Moskau ist bereit, alle Forderungen zu erfüllen", sagt Victor zu Nikita Kutjelschik, „wir können den Alarmzustand aufheben. Wir belassen es aber sicherheitshalber bei einer erhöhten Gefechtsbereitschaft."

IM JET – Lutz Feldhoff und Christin fliegen mit VIP-Tickets erster Klasse via London nach Moon-Island. Für Christin ist es überhaupt erst die zweite Flugreise. Während ihrer Ausbildungszeit in Bonn ist sie einmal mit der Lufthansa von Berlin-Tegel nach Köln-Bonn geflogen. Ihre Urlaube hat sie bislang stets an der Ostsee verbracht. Dahin bringt sie entweder ein Regionalzug oder das Auto.
Sie genießt den luxuriösen Service an Bord – die roten Rosen zur Begrüßung, den Champagner, das wunderbare Menü, das freundliche Lächeln der sehr aufmerksamen Stewardessen und Stewards – und natürlich die Gesellschaft ihres Traumprinzen. Sie ist mit Haut und Haar in Lutz verliebt.
Für Feldhoff ist es immerhin eine Premiere, First Class zu flie-

gen. Selbst für einen Professor und Institutsdirektor sind dienstliche Kurz- und Mittelstreckenflüge nur in der Economy-Class vorgesehen. Bei längeren Flügen, zum Beispiel um einen Fachkongress in den USA zu besuchen, ist auch mal ein Business-Ticket drin. First Class ist aber grundsätzlich ausgeschlossen. Und bei seinen seltenen Privatreisen reicht ihm ohnehin Economy.
Doch jetzt lümmelt Lutz sich neben Christin mit so großer Selbstverständlichkeit in den großen Ledersessel, dass die junge Frau nie auf die Idee gekommen wäre, er würde jemals anders als mit diesem Komfort reisen. Die Erfahrungen von Kolleginnen, die Christin von schmerzenden Beinen nach mehrstündigen Urlaubsflügen berichteten, kann sie bei ihrer ersten längeren Flugreise nicht nachempfinden.
Lutz Feldhoff weiß nicht, dass sich Christin und Noëmi kennen. Ihr ist allerdings klar, dass sie hier mit dem Chef ihrer besten Freundin unterwegs ist. Die beiden Frauen haben nur selten über Lutz Feldhoff gesprochen und wenn, dann nur am Rande und kurz. Für mehr gab es keinen Grund. Christin erinnert sich, dass Noëmi nur Positives über ihn erzählt hat. Einmal hat Noëmi gesagt: „Er ist ein großer Macher und Visionär."
Lutz Feldhoff ist Kunde in der Bankfiliale, die Christin leitet. Sie hat ihn vor einem halben Jahr beim Kauf von Aktien beraten, die sich dann tatsächlich als außerordentlicher Glücksfall erwiesen. Ihr Kurs stieg zwischenzeitlich um 80 Prozent. Bei einem neuerlichen Kundengespräch am Freitag vor gut drei Wochen dankte Feldhoff ihr für den wunderbaren Tipp und lud Christin zu einem Abendessen ein. „Als kleines Zeichen meines Dankes", wie er sagte.
Für Christin gab es keinen Grund, diese nette Geste abzulehnen und so verabredeten sich die beiden gleich für den nächsten

Abend in der Alten Mühle. Dass sie jetzt mit Lutz zur pazifischen Feuermondnacht fliegt, hat sie sich in ihren kühnsten Träumen nicht ausmalen können. Manchmal geht eben alles ganz schnell. Sie ist sehr glücklich.
„Möchten Sie noch etwas trinken?", fragt die Stewardess freundlich in englischer Sprache. Christin versteht nicht sofort, weil sie sich nur mit zwei Volkshochschulkursen rudimentäre Englisch-Kenntnisse angeeignet hat. Doch in dieser konkreten Situation begreift sie schnell, worum es geht.
„Ja, einen Tomatensaft bitte", antwortet Christin auf Deutsch.
„Gerne. Mit Salz und Pfeffer?", fragt die Stewardess nun ebenfalls in akzentfreiem Deutsch.
„Nein, bitte pur."
Die Stewardess stellt das Glas mit Tomatensaft auf das kleine Tischchen vor Christin.
„Trinkst du sonst auch Tomatensaft?", fragt Lutz.
„Nein, ganz selten. Nur im Flugzeug", antwortet Christin und verzichtet zu erwähnen, dass dies erst ihr zweiter Tomatensaft über den Wolken ist.
„Ja. Das ist das große Tomatensaft-Phänomen. Eines der größten ungelösten Probleme der Wissenschaft. Da unten am Boden ist Tomatensaft in Restaurants oder Supermärkten eher ein Ladenhüter. Doch hier oben über den Wolken sind plötzlich alle ganz verrückt nach Tomatensaft. Den Grund dafür hat noch niemand herausgefunden", plaudert Lutz.
„Interessant", findet Christin, „und es stimmt wirklich. Auch hier trinken viele Tomatensaft. Darüber sollte jemand mal eine Doktorarbeit schreiben."
„Das ist eine gute Idee, doch mein Forschungsinstitut wäre dafür leider nicht der richtige Ort", antwortet Lutz scherzend und

macht es sich im Sessel betont bequem. Christin schaut aus dem Fenster und bewundert das Panorama aus Himmel, kleinen weißen Wölkchen, strahlendem Sonnenschein und dem Meer.

SÜDSEE – Nach ihrer Ankunft auf Moon-Island werden Feldhoff und Christin mit einer Limousine abgeholt und in das Fünf-Sterne-Hotel „Pacific Dream" chauffiert. Dort ist am Vorabend des Happenings auch das Galadinner für die VIP-Gäste vorgesehen. Christin saugt die warme Südseeluft tief in sich ein, als sie auf die Loggia ihrer Suite tritt und auf den nahen Palmenstrand hinunterblickt.
„Das ist ja alles wie ein Traum", sagt sie und gibt Lutz einen dicken Kuss.
„Aber es ist ein wahrer Traum. Und erst der Anfang von vielen wunderbaren Dingen, die wir gemeinsam erleben werden."
„Wann beginnt das Gala-Dinner?", fragt Christin.
„Um sieben. Du hast noch genügend Zeit, um dich fertig zu machen."
Christin holt das duftig-leichte Chiffon-Kleid aus dem Koffer, das sie erst vor wenigen Tagen extra für diese Reise gekauft hat. Es war gar nicht so einfach, im winterlichen Berlin etwas Passendes zu finden.
Sie zieht das lange, schulterfreie Kleid an. Lutz hilft ihr, die filigranen Ösen am Rücken einzuhaken. Die sanften Pastelltöne umspielen ihre langen Beine. Erst ab den Knöcheln ist die zartblasse Haut zu sehen. Die ebenfalls neuen beigefarbenen Riemchen-Sandalen passen perfekt zum Kleid.
„Du siehst bezaubernd aus."

„Danke, Lutz. Ich freue mich so sehr auf heute Abend. Und auf morgen erst mal.“
„Ich auch. Dann werde ich jetzt mal den Smoking anziehen.“

Eine ideale Tischordnung beim Gala-Dinner im Bankettsaal des „Pacific Dream“ zu finden, war Carolines Aufgabe. Sie hat die Wichtigsten der Wichtigen an zehn runden Tischen mit je acht Stühlen platziert. Staatspräsidenten, Vorstandsvorsitzende großer Konzerne, inklusive den von Casha, Nobelpreisträger und namhafte Künstler hat Caroline geschickt verteilt, so dass an allen Tischen reizvolle Konstellationen für interessante Gespräche entstehen. Als Studentin hat Caroline mehrfach für einige Monate als Assistentin beim World Economic Forum gearbeitet und nachhaltige Erfahrungen mit der Organisation von VIP-Dinnern auf dem Weltwirtschaftsgipfel von Davos sammeln können.
Für sich selbst hat Caroline einen Tisch gewählt, der – nach strikt internem Casha-Sprachgebrauch – für „VIPs zweiter Klasse“ vorgesehen ist. Hier sitzen neben dem geglücktem PR-Gag Lutz Feldhoff noch ein Stammzellforscher und ein bekannter Künstler, beide aus den USA. Caroline kennt Lutz Feldhoff nur von seiner gelungenen Inszenierung als millionster Gast der pazifischen Feuermondnacht im Fernsehspot. Dort hat er sie mit der Darstellung seines Forschungsprojektes indes so neugierig gemacht, dass Caroline sich wirklich darauf freut, ihn heute Abend persönlich kennenzulernen. Die spannende Wissenschaft hinter diesem Experiment wird sie sich nun direkt von ihm erklären lassen können. Und so kommt es, dass an diesem wunderbaren Südsee-Abend im Bankettsaal des „Pacific Dream“ Lutz Feldhoff und seine Begleiterin Christin Beyer neben Caroline und ihrem Vater am Tisch Nr. 10 Platz nehmen.

IM JET – Noëmi und Walter sitzen nebeneinander auf den hintersten Plätzen des kleinen Jets. Dort können sie sich leise miteinander unterhalten, ohne dass Milanow, der in der ersten Reihe hinter dem Cockpit Platz genommen hat, sie verstehen kann.
„Jetzt musst du mir mal genauer erklären, wer eigentlich Victor ist“, bittet Walter seine Nachbarin. Sie erzählt die ganze Geschichte – von der früheren Liaison, der merkwürdigen Mail und dem Zusammentreffen mit Milanow in der russischen Botschaft.
„Es ist ein Akt der Humanität, wenn ich hier dazu beitragen kann, ein Blutvergießen zu verhindern. Es scheint so zu sein, dass Victor nur mich als Vermittlerin akzeptiert.“
„Wenn er aber wirklich so durchgeknallt ist, wie es scheint, dann bist natürlich auch du in Gefahr. Was wäre denn, wenn er auch dich als Geisel nimmt, um seine Forderungen...“ Walter stockt: „Um was für Forderungen geht es denn da eigentlich?“
„Das weiß ich auch nicht“, antwortet Noëmi und wird nachdenklich.
„Herr Milanow“, ruft sie laut nach vorne.
„Ja, Frau Dr. Kubichek“, tönt es zurück.
„Ich glaube, Sie sollten mir noch erklären, was genau die Forderungen von Victor Plutry sind.“
Milanow kommt nach hinten.
„Selbstverständlich werden wir mit Ihnen noch über alle Details reden. Wir haben ja noch genügend Zeit. In Moskau werden wir erst einmal in ein größeres Flugzeug umsteigen und dann zu der Geschlossenen Stadt in Sibirien fliegen, in der Victor Plutry stationiert ist. Dann werden auch Experten an Bord sein, die bestens informiert sind und Sie über alles aufklären können. Die Details kenne ich selber auch nicht. Aber ich kann Ihnen in aller Kürze erklären, worum es im Kern geht. Plutry will errei-

chen, dass er nach Deutschland ausreisen kann. Wir sind damit vollkommen einverstanden. Eine instabile Persönlichkeit wie ihn können wir in einer so wichtigen Funktion ohnehin nicht gebrauchen. Er ist Kommandant einer Einheit mit atomaren Interkontinentalraketen."

Noëmi muss schlucken und Walter zuckt innerlich zusammen.

„Während wir zu Victor Plutry fliegen, laufen in Berlin schon Gespräche zwischen unserem Botschafter und der deutschen Regierung, die sich voraussichtlich bereit erklären wird, Plutry Asyl zu gewähren. So weit so gut. Ihre Aufgabe besteht jetzt gewissermaßen nur noch in der psychologischen Deeskalation. Sie werden ihm die gute Nachricht überbringen. Ihnen wird er vertrauen. Mit Ihnen zusammen werden wir ihn dann ausfliegen."

„Victor soll nach Deutschland gebracht werden?"

„Ja. Das erscheint uns im Moment die beste Lösung, um die akute Gefahr abzuwenden. Was in einem Monat oder einem Jahr sein wird, kann niemand wissen. Aber im Moment müssen wir erst einmal das Leben der Geiseln retten. Und denken Sie daran: Plutry darf auf keinen Fall Amok laufen. Er ist der Kommandant einer nuklearen Raketeneinheit. Nicht auszudenken, was er im Extremfall anrichten könnte."

„Es wäre psychologisch sicher nicht geschickt, wenn Noëmi und ich gemeinsam zu ihm gehen", sagt Walter. Milanow ist froh, dass er nicht von sich aus darauf bestehen muss, Noëmi ohne Begleitung zu Victor zu schicken. Das war von Anfang an nicht vorgesehen. Und mittlerweile gibt es noch einen weiteren Grund, der konkret gegen die Person Walter Smith spricht. Milanow hat zwischenzeitlich per Funk das zuständige Ministerium in Moskau darüber informiert, dass Noëmi nicht alleine, sondern in Begleitung ihres Freundes, eines Amerikaners namens

Walter Smith, nach Russland kommt. Eine schnelle Recherche der Experten in Moskau hat dann ergeben, dass Walter Smith möglicherweise der Deckname eines CIA-Agenten ist.
Das kann Zufall sein, denn schließlich ist der Name Smith nicht selten. Andererseits lässt sich nicht ausschließen, dass Victor Plutry und die CIA am Ende vielleicht irgendein gemeinsames Ding drehen. Und wieso ist dieser Mann urplötzlich im Schlepptau von Noëmi Kubichek aufgetaucht, wo doch im frischen Dossier zu lesen ist, dass die junge Physikerin seit Jahren Single ist? Auch sie erscheint dem russischen Geheimdienst auf einmal in einem neuem Licht. Eilig wurde in Moskau hinter verschlossenen Türen beraten. Sollte man die Aktion vielleicht besser abbrechen? Nach Abwägen der möglichen Risiken wird entschieden, nicht vom Plan abzurücken, Noëmi Kubichek als Spielfigur im Krisenschach gegen Victor Plutry einzusetzen. Man würde jetzt aber noch vorsichtiger vorgehen, um die Lage jederzeit strikt unter Kontrolle zu halten. Dann sei das Risiko, so hat man befunden, beherrschbar und es könne eigentlich nichts schief gehen. Und um diesen Walter Smith würde man sich immer noch in besonderer Weise kümmern können.
„Ja, Sie haben vollkommen Recht“, antwortet Milanow, „es wäre absolut nicht klug, wenn Sie gemeinsam zu Plutry gehen. Das schafft nur unnötige Risiken. Am besten bleiben Sie in Moskau, bis Frau Dr. Kubichek aus Sibirien zurückkommt.“
„Nein, nein“, interveniert Noëmi heftig, „so haben wir nicht gewettet. Walter fliegt mit mir gemeinsam nach ... wie heißt eigentlich der Ort in Sibirien?“
„Ykrutz.“
„..also nach Ykrutz, oder ich weigere mich, mit Victor zu reden. So war das von Anfang an ausgemacht.“

„Gemach, gemach. Wir werden das alles in Moskau klären. Ich bin mir sicher, wir finden eine gute Lösung“, besänftigt Sergej Milanow, der unbedingt jeglichen Streit mit Noëmi Kubichek vermeiden will. „Doch das Gespräch mit Victor Plutry sollte auf jeden Fall unter vier Augen stattfinden.“

„Damit bin ich selbstverständlich einverstanden“, antwortet Noëmi, „mir leuchtet ein, dass ich besser mit Victor alleine rede. Trotzdem kann Walter mit mir nach Ykrutz fliegen und dort zumindest in meiner Nähe bleiben.“

„Bestimmt“, sagt Milanow, der jetzt diese Diskussion einfach beenden will und sich darüber ärgert, dass dieses heikle Thema bereits hier im Flugzeug besprochen wird. Von der Moskauer Entscheidung, dass der ins Zwielicht geratene Smith die Geschlossene Stadt nicht betreten darf, hat Milanow erst vor einer halben Stunde aus einem verschlüsselten Telex erfahren.

„In einer Stunde landen wir in Moskau“, ruft Milanow den beiden noch zu, während er sich umdreht und wieder nach vorne und ins Cockpit geht. Vom Piloten erfährt er, dass sich das Wetter östlich von Moskau stark verschlechtert hat und eine Front weiter Richtung Westen wandert. Ein plötzlicher Temperatursturz mit Blitzeis und heftige Schneestürme östlich des Ural stellen einen unmittelbaren Weiterflug in Frage. Sogar die Flughäfen in Moskau sind nur noch eingeschränkt in Betrieb.

„Auch das noch“, flucht Milanow leise. Ihm ist klar, dass es selbst bei höchster Priorität, die der Weiterflug nach Ykrutz zweifelsohne hat, zu wetterbedingten Verzögerungen kommen kann.

Milanow lässt sich vom Piloten eine gesicherte Funkverbindung ins Ministerium schalten. Im Cockpit stehend spricht er mit leiser Stimme in das Mikrofon eines metallischen Headsets

und informiert unter Verwendung einiger Codeworte kurz und knapp über Noëmis Forderung in Sachen Walter.
„Da müsst Ihr schnell eine Lösung finden“, fordert Milanow.
„Das werden wir ganz bestimmt.“

SÜDSEE – Am Tisch Nr. 10 werden gerade die Vorspeisen serviert: „Duett von Ingwer-Lachsröllchen und Hummerscheibchen an Senf-Ananas-Soße“. Fröhlich prostet man sich mit dem kühlen Weißwein zu.
„Auf die Feuermondnacht!“
„Ja. Auf die feurigste Nacht des Mondes!“
„Sie müssen mir jetzt mal genauer erklären, was Sie mit diesem Experiment eigentlich herausfinden wollen“, bittet Caroline ihren Nachbarn zur Rechten, „ich fand das so spannend, was Sie neulich im Fernsehen erzählt haben.“
„Mit größtem Vergnügen“, antwortet Feldhoff und beginnt einen brillant formulierten Monolog über die Welt der Teilchen, die Entstehung des Weltalls und die von ihm gesuchte Weltformel. Caroline hängt fasziniert an seinen Lippen. Auch ihr Vater und die anderen Gäste am Tisch hören Feldhoff mit großem Interesse zu. Nur Christin langweilt sich ein wenig, denn so ziemlich die gleiche Rede hat sie, ebenfalls während der Vorspeise, schon einmal in der Alten Mühle gehört. Doch das macht nichts. Sie genießt um so bewusster die Köstlichkeiten auf ihrem Teller und ist einfach stolz auf ihren Lutz, der jetzt den ganzen Tisch in seinen Bann zieht. Erst das Auftragen des Hauptganges unter großen silbernen Glocken unterbricht die Rede Feldhoffs.
„Wow“, sagt Caroline, „wenn man das so hört, hätte man Sie für heute Abend ohnehin einladen müssen, auch wenn Sie

nicht mit der millionsten Eintrittskarte das große Los gezogen hätten."

Was als Kompliment gedacht ist, erfreut Feldhoff jedoch keineswegs. Er spürt den fragenden Blick von Christin, der er nichts von gewonnenen VIP-Karten erzählt hat. Christin ist ein wenig irritiert, Feldhoff fühlt sich peinlich berührt und Carolines Vater wirft seiner Tochter einen strafenden Blick zu, weil er die Unschicklichkeit ihrer Bemerkung bemerkt und seine Missbilligung so zum Ausdruck bringt. Für einige Augenblicke herrscht plötzlich Schweigen am Tisch. Da nutzt Christin die Chance, um auch einmal zu Wort zu kommen.

„Als Bankdirektorin verstehe ich ja nicht allzuviel von Physik, doch von der Forschung im NERC bin ich wirklich absolut begeistert. Auch meine Freundin Noëmi arbeitet im Projekt von Professor Feldhoff und sie hat mir schon ganze Abende von ihrer tollen Arbeit erzählt."

Feldhoff bleibt beim Namen Noëmi beinahe ein Bissen im Halse stecken. Er schluckt ihn schnell mit einem großen Schluck Wein hinunter und wendet sich dann direkt an Christin.

„Noëmi Kubichek ist eine Freundin von dir?", fragt Feldhoff auf Deutsch und mit einem teuflisch unguten Gefühl. Er muss daran denken, dass sie derweil in ihrem unterirdischen Gefängnis verhungert oder verdurstet.

„Ja, Noëmi ist meine beste Freundin. Wir wissen praktisch alles von einander."

„Wohl nicht alles", denkt Feldhoff, „denn sonst würdest du jetzt kaum hier sitzen." Gleichwohl ist ihm ein großer Schreck in die Knochen gefahren. Seine gute Laune ist schlagartig dahin. Und Caroline glaubt, dass sie daran schuld ist.

„Leider habe ich Noëmi in der letzten Zeit kaum gesehen", fährt

Christin nun wieder auf Englisch fort, „bei uns beiden war nämlich so unglaublich viel los. Ich habe mich frisch verliebt, und auch Noëmi ist frisch verliebt. Da ist es ganz normal, dass man zunächst nicht mehr ganz so viel Zeit für einander hat. Doch das wird sich gewiss bald wieder ändern."

Für Feldhoff ist das wie ein Schlag mit dem Baseballschläger auf den Hinterkopf. „Noëmi, frisch verliebt?", fragt er sich, „was weiß Christin eigentlich? Spielt sie ein böses Spielchen mit mir? Vielleicht nur, um in den Genuss der Feuermondnacht zu kommen?" Doch bei dem Satz, dass die beiden Frauen bald wieder mehr Zeit füreinander haben, spürt er tief in seinem Inneren eine satanische Freude. „Ich werdet Null Komma Null Zeit füreinander haben", denkt Feldhoff und stellt sich vor, wie Noëmi in dem verschlossenen Labor allmählich verdurstet. Für die große Sache erscheint es ihm angemessen, den Tod einer Verräterin in Kauf zu nehmen. Gewissensbisse liegen ihm fern. Noëmi hat schließlich versucht, seine heiligen Pläne zu durchkreuzen, und sein Vertrauen missbraucht.

„Was ist das eigentlich für eine Dienstreise nach Russland, die Noëmi gerade macht?", fragt Christin ganz unbefangen.

„Was für eine Dienstreise?", antwortet Lutz Feldhoff, der merkwürdig irritiert und verunsichert dreinschaut.

„Aber Lutz, du wirst doch wohl wissen, warum eine Mitarbeiterin von dir nach Russland fliegt", gibt ihm Christin mit einem leicht scherzhaften Ton zurück. „Vor unserer Abreise hatte ich keine Zeit mehr, ausführlich mit Noëmi zu reden. Sie sagte mir am Mittwoch nur kurz am Telefon, dass sie für ein paar Tage nach Russland reisen würde. Aber vielleicht habe ich das auch falsch verstanden mit der Dienstreise. Vielleicht ist das ja doch privat. Ja, klar doch. Noëmi erzählte, dass sie gemeinsam mit ihrem neuen Freund verreisen würde, einem Amerikaner namens Walter. Die beiden haben sich auch erst vor Kurzem kennengelernt."

Nachdem die letzte Silbe verklungen ist, herrscht eisiges Schweigen am Tisch. Die beschwipst plaudernde Christin ist irritiert. Sie kann nicht wissen, was ihre Worte in den Köpfen von Caroline und ihrem Vater sowie Lutz Feldhoff ausgelöst haben. Es sind jedenfalls ganz unterschiedliche Dinge. Caroline denkt einen kurzen Moment daran, dass es schon ein interessanter Zufall ist, dass hier ausgerechnet von einem Amerikaner namens Walter gesprochen wird. Schließlich könnte das ja rein theoretisch ihr Ex sein. Doch es gibt unzählige Amerikaner, die Walter heißen. Sie verkneift es sich, Christin weitere Fragen zu stellen, obwohl sie schon ein wenig neugierig ist, mehr über diesen Walter zu erfahren. Ihr Walter, das wird ihr in diesem Moment noch einmal bewusst, ist Caroline mittlerweile völlig gleichgültig.

Die beiden Männer sind indes von den offenherzigen Schilderungen Christins außerordentlich alarmiert. Feldhoff reimt sich zusammen, dass Noëmi aus dem Chemieraum entkommen ist und mit Christin darüber gesprochen hat. Doch dann wäre es nur logisch, dass sie auch von ihrem Dinner in der Alten Mühle und seiner Einladung an Noëmi zur Feuermondnacht erzählt hat. „Doch wie hat sie den entlegenen und verschlossenen Raum überhaupt verlassen können?", fragt sich Feldhoff und gibt sich selber die einzig denkbare Antwort: „Walter muss irgend etwas damit zu tun haben." Doch es ist ihm völlig rätselhaft, warum sich Walter auf den langen, dunklen Gang zum Chemieraum verirrt haben sollte. „Der hat doch nichts anderes als seine komische Pi-Forschung im Kopf", denkt Feldhoff, „oder war das am Ende nur vorgeschoben?" Feldhoff argwöhnt, Walter könn-

te von Anfang an ein Komplize von Noëmi gewesen sein. Für einen gut vorbereiteten Plan spricht ja auch, dass sich Walter einen Schlüssel zu der schweren Stahltür besorgt haben muss. Das wiederum würde bedeuten, dass er mit einem der Pförtner kooperiert haben muss.
Feldhoff wird schwindelig. Er kann absolut nicht nachvollziehen, was da im Forschungszentrum vorgegangen ist und was sich da möglicherweise gegen ihn zusammengebraut hat. Für ihn ist es unerträglich, die Kontrolle über die Abläufe in seinem unterirdischen Reich verloren zu haben. Bislang hat er immer geglaubt, dort alles perfekt steuern zu können. Außerdem kann es jetzt richtig gefährlich werden. Die von Walter befreite Noëmi hat seinen Mordversuch sicher bei der Polizei angezeigt. Vielleicht gibt es in Deutschland längst einen Haftbefehl gegen ihn. Außerdem ist Noëmi nach wie vor Mitwisserin seines Plans, die kritische Energie zu überschreiten. „Und was soll diese Reise nach Russland?" Die einzige Assoziation, die ihm bei Russland kommt, ist Profesor Juri Ioffe. Versucht Noëmi möglicherweise, Ioffe in das Geheimnis seiner Experimente einzuweihen?
Lutz Feldhoff fühlt sich an diesem Abend auf Moon-Island, tausende Kilometer von Potsdam entfernt, unsäglich hilflos. Er wäre am liebsten auf der Stelle zurück geflogen, um zu tun, was jetzt vielleicht noch getan werden kann. Doch bis übermorgen würde kein Flugzeug mehr die Insel verlassen. Die Vorfreude auf die Feuermondnacht ist dahin und auch die bezaubernden Südsee-Schönheiten, die gerade zu exotischen Klängen für die Abendgesellschaft tanzen, interessieren Feldhoff nicht im geringsten.
Carolines Vater hat für die pazifischen Tänzerinnen ebenfalls keine Augen. Er ist sich ziemlich sicher, dass es sich bei diesem

Walter um den CIA-Mitarbeiter und Computerexperten Walter Smith handeln muss. Die Witterung wäre also wieder aufgenommen. „Wozu doch pazifische Feuermondnächte gut sind“, denkt er. Und dass er sich nach Russland abgesetzt hat, passt wunderbar in das Bild, dass er sich ohnehin von Walter gemacht hat. Nur welche Rolle diese Noëmi dabei spielt, ist ihm völlig unklar. Er will morgen versuchen, von Feldhoff etwas mehr über seine Mitarbeiterin zu erfahren. Jetzt wäre dafür sicher nicht der rechte Moment. Ein Blick auf seine Armbanduhr macht ihm überdies klar, dass er dafür auch keine Zeit mehr hat.
Carolines Vater erhebt sich und entschuldigt sich bei den Gästen am Tisch Nr. 10. Er habe noch einen nicht aufschiebbaren Termin. „Wie kann man denn hier auf Moon-Island jetzt noch eine dringende Verabredung haben“, fragen sich alle – bis auf Caroline und Lutz Feldhoff. Caroline ist es gewohnt, dass der Beruf ihres Vaters immer wieder mal ungewöhnliches Verhalten erfordert. Feldhoff wiederum ist im Moment einfach zu sehr mit sich selbst beschäftigt, um sich darüber wundern zu können. In seinem Kopf laufen diverse Gedanken im Kreis und überholen sich dabei gegenseitig. Christin ist glücklich mit ihrem wunderbar zarten Fischfilet an Safran-Riesling-Schaum und ahnt nicht, was ihre Worte alles ausgelöst haben. Der Stammzellforscher, der Künstler und ihre Frauen plaudern, nachdem auch sie zuvor andächtig Feldhoff gelauscht haben, angeregt über die Ästhetik von Fraktalen. Zum Dessert vereint Caroline die Tischrunde wieder in einem gemeinsamen Smalltalk, bei dem sich alle wohl fühlen können. Nur Feldhoff bleibt im weiteren Verlauf des Abends einsilbig.

MOSKAU – Noëmi und Walter sind kurz nach 17 Uhr Moskauer Zeit auf dem Flughafen Domodedowo gelandet. Kurze Zeit später sind alle Airports der Metropole geschlossen, weil ein kräftiger Ausläufer des Schneesturms direkt über Moskau hinwegziehen wird. Jetzt fallen alle Flüge aus, nicht nur die nach Osten.

„Väterchen Frost kann einem immer einen Strich durch die Rechnung machen", sagt Milanow mit einem Seufzer, als er den beiden erklärt, dass sich die Weiterreise verzögern wird. „So wie es aussieht, werden wir heute Abend nicht mehr weiterfliegen. Wir haben deshalb für Sie ein Hotelzimmer in der Nähe des Flughafens gebucht. Bis morgen Vormittag dürfte sich das Wetter soweit normalisiert haben, dass wir dann die Reise fortsetzen können."

Sergej Milanow, Walter und Noëmi verlassen den Flughafen durch den Diplomaten-Ausgang. Ein schwarzer Lada mit Chauffeur bringt die drei zum gut zwei Kilometer entfernten Hotel, das sich mit seinen zwanzig Geschossen und der auffälligen, blauen Leuchtreklame unterhalb des Flachdaches deutlich von seiner Umgebung abhebt. Noëmi kann die Werbebotschaft in kyrillischen Buchstaben problemlos lesen: „Komm mit zur Feuermondnacht!" Milanow holt an der Rezeption des Hotels rasch einen Zimmerschlüssel und drückt ihn Noëmi lächelnd in die Hand.

„Bitteschön, meine Dame. Zimmer 314 in der dritten Etage. Es ist eine große Suite mit einem wunderbaren Bad. Wir sehen uns dann morgen beim Frühstück gegen halb acht. Ein Vertreter des Ministeriums leistet uns dann Gesellschaft. Er wird mit Ihnen den genauen Ablauf des Treffens mit Victor Plutry besprechen. Ach ja, nach diesem langen Tag werden Sie gewiss hungrig sein. Sie können hier im Hotelrestaurant zu Abend

essen. Lassen Sie die Rechnung einfach auf Ihr Zimmer schreiben. Es ist auch möglich, sich Speisen ins Zimmer bringen zu lassen. Wie es Ihnen lieber ist. Doch denken Sie daran: Morgen geht es früh weiter. Seien Sie bitte pünktlich um sieben Uhr beim Frühstück. Anschließend geht es dann direkt weiter zum Flughafen."
Noëmi und Walter verschwinden mit ihrem Koffer im Lift. Milanow geht hingegen in das Treppenhaus.
Die riesige Suite ist wirklich prachtvoll eingerichtet und steht damit in einem merkwürdigen Gegensatz zur eher unscheinbaren Fassade des Hotels.
„Das ist wohl die Suite für Staatsgäste, wenn sie wegen eines Schneesturms auf ihren Abflug warten müssen", scherzt Noëmi.
„Dann will ich gar nicht wissen, wie viele Wanzen hier versteckt sind", setzt Walter eins drauf, „wollen wir unten im Restaurant gleich etwas essen?"
„So viel Hunger habe ich gar nicht", antwortet Noëmi, „ich fühle mich ziemlich erschöpft und würde lieber früher als später schlafen gehen. In der vergangenen Nacht habe ich schließlich kein Auge zugetan und morgen geht es ja schon wieder in aller Frühe weiter. Aber wir können uns ja schnell noch eine Kleinigkeit aufs Zimmer bringen lassen."
„Das ist eine gute Idee. Auch ich bin verdammt müde. Die Kleinigkeit darf für mich allerdings schon ein bisschen größer ausfallen. Mir knurrt ehrlich gesagt der Magen."
„Dann schau dir doch schon mal da drüben auf dem Schreibtisch die Speisekarte des Zimmerservice an. Ich geh eben kurz ins Bad."
Die Karte offeriert russische und internationale Speisen – und das auch in englischer Sprache. Walters Augen sind gerade am

„Chicken Kiew Style" hängengeblieben, da hört er ein begeistertes „Wow!" aus dem Badezimmer.
„Mensch, Walter, komm mal schauen. So etwas habe ich noch nicht gesehen." Er legt die Speisekarte zurück und folgt Noëmi ins Bad.
Säulen aus weißem Marmor, wie man sie von antiken Tempeln kennt, ein von kunstvollen Goldverzierungen umrahmter Spiegel, in der Mitte des Raums eine kreisrunde Badewanne aus weißem Porzellan, rund drei Meter im Durchmesser, mit Wasserhähnen in der Form von Schwanenhälsen und ein künstlicher Sternenhimmel aus kalt-weiß funkelnden Leuchtdioden am dunkelblauen Deckengewölbe. Durch einen rubinroten Brokat-Vorhang führt ein Durchgang zu einem mit Halbedelsteinen verzierten, runden Marmor-Dampfbad sowie einer Tropenholz-Trockensauna mit quadratischem Grundriss. Noëmi und Walter sind von diesem Gesamtkunstwerk tief beeindruckt und mehr als überrascht.
„Wollen wir nicht erst einmal ein Bad in dieser wunderbaren Wanne nehmen?", fragt Walter keck.
„Ich weiß nicht", antwortet Noëmi, der in diesem Moment bewusst wird, dass sie Walter noch keine 24 Stunden kennt, „dafür haben wir doch gar keine Zeit. Wir bestellen jetzt schnell etwas zu essen und dann sollten wir schlafen. Morgen wird gewiss ein anstrengender Tag."
„Ja, du hast völlig recht. Ich weiß auch schon, was ich essen möchte. Kiewer Hühnchen."
„Haben die auch etwas Vegetarisches?"
„Ja, wie wäre es mit Blinis, gefüllt mit Gemüse?"
„Perfekt. Soll ich anrufen und bestellen?"
„Ja, mach du. Meine Russisch-Kenntnisse sind dafür nicht gut genug."

„Ich bin sicher, dass die Bestellungen auch in Englisch verstehen. Was wollen wir denn dazu trinken?“
„Hier in der Minibar gibt es doch alles. Ich werde mir ein Bier gönnen.“
„Mir reicht ein Wasser“, antwortet Noëmi, während sie auf die Service-Taste des Telefons tippt.
Eine Viertelstunde später stehen die Speisen auf dem großen Tisch in ihrer Hotelsuite. Während des Essens sprechen Walter und Noëmi nur wenig. Beide befinden sich in einem emotionalen Ausnahmezustand, der von Erschöpfung und Müdigkeit überdeckt ist. Nacheinander gehen sie ins Bad und machen sich fertig für die Nacht. Es ist erst kurz nach acht Uhr, als beide bereits im großen Himmelbett der Suite liegen. Walter programmiert schnell noch den Digitalwecker auf dem Nachttisch auf 6.30 Uhr. Noëmi dreht sich zu ihm herüber und gibt Walter einen Kuss auf die rechte Wange.
„Weißt du, dass wir uns vor einem Tag um diese Zeit noch gar nicht gekannt haben“, fragt sie ihn.
„Ja, Wahnsinn. Doch mir kommt es vor, als wären es schon Jahre“, antwortet Walter und denkt einen Gedankenblitz lang an Imelda: „Was wohl aus ihr geworden ist?“
„Das geht mir ebenso“, antwortet Noëmi, „schlaf gut!“
„Schlaf auch du gut!“
Im Halbschlaf spukt plötzlich wieder Pi in Walters Kopf herum. Ihm ist allerdings völlig klar, dass im Moment gar nicht daran zu denken ist, das Geheimnis dieser Zahl weiter zu erforschen. Und vielleicht sollte er seine Ambitionen in Sachen Pi ohnehin besser aufgeben. Schließlich ist er der Hinrichtung durch die Kreistempler nur sehr knapp und mit übermenschlichem Glück entkommen. Dennoch rumort diese Zahl weiter in ihm. Würde

er nicht doch wieder probieren, sich dem Geheimnis von Pi zu nähern, wenn sich eine Gelegenheit dazu ergibt? Einerseits spürt er eine Bereitschaft, sein Schicksal ultimativ mit dieser Zahl zu verknüpfen. Andererseits hängen frisch Verliebte nun mal sehr an ihrem Leben. Hat diese wunderbare, neben ihm schlafende Frau nicht auf einen Schlag alles verändert? Ist Noëmi für ihn nicht viel wichtiger und wertvoller als diese Zahl? Besonders unangenehm ist ihm der Gedanke daran, dass das Todesurteil der Kreistempler so oder so nicht mehr aufgehoben wird. Walters mehr und mehr an Bewusstsein verlierende Gedanken kreisen noch immer um Pi und Noëmi, als er schließlich einschläft.

SIBIRIEN – Das rote Telefon in der Operationszentrale von Ykrutz-15 schellt. Victor nimmt ab.
„Hier spricht noch einmal General Ludkow."
„Was gibt es?", fragt Victor, der von seinem Stuhl aufgesprungen ist.
„Wir haben ein kleines Problem."
„Bitte keine Spielchen. Ich warne Sie!", schnauzt ein dünnhäutiger Victor in den Hörer.
„Nur eine kleine Verzögerung. Die Maschine mit Noëmi Kubichek kann in Moskau noch nicht starten. Schauen Sie sich die Wetterdaten selber an und Sie werden sehen, dass dies kein Einfall von uns ist. Bei diesem Eissturm östlich des Ural wäre es im Moment unverantwortlich zu fliegen. Sobald das Wetter es zulässt, starten wir. Es bleibt alles wie besprochen. Doch für das Wetter können wir nun wirklich nichts."
„Ja. Ist ja gut", gibt sich Victor zufrieden. Das Wetter ist tatsächlich so, dass in Moskau seit einigen Stunden keine Flugzeuge

mehr starten. Victor hat aus dem Wetterdienst selbst von dem krassen Frontensystem erfahren. Er hält daher die Erklärungen von Ludkow für plausibel.
Victor ärgert sich, dass dieser heftige Schneesturm ausgerechnet heute zuschlägt. Doch auf ein paar Stunden kommt es jetzt auch nicht mehr an, beruhigt er sich. Victor setzt sich und schaut auf die Kontrollanzeigen. Alle Raketen sind auf die vorgesehenen Ziele programmiert. Den für ihren Start eigentlich erforderlichen Präsidentenschlüssel, der letztlich nichts anderes als ein mathematischer Code ist, hat Victor bereits vor Monaten geknackt. „Das werden sie in Moskau wahrscheinlich nicht einmal ahnen und somit darauf vertrauen, dass ich gar nicht eigenmächtig Raketen abschießen kann“, denkt Victor. Aber bislang hat er auch noch gar nicht mit dem Äußersten gedroht. Wenn das Ganze aber ohne Eskalation in seinem Sinne über die Bühne geht, dann soll ihm das nur recht sein. Doch wenn Moskau nicht auf seine Forderungen eingeht, wird er wohl einen Warnschuss platzieren müssen. Sein Stellvertreter Nikita Kutjelschik weiß, dass Victor diese Möglichkeit einkalkuliert hat.

SÜDSEE – Carolines Vater hat die Dinner-Runde im „Pacific Dream“ verlassen und steigt vor dem Hotel in ein bestelltes Taxi. „Zum ‚Beach Hilton‘, bitte“, ruft er dem Fahrer zu, nachdem er auf der Rückbank des Honda Platz genommen hat.
Der Mann hinter dem Lenkrad wiederholt den Hotelnamen laut und deutlich: „Das wird ungefähr 15 Minuten dauern.“ Er fährt los, nachdem sein Gast mit einem „Okay“ bestätigt hat. Das palastartige „Beach Hilton“ liegt einige Kilometer vom Hauptort

der Insel entfernt in einer kleinen Bucht mit einem traumhaften Südseestrand und vielen Palmen.
„Danke, stimmt so", sagt Carolines Vater, als er dem Fahrer einen 50-Dollar-Schein nach vorne reicht. Nachdem er ausgestiegen ist, fällt sein Blick sofort auf die silbern glitzernde Lichtspur, die der hell strahlende Vollmond vom fernen Horizont bis zum Strand auf das Wasser zeichnet. Mit den Palmen im Vordergrund ist es ein zauberhafter Anblick. Carolines Vater schaut noch einmal auf die Uhr. Es ist kurz vor 22 Uhr.
Das „Beach Hilton" gehört zu den wenigen Hotels der Insel, die für die Feuermondnacht multinational vermarktet worden sind. Die Gäste stammen hier aus vielen Ländern rund um den Globus, während die meisten anderen Hotels auf Moon-Island jeweils nur Besucher aus einem oder höchstens zwei Ländern beherbergen. Das vereinfacht die Logistik. Die Gäste konnten mit großen Bussen vom jeweiligen Flieger zum gleichen Hotel gebracht werden. Zudem lassen sich auf diese Weise bei den Mahlzeiten leichter nationale Vorlieben berücksichtigen. Schließlich soll die pazifische Feuermondnacht den Festival-Gästen in jeder Hinsicht in allerbester Erinnerung bleiben. Wenn Casha in ein paar Jahren noch einmal ein ähnliches Happening veranstalten will, muss diese Premiere auf Moon-Island ein voller Erfolg werden.
Während Carolines Vater über den Marmorfußboden der großen Eingangshalle schreitet, denkt er schon wieder an Walter Smith. „Nach Russland hat er sich also abgesetzt. Was für ein schöner Zufall, dass ich das noch heute Abend beim Dinner erfahren habe", denkt er, „und das von der Begleitperson eines VIPs zweiter Klasse." Nicht nur Lutz Feldhoff und Noëmi Kubichek, sondern auch diese Christin Beyer würde er durchleuchten lassen.

SIBIRIEN – „Ich habe so ein verdammt ungutes Gefühl", sagt Victor zu Nikita. Die beiden Männer sind allein in der Operationszentrale. „Jetzt haben die sich schon seit Stunden nicht mehr gemeldet. Es passiert einfach nichts."

„Immer mit der Ruhe. Der Schneesturm tobt doch da draußen noch immer, auch wenn wir hier unten im Bunker davon nichts mitbekommen. Schau mal auf das Wetter-Radar. Die können jetzt nicht fliegen."

„Du hast ja recht. Aber sie könnten sich doch wenigstens mal zwischendurch melden. Vielleicht nehmen die das Ganze nicht ernst genug. Vielleicht sollten wir ihnen doch einen kleinen Warnschuss vor den Bug setzen."

„Nein, Victor. Das bringt nichts, im Gegenteil. Sie gehen doch auf alle Forderungen ein. Und denk bitte daran, dass wir hier, wenn du längst nach Deutschland verschwunden bist, ja noch immer unseren Dienst tun wollen. Offiziell bin ich deine Geisel, ich weiß. Und ich hätte es halt nicht verhindern können, wenn du hier doch Feuerwerk spielen willst. Aber einfacher machst du mir die Sache bestimmt nicht, wenn ich denen nachher erklären muss, wie es zu der Eskalation gekommen ist. Es könnte sein, dass sie misstrauisch werden und meine Rolle bei dieser Aktion akribisch erforschen."

„Aber drohen könnten wir doch zumindest." Victor wirkt ungeduldig.

„Das ist im Moment sinnlos. Wir dürfen nicht alle Trümpfe auf einmal spielen, das ist auch taktisch unklug. Lass uns einfach noch abwarten."

„Aber wir können unsere Leute nicht ewig in erhöhter Gefechtsbereitschaft halten."

„Im Zwei-Schichten-System können wir das notfalls wochen-

lang machen. Das weißt du ganz genau. Allzu lang wird das Wetter bestimmt nicht verrückt spielen."
Victor nimmt einen kleinen Schluck heißen Kaffee aus einer großen Tasse und wirkt nachdenklich.
„Ich danke dir, Nikita. Du hast völlig recht."
In diesem Moment klingelt das rote Telefon.

MOSKAU/SIBIRIEN – Noëmi wacht vom Klingeln des Telefons auf. Es steht auf dem Schränkchen an ihrer Bettseite. Sie nimmt ab und blickt gleichzeitig auf ihre Armbanduhr: Viertel nach vier in der Nacht.
„Ja, bitte?"
„Hier ist Milanow. Entschuldigen Sie, wenn ich Sie mitten in der Nacht störe. Aber ich möchte Sie bitten, gleich am Telefon ein paar Worte mit Victor Plutry zu reden. Es wäre gut, wenn Sie ihm persönlich sagen, dass Sie tatsächlich auf dem Weg zu ihm sind und dass es nur der Schneesturm ist, der die Sache verzögert. Leider ist noch immer kein Ende der außergewöhnlichen Wetterlage absehbar. Wir werden hier frühestens am Mittag losfliegen können. Es kann aber aber auch sein, dass wir den ganzen Tag nicht wegkommen. Erklären Sie Plutry das bitte alles und sagen Sie ihm, dass es eine Alternative gibt. Wir könnten am Abend mit dem Zug weiterreisen, doch das würde dann fast zwei Tage dauern, bis wir vor Ort sind. Oder wir wetten darauf, dass sich das Wetter schneller bessert, und warten hier in Moskau so lange, bis wir fliegen können. Plutry soll selbst entscheiden, welche dieser beiden Möglichkeiten ihm lieber ist."
„Ja, ja", antwortet Noëmi noch etwas schlaftrunken, „ich werde mit ihm reden."

„Gut. Dann legen Sie auf. Wenn es gleich erneut klingelt, wird Victor Plutry in der Leitung sein."

In Sibirien nimmt Victor den Hörer ab.
„Hier spricht General Ludkow. Wir wollen Ihnen einen kleinen Zwischenbericht geben. Noëmi Kubichek wartet in Moskau auf die Weiterreise. Sie können jetzt direkt mit ihr sprechen."
Es knackt ein paar Mal in der Leitung. Dann hört Victor eine altbekannte Stimme.
„Hallo?"
„Noëmi, bist du es wirklich?" Victor spricht sie in eingerostetem Deutsch an, obwohl er weiß, dass Noëmi Russisch versteht.
„Ja, ich bin es. Ich hoffe, du machst da keine Dummheiten in Sibirien."
„Deine Stimme hat sich überhaupt nicht verändert. Immer noch wie damals. Wo bist du jetzt?"
„Ich bin in einem Hotel in Moskau. Ein heftiger Schneesturm verhindert vorerst die Weiterreise. Es liegt wirklich nur am Wetter, sonst wäre ich schon da."
„Du kommst mich hier abholen?"
„Ja. Ich komme, sobald das möglich ist. Und dann kannst du in meiner Begleitung nach Deutschland ausreisen. Ich weiß natürlich auch nicht, wann sich das Wetter wieder beruhigen wird. Ich kann hier in Moskau abwarten, bis die Flugzeuge wieder starten können. Wenn das heute nicht mehr möglich sein sollte, gäbe es auch noch die Möglichkeit, dass ich am Abend mit dem Zug losfahre. Dann würde ich aber erst in zwei Tagen bei dir ankommen. Was wäre dir lieber, abwarten oder den Zug nehmen?"
„Diese ungewöhnliche Wetterlage scheint sich im Moment tatsächlich festzusetzen", sagt Victor, „wenn wir Pech haben, kann

sich das noch Tage hinziehen. Die Fahrt mit dem Zug dauert zwar deutlich länger, aber dann wissen wir wenigstens, woran wir sind. Ja, nimm den Nachtzug. Ich meine mich zu erinnern, dass der so kurz vor Mitternacht am Jaroslawskij-Bahnhof abfährt. Aber das wird man dir ja wohl schon sagen können." Er spürt, wie sein Herz nach all den Jahren vor Freude Extraschläge macht.

„Gut, ich komme mit dem Zug. Aber mach bitte keine Dummheiten. Dass würde alles zerstören. Du solltest wirklich froh sein, dass man dich so einfach ausreisen lassen will." Victor glaubt in Noëmis Stimme einen Hauch von Zurückhaltung zu spüren, misst dem aber unter diesen ungewöhnlichen Umständen keine größere Bedeutung bei.

„Versprochen", antwortet er schnell, „hast du eigentlich meine Mails bekommen?"

Es knackt in der Leitung und Victor hört wieder die Stimme des Generals.

„So, das reicht. Sie können sich mit ihr in Deutschland ja noch lange genug unterhalten. Nun wissen Sie jedenfalls Bescheid. In zwei Tagen wird sie bei Ihnen sein. Sie sollten jetzt besser auch die erhöhte Gefechtsbereitschaft aufheben. Es wäre uns allen doch daran gelegen, dass nicht auch noch die Amerikaner unsere internen Spielchen mitbekommen, nicht wahr? Noch könnten wir die Vorgänge in Ykrutz-15 als eine zeitlich begrenzte Übung darstellen, falls amerikanische Aufklärungssatelliten den vorübergehenden Alarmzustand oder die aktuelle Gefechtsbereitschaft bemerken sollten. Sie haben mein Wort, dass alle Forderungen erfüllt werden. Im Gegenzug verlange ich absolute Geheimhaltung. Wenn die Sache außerhalb von Ykrutz-15 bekannt wird, könnten wir doch noch zu einer härteren Gangart gezwungen sein. Wir werden auf keinen Fall zulassen, dass dies hier ein Präzedenzfall wird. Ich hoffe sehr, Sie verstehen, was ich meine."

„Ja, ich habe verstanden. Wir werden den Bereitschaftsstatus so weit reduzieren, dass Satelliten ihn nicht mehr vom Normalbetrieb unterscheiden können", sagt Victor.

„Das ist sehr vernünftig. Wir werden das selbstverständlich genau beobachten. Und versuchen Sie auf jeden Fall, Ihrer Einheit die ungewöhnlichen Vorgänge als Übung darzustellen. Je normaler alles aussieht, umso besser."

Nachdem er den Hörer aufgelegt hat, fragt sich Victor noch, ob der General tatsächlich glaubt, er würde diese Aktion ganz allein ohne Mitwisser und Unterstützer in der Geschlossenen Stadt durchziehen.

SÜDSEE – Im Untergeschoss des „Beach Hilton" befindet sich ein ungewöhnlicher Veranstaltungsraum. Der weiß getünchte, fensterlose Raum ist kreisrund. Ein ebenfalls ringförmiger Holztisch bietet 80 Personen Platz. Im Mittelpunkt des Tisches und Raumes steht ein gut drei Meter hoher, riesiger Kerzenständer aus Schmiedeeisen. Auf ihm befinden sich in verschiedenen Höhen insgesamt 314 weiße Kerzen. Sie brennen bereits. Die Akustik in diesem architektonischen Unikat ist so verblüffend gut, dass sich alle auch ohne elektronische Verstärkung gut hören und verstehen können. Mikrofone auf dem Tisch hätten das besondere Ambiente zudem beeinträchtigt.

Das „Private Meeting" im Kreis-Saal des „Beach Hilton" steht in keinem direkten Zusammenhang mit dem Happening und seinen unzähligen Partys überall auf der Insel. Nur aufgrund besonders guter Kontakte zur Firma Casha ist diese eine Ausnahme möglich gewesen. Dem Hotel gegenüber wurde die Veranstaltung an diesem Abend als „mathematisch-theologisches Fachseminar" deklariert. Tatsächlich ist es das „Annual Meeting" der Kreistempler. Die höchsten Repräsentanten des Ordens sind aus aller Welt angereist. Die Feuermondnacht bietet dem auf höchste Diskretion achtenden Orden eine wunderbare Tarnung. Fast eineinhalb Millionen Menschen sind zum Feuermond-Happening nach Moon-Island gereist. Da fällt ein Treffen von 80 Männern in einem Luxushotel überhaupt nicht auf. Bereits vor zwei Jahren hat der Orden am Rande des Weltwirtschaftsgipfels in Davos beschlossen, dass man sich in diesem Jahr auf Moon-Island wiedersehen würde – zumal es hier im „Beach-Hilton" wunderbar passende Räumlichkeiten gibt. Außerdem lässt sich der Zugang so gestalten, dass der Konferenzraum ausschließlich über einen kleinen Hotellift erreicht werden kann, der sich nur mit einer entsprechend programmierten Chipkarte nutzen lässt. Diese Karte haben die Teilnehmer der Veranstaltung vorab erhalten.

Der Beginn der Sitzung ist für 22 Uhr angesetzt. Auf der Tagesordnung stehen eine Reihe von Themen. Das erste und wichtigste ist Walter Smith. In einem Nebenraum, der nur vom Kreis-Saal aus zugänglich ist, ziehen sich die nach und nach eintreffenden Männer schwarze Kutten über ihre Abendgarderobe und binden sie mit einem Cingulum rund um den Bauch fest. Im Nacken tragen sie eine ebenfalls schwarze Kapuze. Binnen weniger Minuten verwandeln sich die vermeintlichen Feuermondnacht-Touristen in Ordensleute.

Beim Umziehen und auf dem Weg zu ihren Plätzen sprechen die Männer nur wenig miteinander. Sie wirken konzentriert und ernst. Die meisten von ihnen sind älter als 60. Schweigend nehmen sie Platz. Obwohl es keine Namensschilder oder sonstige Hinweise gibt, weiß offenbar jeder von ihnen sehr genau, wo sich sein Platz in diesem Rund befindet. Die einzige Orientierung bietet letztlich ein kleiner Holzhammer, der vor dem Platz des Vorsitzenden auf dem Tisch liegt. Pünktlich zur vollen Stunde haben alle ihre Plätze eingenommen. Die beiden Zugangstüren werden verschlossen und die elektrischen Deckenleuchten heruntergedimmt. Das flackernde Licht der vielen Kerzen verleiht der Versammlung von Schwarzkutten eine Atmosphäre, wie man sie von einem konspirativen, nächtlichen Treffen eines Geheimordens erwarten könnte. Der Vorsitzende nimmt den Holzhammer in seine linke Hand und schlägt damit dreimal kurz auf den Tisch. Es ist Carolines Vater.

MOSKAU – Wenige Augenblicke nach dem abgebrochenen Telefonat mit Victor klingelt das Telefon im Moskauer Hotelzimmer erneut. Noëmi nimmt ab. Es ist wieder Milanow. „Entschuldigen Sie bitte, dass ich nochmal störe. Doch wo Sie ohnehin schon wach sind, ist es sicher eine gute Nachricht für Sie, dass wir nun unsere Verabredung zum Frühstück absagen können. Schlafen Sie sich lieber richtig aus. Wenn es erst am späten Abend per Zug weitergeht, reicht es ja vollkommen, wenn wir uns zum Mittagessen verabreden. Ich erwarte Sie also gegen 12 Uhr im Hotelrestaurant. Ist das für Sie in Ordnung?"
„Das ist wunderbar", sagt Noëmi, „etwas mehr Schlaf ist genau das, was ich jetzt gebrauchen kann."
„Dann vergessen Sie nicht, die Weckzeit neu einzustellen. Ich wünsche Ihnen einen erholsamen Schlaf!"

„Vielen Dank", sagt Noëmi und legt auf. Beinahe hätte sie dem nächtlichen Anrufer ebenfalls eine gute Nachtruhe gewünscht.

Der Wecker in Zimmer 314 piept. Das Display zeigt 10.30 Uhr. Noëmi und Walter wachen auf und haben beide das widersprüchliche Gefühl, einerseits noch länger liegen bleiben zu wollen, andererseits aber auch, einigermaßen ausgeschlafen zu sein.
„Wie viel Uhr ist es denn?", fragt Walter, der die nächtlichen Telefonate von Noëmi nur im Halbschlaf registriert, aber nicht memoriert hat.
„Halb elf", antwortet Noëmi „ich glaube, wir hatten den Schlaf echt nötig."
Walter erschrickt. „Was, schon 10.30 Uhr? Wir haben total verschlafen. Wir waren doch um sieben Uhr zum Frühstück verabredet."
„Oh, es gibt eine neue Lage. Milanow hat mich mitten in der Nacht angerufen, das hast du offenbar gar nicht mitbekommen. Sei froh, so konntest wenigstens du durchschlafen. Die Wetterlage ist unverändert, sodass wir heute nicht weiterfliegen können. Es geht dafür heute Abend mit dem Nachtzug weiter. Und gleich um 12 Uhr sind wir mit Milanow zum Mittagessen verabredet. Da werden wir dann den weiteren Ablauf der Reise besprechen."
Walter ist erleichtert: „Das soll mir recht sein. Dann kann ich ja sogar noch eine halbe Stunde weiter schlummern."
„Das kannst du gerne machen. Ich gehe jetzt mal ins Bad und mache mich fertig."
„Weck mich anschließend bitte, falls ich doch noch richtig einschlafen sollte."
„Keine Sorge. Ich werde schon nicht ohne dich zum Essen gehen", sagt Noëmi und verschwindet im Bad.

Eineinhalb Stunden später sitzen die beiden mit Milanow und einem Mann, der sich ihnen als „Wladimir Anatow vom Ministerium" vorstellt, an einem Tisch im Restaurant des Hotels.
„Heute Abend geht die Reise also per Zug weiter", sagt Anatow auf Deutsch, „nach rund 36 Stunden, inklusive Umsteigen in Jekaterinburg, werden Sie den Zielbahnhof erreichen. Dann fährt Sie ein Militärbus zur Geschlossenen Stadt. Das wird noch einmal zwei Stunden dauern. Vor Ort soll dann baldmöglichst das Gespräch zwischen Ihnen", Anatow blickt direkt Noëmi an, „und Victor Plutry stattfinden. Sie werden ihm dann sagen, dass er in Ihrer Begleitung die Stadt verlassen kann und via Moskau nach Berlin gebracht wird. Die deutschen Behörden sind informiert und haben bereits erklärt, ihm Asyl zu gewähren."
Noëmi versucht, sich vorzustellen, wie die gemeinsame Reise mit Walter und Victor funktionieren soll. Diese ungewöhnliche und möglicherweise problematische Konstellation ist ihr aber immer noch lieber als nur zu zweit mit Victor. Sie ist froh, dass Walter dabei ist. Sie grübelt, wie sie Walter vorstellen soll.
„Sie müssen sich keine Gedanken über den Rücktransport machen", sagt Wladimir Anatow unvermittelt, als hätte er ihre Gedanken erraten. „Wir werden sicherstellen, dass es da keine Probleme gibt. Sergej Milanow, den Sie ja schon gut kennen, und ein Kollege von ihm werden Sie auch auf der Rückreise begleiten. Die deutschen Behörden haben zugesagt, dass Victor Plutry unverzüglich eine psychosoziale Betreuung erhalten wird."
Noëmi ist erleichtert. Offenbar hat man an alles gedacht. Sie stellt sich vor, dass ein ziemlich durchgeknallter Victor in Deutschland in eine geschlossene Anstalt eingewiesen wird. Sie findet diesen Gedanken interessant: aus einer Geschlossenen Stadt in eine geschlossene Anstalt.

„Doch lassen Sie uns schnell noch über den Ablauf vor Ort sprechen“, nimmt Anatow seinen Gesprächsfaden wieder auf, „an dem ersten, entscheidenden Treffen zwischen Victor und Noëmi wird Walter nicht teilnehmen.“
Noëmi und Walter nicken. Darauf hatten sie sich ja bereits eingestellt. Ihnen ist klar, dass die Anwesenheit von Walter bei diesem Treffen den Erfolg der Aktion gefährden könnte. Von russischer Seite gibt es indes noch einen anderen, wichtigen Grund für eine Trennung von Noëmi und Walter. Diverse Nachforschungen und Recherchen haben zwischenzeitlich bestätigt, dass es sich bei Walter Smith um einen hochrangigen CIA-Mann handelt. Ihm den Zutritt in eine strategische Raketeneinheit zu ermöglichen, erscheint den Verantwortlichen in Moskau schon sehr grotesk. Doch um den ausgeklügelten Plan nicht zu gefährden, will man diese Gratwanderung wagen. Man wird Smith keine Sekunde aus den Augen lassen. Und während Noëmi Kubichek allein zu Victor Plutry geht, soll Smith innerhalb der Militäranlage verhaftet werden, sozusagen in flagranti. Dann wird man diesem so überraschend aufgetauchten US-Agenten endlich eine Reihe brennender Fragen stellen können. Höchste Stellen in Moskau haben alle Details dieses Vorgehens genehmigt.
Von all dem ahnen Walter und Noëmi nichts. Die Atmosphäre am Tisch ist entspannt. Bei Blinis und Borschtsch wird das Gespräch zur Plauderei über dieses und jenes. Anatow und Milanow steuern die Konversation geschickt so, dass keine Dinge angesprochen werden, die Walter argwöhnisch machen könnten. Beim russischen Geheimdienst geht man inzwischen davon aus, dass Smith nach Potsdam geschickt wurde, um die einzigartige Forschung von Lutz Feldhoff auszuspionieren. Dazu hat er sich, offensichtlich mit Erfolg, an die NERC-Forscherin Noëmi Kubichek herangemacht.

Die für Walter Smith gewiss nicht vorhersehbare Möglichkeit, diese Frau nach Sibirien begleiten zu können, war dann schlicht ein willkommener Kollateralnutzen – eine unverhoffte Chance, an weitere, für die CIA interessante Informationen zu kommen.

„Ich schlage vor, dass wir uns heute um 22 Uhr in der Hotel-Lobby treffen, um dann zum Bahnhof zu fahren", sagt Milanow, „leider können wir bei diesem üblen Wetter den Nachmittag nicht dafür nutzen, Ihnen noch ein paar Sehenswürdigkeiten von Moskau zu zeigen. Wir sind ja schon froh, wenn wir mit dem Auto den Weg zum Bahnhof schaffen. Doch genießen Sie einfach die Zeit hier im Hotel. Der Fitnessclub, die Sauna und die Bibliothek stehen Ihnen jederzeit zur Verfügung."

„Auf gutes Gelingen", sagt Anatow, hebt sein Wodka-Glas in die Höhe und prostet allen zu: „Nastarowje!" Die anderen tun es ihm gleich. „Nastarowje", rufen Sergej und Noëmi beinahe schon fröhlich. Auch Walter gelingt es, den Trinkspruch nahezu richtig auszusprechen.

„Wir werden pünktlich um zehn Uhr in der Hotelhalle sein", sagt Noëmi, als die Runde schließlich aufgehoben wird und sie mit Walter auf das Zimmer geht. Draußen tobt noch immer der Schneesturm.

Zurück auf ihrem Hotelzimmer erinnert sich Noëmi daran, dass Walter gestern bei der Ankunft etwas von Abhörwanzen gemurmelt hat. „Ja, es müsste schon mit dem Teufel zugehen", denkt sie sich, „wenn dieses Luxus-Hotel in Flughafennähe nicht mit Abhörelektronik vollgestopft wäre." Und dann hat sie eine Idee.

„Walter, ich muss dir noch etwas erzählen", sagt sie plötzlich ein wenig lauter und betonter als üblich. Noëmi deutet ihm mit einigen Gesten an, dass sie jetzt ausdrücklich für die Abhörwan-

zen sprechen will. Schließlich hat Walter das, was sie nun sagen will, bereits von ihr gehört.
„Ich muss dir etwas ganz Wichtiges anvertrauen."
„Ja, Noëmi", antwortet er und signalisiert ihr mit dem nach oben zeigenden rechten Daumen, dass er verstanden hat und mitspielen wird.
„Ich habe vor wenigen Tagen erfahren, dass Professor Lutz Feldhoff, mein Chef im NERC in Potsdam, etwas ganz Ungeheuerliches plant. Er will bei der Durchführung der neuen Experimente die genehmigten Energien bewusst überschreiten, um auf diese Weise bessere Forschungsresultate zu erzielen. Das Problem dabei ist nur: Bei diesen Energien könnte es zu einer Implosion des Vakuums kommen. Das sagen seriöse Theorien voraus. Das bedeutet: Die ganze Welt versinkt im Nichts. Das ist quasi noch schlimmer, als von einem Schwarzen Loch verschluckt zu werden. Feldhoff spielt mit dem Weltuntergang."
„Das ist ja Wahnsinn. Und wieso weiß das sonst niemand?"
„Weil Feldhoff es absolut geheim gehalten hat. Mit einigen raffinierten technischen Kniffen lässt sich die Energie des Beschleunigers praktisch über Nacht verdoppeln. Noch in diesem Jahr will Feldhoff dieses Experiment durchführen. Es muss eine Möglichkeit geben, ihn daran zu hindern. Oder die ganze Welt könnte untergehen."
„Sobald wir aus Russland zurück sind, werden wir einen Weg finden, Feldhoff zu stoppen", tönt Walter mit energischer Stimme und hätte dabei um ein Haar „Lutz" gesagt. Das hätte potenzielle Lauscher irritieren können.
„Vielleicht können wir hier in Russland Hilfe bekommen. Schließlich helfe ich ja auch den Russen gerade bei der Lösung eines Problems. Ich habe in Berlin vor einigen Tagen in der rus-

sischen Botschaft einen Vortrag von Professor Ioffe gehört. Er ist ein international anerkannter Experte auf diesem Gebiet. Wenn wir ihn einweihen könnten, ließe sich der Geheimplan von Feldhoff wahrscheinlich durchkreuzen."

„Wo arbeitet denn Professor Ioffe?"

„In Dubna. Im Moment ist er aber zu Besuch in Berlin. Ich bin mir fast sicher, dass er bei dieser Gelegenheit auch eine Verabredung mit Feldhoff hat. Der wird ihm natürlich nichts von seinen wirklichen Absichten verraten."

„Vielleicht solltest du mit Milanow über diese Sache reden."

„Ja. Das ist eine gute Idee." Beide lächeln.

SÜDSEE – „Liebe Brüder. Seid willkommen zum Jahrestreffen der Kreistempler", beginnt Father John, alias Carolines Vater, seine Begrüßungsrede mit würdevoller Stimme und in Latein, der lingua franca des Ordens. „In der heiligen Mitte des Kreises ist die Stabilität der Welt verankert. Um diese Mitte dreht und bewegt sich alles. Doch ihr wisst alle, dass unser großes Geheimnis, das wir über die Jahrhunderte hinweg sicher gehütet haben, in große Gefahr geraten ist. Wir, die Priester und Hüter des kosmischen Bauplans, sind aufgerufen, den Kern der Schöpfung zu schützen. Aus dem alten Ägypten über Israel und dann mit den Kreuzrittern nach Frankreich ist dieses heilige Wissen schließlich nach der Auslöschung des Templer-Ordens Anfang des 14. Jahrhunderts durch den französischen König Philip IV. mit einigen Überlebenden des Infernos nach England gelangt. Dort gründeten die letzten Eingeweihten den Nachfolge-Orden, die Kreistempler. Bis heute tragen wir weltweit dafür Sorge, dass das große Geheimnis nicht in unwürdige Hände gerät.

Der Kreis, ohne Anfang und Ende, war immer schon das Symbol für unser kosmisches Wissen. Doch erst die moderne Mathematik schärfte uns den Blick dafür, wie das überlieferte Geheimnis analytisch exakt beschrieben und damit möglicherweise von Unberufenen entschlüsselt werden kann. Ich erinnere hier nur an den abtrünnigen Ordensbruder Ludolph van Ceulen, der sich seinerzeit darin verrannte, dem Geheimnis der Kreiszahl Pi durch jahrelange Berechnungen näher kommen zu wollen. Das Fieber raffte ihn dahin und sein Lohn waren nur ein paar Ziffern auf seinem Grabstein. Über einen Frevler wie van Ceulen mögen wir heute schmunzeln. Das Geheimnis war bei all seinen Anstrengungen niemals in Gefahr. Doch die Zeiten haben sich geändert. Heute ist es die leistungsfähige Computertechnik, mit der selbst mittelmäßige Mathematiker einen Großangriff auf den Kreis und die Zahl Pi führen können. Zwar fehlt ihnen zum Glück in aller Regel die spirituelle Einsicht, dass sich hinter diesen Zahlenkolonnen das Geheimnis des Kosmos verbirgt. Und mit unserer täglichen Arbeit tragen wir Kreistempler, wo immer möglich, dazu bei, die Mathematik als etwas überaus Langweiliges und Trockenes zu diskreditieren. In vielen Ländern sind wir mit dieser subversiven Arbeit überaus erfolgreich – besonders in Europa, wo kaum noch ein Schüler über die Grundrechenarten hinauskommt und Mathematik schlichtweg als Horror betrachtet wird. Doch wenn wirklich einmal, und ich denke hier natürlich an die Causa Walter Smith, Talent, Inspiration, technische Möglichkeiten und Dreistigkeit zusammenkommen, dann sieht die Sache schon ganz anders aus als zu den Zeiten van Ceulens. Leistungsfähige Superrechner erlauben es, sich den Tiefen von Pi in einer vor wenigen Jahren noch nicht für möglich gehaltenen

Weise zu nähern. Und beim heutigen Zeitgeist darf man auf Respekt vor der mystischen Dimension nicht hoffen. Wissenschaftler entschlüsseln die Genome von Menschen und fühlen sich dabei nicht anders, als wenn sie den Durchmesser eines Meteoritenkraters vermessen. Wir werden heute Abend nicht nur über unsere langfristige Strategie zu diskutieren haben, wie wir angesichts der rasanten Fortschritte von Wissenschaft und Technik das Geheimnis weiter bewahren und damit eine Katastrophe verhindern können. Nein, es geht auch ganz konkret um den Beschluss von beherzten Maßnahmen, um einer akuten Gefahr zu begegnen. Gefahr ist nämlich im Verzug. Nach allem, was wir wissen, versucht Walter Smith noch immer, das große Geheimnis zu lüften. Er ist ein kluger, mathematischer Kopf und Computerexperte. Es war ein tragischer Zufall, dass ausgerechnet ihm das lange verschollene Dokument von Ludolph van Ceulen in die Hände fiel. Das muss ihm die Augen geöffnet haben. Nicht nur, dass Smith offenbar von der Idee, das Geheimnis zu entschlüsseln, besessen ist, er ist auch in einer von mir nicht für möglich gehaltenen Weise skrupellos. Wie vielleicht noch nicht alle von euch wissen, hat er vor wenigen Tagen unseren Bruder Michael getötet, der vom Obersten Rat den Auftrag hatte, seinem gefährlichen Treiben endgültig ein Ende zu setzen. Ich bitte euch nun, aufzustehen und in einer Trauerminute Bruder Michael zu gedenken, der jahrzehntelang bei verschiedenen Großforschungseinrichtungen in Deutschland als Pförtner für die Sache der Kreistempler gearbeitet hat."
Die Männer in den schwarzen Kutten erheben sich und stehen schweigend mit gesenktem Kopf. Father John blickt mehrfach auf seine Uhr, bis er schließlich „gratia" sagt. Die Kreistempler setzen sich wieder.

Frère Pierre aus Frankreich, Mitglied des Obersten Rates, bittet um das Wort und erhebt sich, nachdem Father John es ihm mit einer Geste erteilt hat.
„Liebe Brüder, uns alle haben die Entwicklungen im Fall Walter Smith und der Tod von Bruder Michael ins Mark getroffen. Wir müssen heute wirksame Maßnahmen beschließen, um dieses Problem schnellstmöglich zu lösen. Doch zunächst will ich die Aufmerksamkeit auf Versäumnisse in unseren eigenen Reihen lenken. Es ist ja glücklicherweise auch heute weiß Gott nicht so, dass jeder dahergelaufene Mathematiker sich des großen Geheimnisses bemächtigen könnte. Dazu werden noch immer Superrechner von einer Größe benötigt, wie es sie nur wenige auf diesem Planeten gibt. Und die Zugänge zu diesen Computern kontrollieren oder beobachten in den allermeisten Fällen ja wir. Verzeiht mir, wenn ich das hier ansprechen muss. Die Arbeiten von Smith wurden ausgerechnet an einem Großcomputer begonnen, der in den Kontrollbereich von Father John fällt. Wieso hat er nicht gemerkt, was Walter Smith da mit der Maschine trieb? Es waren andere Brüder unseres Ordens, die ihm auf die Schliche kamen. Könnte es also sein, dass Walter Smith seine Nachforschungen möglicherweise mit insgeheimer Billigung von Father John begonnen hat?"
„Aber das ist doch absurd", ruft der Beschuldigte auf Englisch dazwischen.
„Bitte. Jetzt redet Frère Pierre. Ihr könnt dazu gleich noch ausführlich Stellung beziehen", bremst ihn sein Nachbar zur Linken, der ebenfalls zum engsten Führungskreis der Kreistempler gehört. Frère Pierre setzt seine Rede fort: „Wir sind bisher immer davon ausgegangen, dass es sich bei der CIA um eine außerordentlich effiziente und straff geführte Organisation han-

delt. Dass ausgerechnet dort der Angriff auf unser Geheimnis beginnen könnte, schien mir, und wohl auch den meisten anderen Mitbrüdern, bislang als völlig undenkbar. Liegt da eine Duldung und somit Mittäterschaft von Father John nicht nahe? Ich muss es hier und heute ganz offen aussprechen: Es gibt den Verdacht, dass Father John ein Verräter ist. Es wäre nicht unplausibel, dass die CIA das große Geheimnis für sich erbeuten und nutzen will. Jedenfalls war allergrößte Gefahr in Verzug, so dass unsere kleine Task Force die Sprengung des Computerzentrums in New York veranlasst hat. Naturgemäß konnte bei dieser Entscheidung nicht der gesamte Oberste Rat eingebunden werden."

„Das war ein Verbrechen! Ein Wahnsinn!", ruft Father John erregt, aber durchaus wieder auf Latein, „um Smith zu stoppen, musste man doch nicht unser ganzes Computerzentrum in die Luft sprengen. Außerdem bringt es den Orden der Kreistempler in Gefahr, wenn er dadurch ins Fadenkreuz der CIA gerät. Ich will gar nicht daran denken, welche Konsequenzen das alles auch für mich persönlich haben kann. Wir sollten froh darüber sein, dass im Moment jeder in Langley davon ausgeht, dass Smith die Bombe gelegt hat."

„Ich war noch nicht fertig", ergreift Frère Pierre wieder das Wort, „es ist doch sehr merkwürdig, dass Father Johns mächtige Organisation offenbar nicht einmal in der Lage war, einen eigenen Mitarbeiter im Auge zu behalten. Es waren wiederum wir, die Walter Smith in eine Falle lockten und ihm das Pergament abnahmen. Im Nachhinein kann man zwar mit Fug und Recht sagen, dass es ein fataler Fehler war, ihn nicht sofort in London auszuschalten. Nur weil sich Brother Edward aus Cambridge persönlich dafür eingesetzt hat, dem früheren Studenten vom Tripos-College eine zweite Chance zu geben, haben wir ihn laufenlassen. Nur Father John hätte gegen diese Entscheidung ein Veto einlegen können, was er aber, und das möchte ich an dieser Stelle unterstreichen, nicht getan hat. Ich selber habe nie verstanden, warum man einen so gefährlichen Mann wie Walter Smith nicht schnellstmöglichst final stoppt. Heute sehen wir die Folgen der Fehlentscheidung: Ein toter Mitbruder und die realistische Gefahr, dass unser großes Geheimnis irgendwo auf dem Planeten durch Smith entweiht wird. Ich räume ein, dass es keine zwingenden Beweise gibt. Doch viele Indizien sprechen dafür, dass Father John eine für unseren Orden bedrohliche Doppelrolle spielt. Wir sind es unserer heiligen Sache schuldig, hier und heute offen darüber zu sprechen."

Frère Pierre setzt sich wieder auf seinen Stuhl und ein kleiner Teil der Anwesenden klopft zustimmend auf das Tischholz. Father John, der sich immer wieder beherrschen musste, Pierre nicht ins Wort zu fallen, hat inzwischen wieder an Fassung gewonnen. Nicht zuletzt schöpft er Kraft daraus, dass offenbar nur eine Minderheit den Argumenten von Frère Pierre folgt. Father John erhebt sich wieder.

„Liebe Mitbrüder. Wenn Pierre gerade von einer Doppelrolle sprach, dann hat er damit natürlich Recht. Als Chef der CIA habe ich selbstverständlich andere Ziele zu verfolgen als in unserem Orden. Doch damit stehe ich in diesem Kreise wahrlich nicht allein da. Wenn ich hier in die Runde schaue, dann sehe ich Vertreter praktisch aller anderen namhaften Geheimdienstorganisationen. Und das ist auch gut so. Schließlich verdankt unser Orden seine Schlagkraft nicht zuletzt jenen besonderen Möglichkeiten und Kontakten, die unsere Brüder durch ihren Laien-Beruf haben. Nur deshalb haben wir überhaupt eine Chance, das Geheimnis, an dem das Schicksal dieser Welt hängt, zu verteidigen. Wir Kreistempler sind also gleichsam ein globaler Meta-Geheimdienst zum Schutz von Pi. Was die Verdächtigungen von Frère Pierre angeht, so machen mich diese natürlich sehr betroffen. Es ist aber absurd, mir zu unterstellen, ich hätte die Arbeiten von Walter Smith geduldet. Ich habe von ihnen erst nach dem Bombenanschlag erfahren. Ob dieser, zumal ohne mein Wissen, wirklich gerechtfertigt war, sollten wir auch noch einmal diskutieren. Einen Fehler habe ich indes einzugestehen. Es hätte nicht möglich sein dürfen, dass Smith unbemerkt offenbar ganze Nächte an dem Großcomputer arbeitet. Wir, und damit meine ich in erster Linie mich, waren da offenbar zu nachlässig. Smith ist bei uns die Ikone der Kryptographie. Seine Leistungen sind brillant. Für eine spirituelle Ader habe ich bei ihm nicht den geringsten Anhaltspunkt. Ich wäre im Traum nicht darauf gekommen, dass ausgerechnet er das Geheimnis von Pi angreifen wird. Ich verspreche, dass wir unsere Lektion gelernt haben. So etwas wird nicht noch einmal an einem unserer Computer möglich sein. Habt bitte Verständnis dafür, dass ich nicht nur den Verlust eines außerordentlich talentierten Mitarbeiters, sondern auch noch eines ganzen Computerzentrums zu verkraften habe. In unserem gemeinsamen Kampf habe ich im Moment die größten Opfer zu beklagen."

„Es wäre deine Pflicht gewesen, dich mit einem Veto gegen die sentimentale Bitte von Brother Edward zu stellen", hakt Pierre nach.

„Ja, aus heutiger Sicht mag es eine Fehlentscheidung gewesen sein. Ich gebe zu, dass ich zu diesem Zeitpunkt noch glaubte, Walter Smith könne von seiner Pi-Leidenschaft geheilt werden. Vielleicht hätte er irgendwann sogar wieder Mitarbeiter der CIA sein können. Er ist wirklich ein einzigartig guter Mann. Als diese Entscheidung getroffen wurde, war ich allerdings nicht eingeweiht, dass unser Computerzentrum in die Luft gejagt werden sollte. Das ist offen gesagt ein Unding. Ich hatte zu diesem Zeitpunkt von Frère Pierre lediglich die Information, dass es Erkenntnisse darüber gibt, Walter Smith habe damit begonnen, das Geheimnis von Pi zu entschlüsseln. Über diese unsägliche Informationspolitik sollten wir unbedingt noch separat reden. Nach Lage der Dinge sah ich also keinen zwingenden Grund, der Bitte von Brother Edward nicht zu entsprechen. Hätte man mich schneller und umfassender informiert, wäre meine Entscheidung wohl anders ausgefallen", sagt Father John und holt damit zum Gegenangriff aus, „tatsächlich wurde ich aber hintergangen."

„Ich glaube nicht, dass das die ganze Wahrheit ist", schnaubt Pierre.

„Doch, das ist sie", erwidert Father John ärgerlich, „beim Geheimnis der Zahl Pi schwöre ich, dass ich von Smiths Aktivitäten nichts gewusst habe."

Frère Pierre holt tief Luft: „Dann will ich noch einen weiteren Mosaikstein präsentieren, der die Ausführungen von Father John in einem anderen Licht erscheinen lassen wird. Nach unseren Recherchen ist nämlich Johns Tochter mit Walter Smith verlobt. Erklärt diese besondere Verbindung nicht einiges?"

Ein Raunen geht durch den Saal. John muss schlucken. Er spürt, dass seine Glaubwürdigkeit Schaden nimmt.

„Ich bewundere die Beobachtungsgabe unserer französischen Mitbrüder. Es ist in der Tat so, dass sich meine Tochter Caroline und Walter Smith vor gut einem Jahr auf einer Party kennen gelernt haben. Richtig ist auch, dass sie seitdem befreundet gewesen sind. Falsch ist jedoch, dass sie jemals miteinander verlobt waren. Und längst hat sich meine Tochter wieder von ihm getrennt."

„Nach unseren Informationen hat Caroline ihn aber noch am Vorabend seiner Abreise nach London besucht. Dass sie sich seitdem nicht haben sehen können, ist klar, aber was heißt dann hier ‚längst wieder von ihm getrennt'? Father John, ich wünschte mir, es wäre alles so, wie du es sagt. Doch mich überzeugt das nicht. Mir scheinen die Bande zwischen dir und Walter Smith intensiver zu sein, als du es zugibst. Ich beantrage, heute Abend die Vertrauensfrage zu stellen. Es kann nicht sein, dass unserem Orden ein Mann vorsteht, bei dem auch nur der Hauch eines Verdachts besteht, er könne mit einem Frevler konspirieren", sagt Pierre mit fester Stimme.
„Das ist wirklich alles nur eine Verkettung merkwürdiger Zufälle", beteuert Father John, „doch bevor wir uns darüber zerstreiten, will ich doch daran erinnern, dass unsere wichtigste und dringlichste Aufgabe darin besteht, heute einen Aktionsplan zu beschließen, der eine schnelle Eliminierung von Smith ermöglicht. Ich selber werde mich an vorderster Front und mit aller Kraft dafür einsetzen, dass das gelingt. Ich werde alle Möglichkeiten meiner Organisation nutzen, um Smith zu jagen. Ja, wir haben bereits damit begonnen und ich kann euch sogar schon von ersten Erfolgen berichten. Wir haben herausgefunden, dass sich Walter Smith in Russland aufhält. Er ist dorthin in Begleitung einer deutschen Physikerin vom Potsdamer New Energy Research Center gereist – einer gewissen Noëmi Kubichek. Die Rolle dieser Frau ist noch unklar, doch es deutet einiges darauf hin, dass zumindest Walter Smith in Diensten Moskaus steht. Vielleicht kann uns da ja Brat Pjotr weiterhelfen?"
Auf der Father John gegenüberliegenden Seite des runden Tisches erhebt sich ein alter Mann mit weißem Bart.
„Euer Ehren. Ihr wisst, dass ich schon seit Jahren nicht mehr

aktiv im Dienst tätig bin. Ich kann in dieser Sache nicht viel beitragen. Ob dieser Walter Smith ein Doppelagent ist oder nicht, kann ohnehin kein Thema für unseren Orden sein. Fragen dieser Art haben wir aus gutem Grund immer ausgeklammert. Tatsächlich ist für uns doch nur interessant, dass Walter Smith sich des Geheimnisses bemächtigen will und dass er einen unserer Mitbrüder umgebracht hat. Dafür verdient er den Tod, ganz gleich für wen er ansonsten arbeitet – oder auch nicht. Wenn sich Smith wirklich in Russland aufhält, dann sollten aber meine alten Kontakte ausreichen, um ihn dort aufzuspüren."
„Wie viele Superrechner gibt es denn in Russland, mit denen er sein Ziel weiter verfolgen könnte?", fragt Father John.
„Rund zwei Dutzend an Forschungsinstituten und bei einigen großen Firmen. Die Superrechner bei Geheimdiensten und dem Militär brauchen wir wohl nicht in Betracht ziehen."
„Gut. Das muss unsere Stoßrichtung sein. An wie vielen dieser Institute haben wir Brüder oder Informanten vor Ort?"
„An allen."
„Auch bei den Geheimdiensten und militärischen Einrichtungen?"
„Nein, doch die sind ohnehin ausreichend gesichert", erklärt Brat Pjotr, „dort gibt es zwar keine Pförtner, aber bewaffnete Wachsoldaten und ausgeklügelte Sicherungssysteme. Überdies werden die Rechner dort ohnehin rund um die Uhr genutzt und sind niemals für eine einzelne Person zugänglich."
„Was in den USA offenbar anders ist", wirft Frère Pierre mit hämischem Unterton ein.
„Der entscheidende Unterschied ist, dass Walter Smith in New York selber Chef des Computerzentrums war und von innen heraus handeln konnte", fährt Brat Pjotr fort, „dass Smith jedoch

in Russland in eine solche Anlage eindringen und dort Computer nutzen könnte, ist so unmöglich, wie das Entwenden eines Goldbarrens aus Fort Knox."

Wieder meldet sich Frère Pierre zu Wort: „Ich kann in diesem Zusammenhang berichten, dass wir bereits Nachforschungen über Frau Noëmi Kubichek angestellt haben. Einige unserer Männer haben sich sogar ihre Wohnung etwas genauer angeschaut. Sie ist eigentlich eine recht unauffällige, junge Wissenschaftlerin. Interessant könnte aber sein, dass sie als Teenager eine Beziehung mit einem russischen Offizier namens Victor Plutry hatte. Der Mann wurde damals strafversetzt, als die Liaison bekannt wurde. Seitdem haben die beiden offenbar keinen Kontakt mehr. Allerdings erhielt Noëmi vor wenigen Wochen eine Mail von eben diesem Plutry. Darin schrieb er ihr, dass er sie sprechen wolle. Sie hat darauf nicht geantwortet. Wir wissen noch nicht, was das zu bedeuten hat und ob es einen Zusammenhang zu ihrer Reise nach Russland und zu Walter Smith gibt."

„Kompliment", sagt der sichtlich verblüffte Father John, „ihr Franzosen leistet wirklich gute Arbeit. Wisst Ihr denn auch, wo dieser Plutry heute steckt und was er macht?"

„Ja, er arbeitet in einem sibirischen Ölkombinat. Jedenfalls wurde die Mail dort abgeschickt."

„Wie heißt das Kombinat?"

„Krassneft."

„Könnte es sein, dass Krassneft über einen Superrechner verfügt?"

„Bislang steht diese Firma nicht auf unserer Liste der zu überwachenden Objekte", antwortet Brat Pjotr, „doch die Computer verbreiten sich heute ja beinahe schneller als Kaninchen. Wir werden umgehend überprüfen, über welche Rechnerkapazitäten Krassneft verfügt."

„Das passt doch alles gut zusammen", fasst Father John zusammen. „Walter Smith und Noëmi Kubichek lernen sich in Deutschland kennen. Nachdem wir Walter im Forschungszentrum aufgespürt haben, tötet er Bruder Michael und setzt sich gemeinsam mit dieser Physikerin nach Russland ab. Möglicherweise sind die beiden ein Liebespaar. Noëmi Kubichek hat dort offenbar noch Kontakt zu diesem Victor Plutry im Ölkombinat Krassneft und versucht, Walter Smith einen Zugang zum dortigen Computer zu verschaffen. Damit ist doch klar, was wir zu tun haben. Es ist keine Zeit zu verlieren. Noch heute müssen unsere Brüder in Russland klare Anweisungen erhalten. Es wäre doch gelacht, wenn wir diesen Walter Smith nicht kriegen würden."

Father John spürt, dass er mit seiner kämpferischen Rede und der schonungslosen Haltung gegenüber Walter das Stimmungsbarometer zu seinen Gunsten gedreht hat. Sogar Frère Pierre bedankt sich bei ihm für die klaren Worte und zieht seinen Misstrauensantrag zurück. Ihm ist klar, dass dieser nun keine Chance mehr hat. Doch insgeheim zweifelt er noch immer an Johns Integrität. Dass dieser jetzt mit aller Kraft Walter Smith vernichten will, lässt sich ja auch so erklären, dass dies für Father John nunmehr die einzige Möglichkeit ist, den eigenen Kopf zu retten. Insbesondere würde ein toter Walter Smith, sinniert Pierre, auch nicht mehr über die von ihm vermutete Kooperation mit Father John in Sachen Pi plaudern können. Pierre nimmt sich vor, Father John weiterhin im Auge zu behalten.

SÜDSEE – Ein über die Maßen schlecht gelaunter Lutz Feldhoff flaniert nach dem Gala-Dinner mit Christin über die Strandpromenade.
„Was hast du denn, Lutz? Ist dir das Abendessen nicht bekommen?", fragt Christin, die sich keinen Reim auf seinen dramatischen Stimmungsumschwung machen kann.
„Nein, das Essen war wunderbar. Es ist nur..."
„Was ist nur...?"
„Ich habe mich über Noëmi Kubichek geärgert. Ich weiß nämlich überhaupt nichts von einer Reise nach Russland. Mir hat sie davon nichts gesagt. Und einen Urlaubsantrag gibt es auch nicht. So geht das nicht."
„So kenne ich Noëmi aber gar nicht. Sie ist doch die Zuverlässigkeit und Korrektheit in Person. Das muss irgendwie ein Missverständnis sein. Vielleicht ist ja die Urlaubsmeldung bei deiner Sekretärin hängengeblieben?"
„Vielleicht", antwortet Feldhoff und spürt, dass ihm Christin nicht weiterhelfen kann. „Sie scheint wirklich nichts zu wissen", denkt er sich, „weiteres Nachfragen könnte sie nur misstrauisch machen." Soviel Menschenkenntnis traut er sich zu, um sicher zu sein, dass dieses Mädchen jetzt keine Show abzieht. Christin ist schlicht in ihn verliebt und weiß nicht, was zwischen ihm und Noëmi geschehen ist. Solange sie beide auf Moon-Island sind, ist und bleibt dies der Stand der Dinge. Was nach der Rückkehr in Potsdam geschieht, steht auf einer anderen Karte. Daran will er jetzt noch nicht denken. Doch eines ist ihm nun klar. Er muss das große Experiment wirklich so schnell wie möglich beginnen. Nach dem epochalen wissenschaftlichen Erfolg werden sich alle anderen Fragen gleichsam von alleine klären, ist Lutz Feldhoff überzeugt.
„Möchtest du da vorne an der kleinen Strandbar noch einen

Cocktail trinken?", fragt er unvermittelt und legt seinen Arm um Christins rechte Hüfte.
„Ja, sehr gern, Lutz. Und gräme dich nicht wegen Noëmi. Selbst wenn sie einen Fehler gemacht haben sollte, wirst du ihr doch bestimmt verzeihen. Schon meinetwegen, nicht wahr?" Sie schmiegt sich an ihn und lächelt verführerisch.
„Sicher."
Die beiden gehen im Licht des hellen Vollmondes vorbei an Palmen hinunter zur Strandbar und bestellen Cocktails mit zauberhaft exotischen Namen.

MOSKAU – Noëmi und Walter stehen in der Hotellobby bereit zur Abreise. Sergej Milanow verabschiedet sich von den beiden. Er hat ihnen beim Abendessen erzählt, dass er zunächst in Moskau bleibt, um einige Angelegenheiten im Außenministerium zu erledigen. „Sobald sich das Wetter beruhigt hat, komme ich per Flugzeug nach", sagt Milanow, „und dann begleite ich Sie auf Ihrer gesamten Rückreise bis nach Berlin. Vorerst wird sich mein Freund Wladimir um Sie kümmern und Ihnen die Reise nach Sibirien so angenehm wie möglich machen. Er ist ein perfekter Organisator, glauben Sie mir!"
Wladimir Anatow blickt scheinbar verlegen auf den Boden. Dann packt er den Koffer der beiden und wendet sich in Richtung Hoteleingang. „So, dann wollen wir mal!", ruft er Noëmi und Walter zu. Die beiden schütteln schnell noch Sergejs Hand und folgen dann Anatow durch die Drehtür nach draußen. Vor dem Hotel wartet bereits das gleiche Auto, das sie vom Flughafen abgeholt hat. Auch der Fahrer ist noch derselbe. Er springt heraus und packt den Koffer in den Laderaum. Wenige Augenblicke später fahren sie los. Im dichten Schneegestöber ist die

Sicht sehr schlecht. Doch weil sonst kaum jemand unterwegs ist, kann der Chauffeur den Wagen durch die verschneiten Straßen steuern, ohne die Geschwindigkeit allzu sehr verringern zu müssen. Vom Mond ist durch die dicken und tief hängenden Wolken nicht der geringste Schein zu sehen.
Beim schnittigen Abbiegen an einer großen Kreuzung stehen die verschiedenen, auf das Fahrzeug einwirkenden Kräfte offenbar in einem so ungünstigen Verhältnis, dass es plötzlich ins Schleudern gerät und wenig später in einer großen Schneewehe am Straßenrand stecken bleibt. Weil sich in dem weißen Berg ein Begrenzungspoller versteckt, führt das Malheur auch zu einem Blechschaden. Beim Aufprall ist die Geschwindigkeit bereits so gering, dass niemand im Auto verletzt wird. Doch weil sich ein Stückchen Karosserie in den rechten Vorderreifen gebohrt hat und der linke durchdreht, bleibt das Auto vorerst in der Schneewehe stecken. Zudem lassen sich die Fahrzeugtüren nicht gegen die großen Massen von Schnee öffnen. Immerhin ist der Wagen nicht komplett im Schnee versunken, so dass der Fahrer mit seinem Handy Hilfe herbeirufen kann. Auch wenn es letztlich nur ein eher harmloser Unfall ist, so hat er doch zur Folge, dass Noëmi und Walter den Nachtzug nicht mehr rechtzeitig erreichen können. Gut zwei Stunden später sind die beiden wieder in ihrem Hotelzimmer Nr. 314.

SÜDSEE – Noch vor Mitternacht haben die Kreistempler Sofortmaßnahmen in Sachen Walter Smith beschlossen. Brat Pjotr informiert unverzüglich die Brüder des Kreistempler-Ordens in Russland – via Handy-Mail, verschlüsselt mit elliptischen Kurven. Dazu verlässt er kurz den Kreis-Saal, in dem es keinerlei

Mobilfunk-Empfang gibt, und fährt mit dem exklusiven Lift in die Lobby. Die meisten russischen Kreistempler sind Mitarbeiter der KGB-Nachfolgeorganisation. Auf diese Brüder kann sich Pjotr verlassen. Wenn die sich der Sache annehmen, dürfte Smith binnen weniger Stunden aufgespürt sein. Zudem versucht auch die CIA fieberhaft, die Spur von Walter Smith aufzunehmen. Walter wäre möglicherweise vor Schreck das Herz stehen geblieben, wenn er gewusst hätte, dass jetzt nicht nur eine Task Force der Kreistempler, sondern zugleich auch Agenten des amerikanischen und russischen Geheimdienstes nach ihm suchen.

Nachdem die Causa Smith auf der Jahrestagung der Kreistempler abgehandelt ist, können endlich auch andere Themen erörtert werden. Ein Bruder aus der Schweiz bittet um das Wort.

„Ich möchte auf ein grundsätzliches Problem aufmerksam machen. Bei Walter Smith handelt es sich um ein bislang einmaliges Phänomen, einen Einzelfall, den wir voraussichtlich in den Griff bekommen. Angesichts der rasanten Entwicklung der Computertechnik wird es uns aber früher oder später schlicht unmöglich sein, alle denkbaren Zugänge zum Geheimnis von Pi zu kontrollieren. Die Rechenleistung der Mikrochips und Computer verdoppelt sich alle 18 Monate. Das ist das berühmte Gesetz von Moore. Mit dieser exponenziellen Entwicklung werden wir früher oder später nicht mehr Schritt halten. Es ist nur eine Frage der Zeit, bis im Prinzip jeder mittelmäßig begabte Schüler auf einem Heimcomputer Rechnungen ausführen kann, für die heute noch Supercomputer bei der CIA oder im NERC benötigt werden.

Die Struktur unseres Ordens ist demgegenüber seit Jahrhunderten die gleiche geblieben. Ich möchte sagen, sie ist mittelalterlich. Wir rekrutieren unsere Führungskräfte zwar aus einigen von uns kontrollierten Seminaren an diversen Elite-Universitäten und machen das mithin ganz ähnlich wie gewöhnliche Geheimdienste. Doch wir waren offensichtlich nicht in der Lage, ein spirituelles Talent wie Walter Smith, der zugleich Mathematiker und Computerexperte ist, zu erkennen. In einer perfekten Welt hätten wir ihn rechtzeitig entdecken müssen, um ihn in den Dienst unserer Sache stellen zu können. Dafür ist es längst zu spät.

Was ich damit sagen will, ist, dass wir mit unseren Strukturen in Zukunft noch weniger als heute in der Lage sein werden, alle Walters dieser Welt zu entdecken. Einer von ihnen wird früher oder später das Geheimnis mit der Kraft der Rechenmaschinen entzaubern. Was das für die Welt bedeutet, können wir nur in theologischen Begriffen beschreiben. Das ist unser Zugang zur Wahrheit. Wir Kreistempler glauben ja, dass eine Entschlüsselung von Pi zum Weltuntergang führen wird, weil das darin verborgene Wissen die Menschen überfordert.

Doch was können wir dann noch tun? Liebe Brüder, ich sehe nur zwei Möglichkeiten, wie wir auf den dramatischen Fortschritt der Technik und den voranschreitenden Zerfall ethischer Wertvorstellungen reagieren können. Die erste Möglichkeit ist, dass wir unsere Unsichtbarkeit aufgeben und auf die Bühne der Weltöffentlichkeit treten, unsere Warnungen verbreiten und hoffen, dass sich die Vernunft durchsetzt. Dazu brauchen wir allerdings die Unterstützung der Regierungen. Nur in einem weltweiten Verbund aller oder fast aller Staaten könnte auch künftig der Schutz des heiligsten Geheimnisses gewahrt werden. Mir ist bewusst, dass dieses Szenario große Risiken birgt. Aber es ist nicht unvorstellbar, Rechenleistung weltweit zu lizenzieren und zu kontrollieren. Jeder darf nur noch via Internet Daten verarbei-

ten. In einer solchen Welt ohne persönliche Computer, gleichsam einer Non-PC-Welt, wird niemand unbemerkt zu viel Rechenleistung für illegale Projekte abzwacken können. Der Haken an diesem Szenario ist natürlich, dass die Versuchung für einzelne Staaten sehr groß sein wird, das Geheimnis auf eigene Faust zu entschlüsseln – weil man sich davon Vorteile erwartet.
Mein zweiter Vorschlag ist noch brisanter, weil er ein Bruch mit unserer langen Tradition ist. Unser Auftrag ist, das Geheimnis des Kreises zu bewahren. Dies war in der Vergangenheit vergleichsweise einfach. Doch vielleicht bedeutet ‚bewahren' in unserer Zeit nicht mehr das Gleiche wie in vergangenen Jahrhunderten. Ich will damit sagen, dass es möglicherweise jetzt unsere Aufgabe ist, das Geheimnis des Kreises selber zu entschlüsseln, bevor es Unberufene tun. Wo könnte das Geheimnis besser aufgehoben sein als bei uns, den Kreistemplern. Wir können hoffen, dass uns die heilige Zahl auch ein Wissen darüber schenkt, wie wir das zentrale Geheimnis auch in Zukunft schützen können. Vielleicht ist das die neue Bestimmung unseres Ordens. Und heißt es nicht in den ältesten Dokumenten: ‚Ihr werdet die Herren des Kreises sein.'"
„Es heißt aber auch, ‚der Untergang der Welt wird kommen, sobald das Geheimnis des Kreises entschlüsselt ist'", entgegnet Frère Pierre, „und da spielt es keine Rolle, wer das Geheimnis entschlüsselt."
„Aber wenn wir es nicht tun, dann werden es andere tun. Ich halte die Interpretation für zulässig, dass wir als Hüter des Geheimnisses aufgerufen sind, es zu entschlüsseln, um es verantwortungsvoll vor der Welt schützen zu können. Die Herrschaft des Kreises, so ist uns überliefert, wird kommen. Und wer sonst könnte mit diesen Herrschern gemeint sein, wenn nicht wir Kreistempler?"

An dieser, den Mittelpunkt ihres Selbstverständnisses berührenden Frage entzündet sich eine heftige Diskussion. Bis tief in die Nacht konferieren die Ordensmänner, ohne sich zu einer einheitlichen Haltung durchringen zu können. Immerhin verständigt man sich darauf, dass zumindest der erste Vorschlag, an die Weltöffentlichkeit zu treten, keinesfalls ein gangbarer Weg ist.
„Wir sollten auf der nächsten Jahresversammlung weiter diskutieren", schlägt Frère Pierre schließlich vor, „wenn wir uns dann dafür entscheiden sollten, das Geheimnis von Pi selber zu entschlüsseln, dann könnten wir möglicherweise von dem Wissen, das sich Walter Smith mittlerweile angeeignet hat, profitieren. Wir sollten deshalb versuchen, ihn lebendig gefangen zu nehmen, um ihn verhören zu können."
Auch über diesen Punkt wird noch eine Weile debattiert. Father John hält sich dabei auffallend zurück. Am frühen Morgen wird endlich beschlossen, sich in der Sache zu vertagen und alle überlieferten Schriften noch einmal genau zu studieren. Und Smith will man, wenn dies möglich sein sollte, lebend gefangen nehmen. Frère Pierre hat sich insbesondere auch deshalb für diesen Beschluss eingesetzt, weil er sich davon erhofft, Smith könne noch etwas zur Aufklärung der zwielichtigen Rolle Father Johns beitragen. Dieser hat sich jedenfalls seiner Stimme enthalten. Nach der Gefangennahme von Smith soll baldmöglichst ein Sondergipfel des Ordens oder zumindest eine Klausurtagung des Großen Rates einberufen werden, der aus zwölf Kreistemplern besteht.
Als schließlich gut verschlüsselte Mails mit einer leicht korrigierten Befehlsfassung aus dem „Beach Hilton" auf Moon-Island über diverse Satelliten nach Russland geschickt werden, schlummert Lutz Feldhoff nach dem Genuss einer größeren

Zahl hochprozentiger Cocktails schon lange tief und fest in den Armen von Christin.

MOSKAU – Bereits bei ihrer nächtlichen Rückkehr ins Hotel haben Noëmi und Walter an der Rezeption erfahren, dass am Morgen keine frühe Abreise vorgesehen ist und sie ausschlafen können. Milanow hat ihnen die Nachricht hinterlassen, dass die Abreise um 24 Stunden auf den nächsten Nachtzug verschoben ist. Denn noch immer ist nicht absehbar, wie lange die außergewöhnliche Wetterlage einen Weiterflug verhindern wird. Auf dem Zimmer finden die beiden einen riesigen Blumenstrauß, eine Flasche „Franzuski champanski" im mit Eiswürfeln gefüllten Silberkübel und eine große, bunte Karte mit dem Wort „Entschuldigung".
„Die sind ja ganz wunderbar", freut sich Noëmi über die Blumen.
„Die Flasche dort ist auch nicht übel", sagt Walter, „wollen wir nach dem Schrecken von eben nicht ein Gläschen genießen?"
„Ich glaube, dafür ist es jetzt einfach schon zu spät. Lass uns lieber schlafen gehen und stell die Flasche in die Minibar. Wir haben ja noch den ganzen Tag, um uns damit zu vergnügen."
„Da hast du natürlich recht", antwortet Walter und bringt den Champagner in den kleinen Kühlschrank. Eine halbe Stunde später bewegen sich beide in ihren Traumwelten. Zum ersten Mal spielt darin der jeweils andere eine Rolle.
Am Morgen reicht die Zeit immerhin noch für das Spätaufsteher-Frühstück. Noëmi und Walter genießen das reichhaltige Buffet. Sie sitzen an einem Zweiertisch in der Nähe des Fensters und sind froh darüber, dass sich die Dinge ein wenig entschleu-

nigt haben. Es ist für sie wie eine kleine Auszeit zum Luftholen. Die beiden scherzen sogar schon über ihren nächtlichen Zwischenstopp in einer großen Moskauer Schneewehe.

„Es kommt ja schließlich nicht darauf an, ob wir einen Tag früher oder später in Sibirien ankommen“, sagt Walter „ich bin froh, dass wir jetzt ein bisschen Muße und Zeit für uns haben.“

„Ja, darüber bin ich auch glücklich“, antwortet Noëmi, „andererseits ist aber jeder Tag, den wir später zurück in Potsdam sind, ein verlorener Tag im Kampf gegen Feldhoffs Wahnsinnsexperiment.“

„Vielleicht erhalten wir ja noch Hilfe von unerwarteter Seite.“

Noëmi stupst Walter vorsichtshalber mit ihrem rechten Fuß. Es wäre nicht nötig gewesen. Walter ist sich sehr wohl bewusst, dass ihr Gespräch auch hier mitgehört werden kann. Konkreter wäre er schon nicht geworden.

Noëmis Anschuldigungen gegen Lutz Feldhoff, die sie tags zuvor im Hotelzimmer geäußert hat, sind tatsächlich schon in Moskau aktenkundig. Dort hat man sich sofort entschlossen, russische Experten über die mysteriöse Sache mit der kritischen Energie zu informieren. Die würden dann schon einschätzen können, ob von dem angeblich geplanten Experiment oberhalb einer kritischen Energie tatsächlich ein Risiko ausgeht. Falls ja, hätte Russland heute eine Erkenntnis von unermesslicher Bedeutung gewonnen. Und selbst, wenn das Experiment von der jungen Physikerin falsch eingeschätzt worden sein sollte, dürften dennoch einige Details ihrer Erzählung für russische Wissenschaftler von Interesse sein. Und während Noëmi und Walter beim Frühstück in Moskau plaudern, erhält 1600 Kilometer entfernt Professor Ioffe bereits die abgeschöpften Informationen über Feldhoffs Beschleuniger-Experiment.

SIBIRIEN – General Ludkow meldet sich erneut in der Operationszentrale von Ykrutz-15.
„Die Abreise von Noëmi Kubichek in Moskau verzögert sich wetterbedingt um 24 Stunden“, hört ihn Victor im Telefonhörer, „es bleibt alles wie besprochen, nur eben einen Tag später.“
„Die Züge fahren doch bei jedem Wetter“, empört sich Victor, „was soll das?“
„Es gab technische Probleme. Ich versichere Ihnen, dass sich an unseren Zusagen nichts ändert. Auf einen Tag kommt es jetzt auch nicht mehr an. Sie wissen selber, dass es so eine Wetterlage seit Jahrzehnten nicht mehr gegeben hat. Ein Offizier wie Sie wird sich doch wohl 24 Stunden gedulden können.“
Victor weiß nicht so recht, was er davon halten soll. Gibt es hier eine unheilvolle Verzögerungstaktik oder ist doch einfach nur das Wetter schuld?
„Gut, ich stelle mich auf eine weitere Verzögerung von 24 Stunden ein. Ich will aber regelmäßig über den weiteren Reiseverlauf von Noëmi Kubichek informiert werden!“

MOSKAU – Noëmi und Walter sind nach dem Frühstück wieder auf ihr Zimmer gegangen. „Jetzt ist doch der richtige Zeitpunkt für Franzuski champanski“, sagt Walter „wollen wir uns da vorne auf die Sessel setzen?“
„Gerne. Ich hole schon mal zwei Gläser aus dem Barschrank.“
„Und ich die Flasche.“
Walter öffnet sie und schenkt ein. Sie prosten sich im Stehen zu, nehmen einen Schluck und setzen sich dann in die bequemen Sessel.
„Walter, was reizt dich eigentlich so sehr an der Zahl Pi?“

„Sie ist eine außergewöhnliche, ja geradezu mystische Zahl. Ich bin davon überzeugt, dass in ihr der Bauplan des Universums verborgen ist – in den unendlich vielen Stellen von Pi."
„Die Zahl Pi ist doch, wie die gesamte Mathematik, ein Konstrukt des menschlichen Geistes. Wie könnte darin der Bauplan des Universums enthalten sein? Der Kosmos mit all seinen Naturgesetzen existierte schon lange, bevor es Leben auf diesem Planeten gab."
„Ja, die Gesetze des Universums galten sicher schon, bevor sich der menschliche Geist daran gemacht hat, sie zu erkennen und zu beschreiben. Unbestritten. Doch die Bedeutung von Pi ist universell, unabhängig vom Menschen. Wir haben uns Pi nicht ausgedacht, sondern wir haben die Zahl Pi in der Welt entdeckt. Sie war immer schon da. Sie steckt in jedem Atom. Auch intelligente Außerirdische würden zwangsläufig auf diese Zahl stoßen, sie entdecken."
„Willst du damit sagen, dass Nachdenken über Pi zu Erkenntnissen über die reale Welt führen kann? Dass Pi letztlich sogar den Weg zur Weltformel weisen könnte?"
„Ja, Noëmi, so könnte man es sagen."
„Ich kann das nicht nachvollziehen. Gesicherte Erkenntnisse über die Natur und das Universum lassen sich nur mithilfe von Experimenten gewinnen. Die Mathematik spielt dabei natürlich eine wichtige Rolle. Sie ist gleichsam die Sprache, mit der wir Physiker die Welt beschreiben. Aber sie ist dabei eben doch nur ein Instrument, nicht die Wahrheit per se."
„Vielleicht ist sie ein komplementärer Zugang zur Wahrheit", sagt Walter, „das könnte doch sein."
„Mit Experimenten an Teilchenbeschleunigern lassen sich neue, bislang unbekannte Teilchen entdecken und sogar der Urknall und die Evolution des Universums besser verstehen.

Ich nenne Teilchenbeschleuniger gerne auch Erkenntnismaschinen."
„Aber mit ihrer Hilfe können doch nur jene Gesetze entdeckt werden, die von Anbeginn im Universum implizit enthalten sind. Die Mathematik steckt da von Anfang an drin."
Noëmi und Walter haben mittlerweile die Champagnerflasche geleert. Wohl auch deshalb klingt ihre Stimme eher liebevoll als skeptisch: „Du weißt schon, dass das eher esoterisch als wissenschaftlich ist, was du da sagst?"
„Verschwimmt das an den Grenzen der Erkenntnis nicht immer?", fragt Walter beschwingt und trinkt die Neige aus seinem Glas, „ich hätte da eine Idee, was wir mit dem angebrochenen Tag anfangen könnten."
„Nun?"
„Es wäre doch eine Schande, wenn wir diese wunderbare Riesenwanne nicht ausprobieren würden."
„Daran habe ich auch gedacht. Ein wunderbar duftendes Vollbad mit viel, viel weißem Quantenschaum."
„Du immer mit deinen physikalischen Assoziationen", antwortet Walter und schmunzelt.
„Für dich ist es sicher wichtiger, dass die Wanne kreisrund ist", scherzt sie zurück.
„Ja, das hat durchaus seinen Reiz. Die Welt ist voller Metaphern. Sicher ist dir auch aufgefallen, dass unser Zimmer eine ganz besondere Nummer hat."
„Durchaus, wenngleich ich dem wohl nicht ganz so viel Bedeutung beimesse wie du. Doch Synchronizitäten und scheinbar bedeutungsvolle Zufälle sind auch für mich etwas Besonderes."
Wenig später planschen Noëmi und Walter fröhlich in Schaumbergen.

„Es ist ganz bestimmt kein Zufall, dass wir beide uns begegnet sind“, sagt Walter und legt einen Arm um Noëmis Schulter, „du bist wie ein Engel von droben aus dem Lüftungsschacht geflogen.“

Ihre Lippen finden sich und vereinigen sich zu einem langen, innigen Kuss.

„Ich liebe dich“, flüstert Walter.

„Ich dich auch. Habe ich uns nicht eine schöne Reise in die Flitterwochen gebucht?“

„Ja, wirklich wunderbar.“

Für den Augenblick sind die dramatischen Ereignisse im NERC, ihre Todesängste und der eigentliche Grund für den Aufenthalt in dieser Luxus-Suite vergessen. Auch unterhalb des Schaums werden die beiden ein Paar. Erst als das Telefon klingelt, wird ihnen schlagartig wieder bewusst, dass sie keineswegs auf einer Honeymoon-Reise sind.

SIBIRIEN – Victor geht in der Operationszentrale nervös auf und ab. Nikita Kutjelschik sitzt auf einem Stuhl und blickt ihm sorgenvoll hinterher.

„Die hecken irgendetwas aus“, spricht Victor gedankenversunken, aber laut, zu sich selbst, „doch was ist ihr Plan?“

„Nun beruhige dich doch“, beschwört ihn Nikita, „die haben Noëmi doch nicht zum Spaß nach Moskau gebracht. Und du hast selber mit ihr telefoniert. Es liegt ganz bestimmt nur an diesem blöden Wetter, dass sich die Dinge verzögern. Wie lange hast du das alles vorbereitet? Jetzt darf es doch ruhig einen Tag länger dauern. Hab ein wenig Geduld und mache bitte auf der Zielgeraden keinen Fehler.“

„Aber ich lasse mich doch von denen nicht für dumm verkaufen. Ich habe das inzwischen genau recherchiert. Der Nachtzug nach Jekaterinburg hat gestern Moskau pünktlich verlassen. Von wegen technische Probleme. Die spielen da irgendein Spielchen."
„Kann sein, kann aber auch nicht sein. Du vergibst dir nichts, wenn wir jetzt einfach noch ein bisschen abwarten."
„Ich vergebe mir auch nichts, wenn wir sicherheitshalber wieder auf erhöhte Gefechtsbereitschaft gehen. Sie sollen ruhig sehen, dass wir es mit unseren Forderungen ernst meinen. Und wenn auch die Amerikaner davon etwas mitbekommen – umso besser. Das erhöht dann doch nur den Druck auf Moskau."
„Das wäre ein Fehler."
„Mir sind die Risiken durchaus bewusst. Doch glaube mir – in dieser Situation nichts zu tun, das wäre noch gefährlicher."
Victor macht zwei schnelle Schritte hin zur Konsole und drückt den Alarmknopf.

WEISSES HAUS – Auf diesen Termin am frühen Samstagmorgen hat sich der amerikanische Präsident schon länger gefreut. Er empfängt eine Delegation von Frauenrechtlerinnen im Oval Office. Plötzlich wird die Tür geöffnet und sein Stabschef bittet ihn mit einer eindeutigen Geste heraus.
„Kann ich nicht mal eine Stunde ungestört mit den Ladies reden?", ruft der Präsident ihm genervt zu.
„Ein sehr dringender Anruf, Mr. President", sagt er mit fester Stimme.
„Meine Damen, Sie entschuldigen mich bitte für einen kleinen Moment."

„Was gibt es denn, George?“, fragt der überraschte Präsident, als sie außer Hörweite auf dem Flur sind.
„Dringlichkeit Superflash! Kommen Sie bitte in das Geheimzimmer. Der Generalstabschefs der Luftwaffe will Sie sprechen.“
„Die werden doch nicht ausgerechnet heute einen Krieg anfangen wollen“, scherzt der noch gut gelaunte Präsident. Der Stabschef guckt fragend. Sie haben den gesicherten Kommunikationsraum erreicht. George zieht die schwere Tür hinter dem Präsidenten zu und lässt ihn allein in dem Raum. Der Präsident drückt auf die rot blinkende Taste des klobigen Telefons und nimmt den Hörer ab.
„Sie müssen einen sehr guten Grund haben, um mich bei der netten Teestunde mit meinen Emanzen zu stören. Was gibt's denn?“
„Mr. President. Ich habe eine sehr wichtige Nachricht. Unsere Aufklärungssatelliten haben registriert, dass in Sibirien eine Einheit mit strategischen Atomraketen in den Alarmzustand versetzt wurde. Die Ziele dieser Raketen liegen nach unseren Erkenntnissen in den USA und Westeuropa. Wir haben unsere Nuklearstreitkräfte daraufhin ebenfalls in Alarmbereitschaft versetzt.“ Der Militär klingt angespannt.
„Und Sie sind sich sicher, dass das kein Irrtum ist? Das passt doch überhaupt nicht zur politischen Lage.“
„Ein Irrtum ist ausgeschlossen. Die Daten sind eindeutig. Dort könnte jetzt praktisch jeden Moment eine Rakete abgeschossen werden. Was wir nicht verstehen, ist der Fakt, dass offenbar nur diese eine Anlage aktiviert worden ist. Allerdings können wir nicht wissen, was mit den russischen Atom-U-Booten los ist. Sie sollten jetzt unverzüglich in Moskau anrufen und versuchen, die Situation zu deeskalieren.“

„Spinnen die jetzt? Das ist doch hoffentlich alles nur ein Missverständnis. Was sagt denn die CIA dazu?"
„Die haben bislang keine eigenen Erkenntnisse. Allerdings sind derzeit eine Reihe ihrer führenden Köpfe nicht im Lande. Sie wissen doch – die Feuermondnacht im Pazifik."
„Na, wunderbar. Sagen Sie den Damen und Herren in Langley, dass ich stündlich einen Bericht erwarte."
„Zu Befehl."
„Und ich kümmere mich um Moskau."

SÜDSEE – Es ist noch sehr früh am Morgen und Carolines Vater will sich nach der langen Tagungsnacht gerade erst für ein paar Stunden ins Bett legen, da piepst sein abhörsicheres Iridium-Satelliten-Handy. Auf dem Display steht eine nochmals codierte Nachricht, deren Bedeutung er schnell entziffert. Eine außergewöhnliche Lage erfordert eine sofortige Rückkehr in die USA. Kategorie I. Ein Militärjet holt ihn um 10 Uhr auf dem Flughafen von Moon-Island ab. Damit wird er auf das Jahrtausend-Spektakel der Feuermondnacht verzichten müssen. Eine innere Stimme sagt ihm, dass die außergewöhnliche Lage etwas mit Walter zu tun haben könnte. Ganz falsch liegt er damit nicht.
Während Carolines Vater mit einem kurz und laut ausgestoßenen Kraftausdruck seinem Ärger über die vorzeitige Abreise Luft macht, schnarcht einige hundert Meter weiter der von Alpträumen geplagte Feldhoff ungesund vor sich hin. Neben ihm liegt Christin wach und blickt durch das offene Fenster hinauf zum Vollmond. Sie denkt darüber nach, wie merkwürdig sich Lutz verhalten hat und dass er sich regelrecht betrunken hat. Das passt überhaupt nicht zu

dem Bild, das sie von ihm hat. Doch ihre Vorfreude auf das große Spektakel überstrahlt jeden trüben Gedanken. Sie steht ganz vorsichtig und leise auf, nimmt ihre Decke und legt sich auf die große Couch, die neben der Terrassentür steht. Hier ist das Schnarchen deutlich weniger vernehmbar. Sie dreht sich auf die Seite und versucht zu schlafen. Schließlich wird der heutige Tag sehr lang.

MOSKAU – Noëmi ist nicht überrascht, dass sie nach dem Abheben des Telefonhörers wieder einmal die Stimme Milanows in der Leitung hört. Er erkundigt sich höflich nach dem Wohlbefinden der beiden und entschuldigt sich mit ausladenden Worten für die Unannehmlichkeiten der vergangenen Nacht. Milanow informiert Noëmi, dass die Abfahrt zum Bahnhof bereits für 20 Uhr geplant ist. „Wir wollen da heute kein Risiko eingehen", sagt Milanow, „Sie werden diesmal mit einem deutlich robusteren Fahrzeug und natürlich von einem anderen Chauffeur zum Zug gebracht. Das wird problemlos funktionieren."
Als Walter und Noëmi um kurz nach acht das Hotel verlassen, sind sie gleichwohl davon überrascht, dass ein gepanzertes Militärfahrzeug auf sie wartet.

POTSDAM – Im Sekretariat von Professor Feldhoff klingelt das Telefon. „NERC, Büro Professor Feldhoff", meldet sich Sabine routiniert.
„Guten Morgen. Hier spricht Professor Ioffe."
„Oh! Guten Morgen, Herr Professor Ioffe. Sie möchten sicherlich mit Professor Feldhoff sprechen?"
„So ist es. Ich wäre ihm dankbar, wenn er ein wenig Zeit für

mich finden würde, denn ich habe wichtige Dinge mit ihm zu besprechen. Am besten verbinden Sie mich einfach direkt mit ihm.“

„Das würde ich sehr gerne tun, aber Professor Feldhoff befindet sich gerade auf einer Reise. Er wird erst am Montag wieder im Forschungszentrum sein. Und ich fürchte, dass er dann zunächst wenig Zeit haben wird. Sie müssen nämlich wissen, dass hier während seiner Abwesenheit schreckliche Dinge passiert sind. Ein Pförtner unseres Forschungszentrums ist auf mysteriöse Weise ums Leben gekommen. Seine Leiche wurde von einem anderen Pförtner im Computerzentrum entdeckt. Ich fürchte, Professor Feldhoff wird sich hier nach seiner Rückkehr erst einmal um einige Formalitäten kümmern müssen. Aber ich sage ihm, dass Sie ihn alsbald zu sprechen wünschen. Soll ich etwas Bestimmtes ausrichten?“

„Nein, das ist nicht nötig. Ich melde mich dann Anfang nächster Woche wieder. Sagen Sie, wie ist denn dieser Pförtner ums Leben gekommen?“

„Ich glaube, das weiß bislang niemand so genau. Die von der Kripo sind sich wohl nicht einmal sicher, ob es sich um einen Unfall oder Mord handelt. Ziemlich merkwürdig ist zudem, dass der Tote als Mönch verkleidet war. Die Zeitungen überschlagen sich mit Geschichten über den toten Mönch im Beschleuniger. Mehr weiß ich auch nicht.“

„Na, dann sollte ich vielleicht mal zum Kiosk gehen. Sie brauchen Feldhoff nicht ausrichten, dass ich angerufen habe. Er wird offenbar erst einmal einen freien Kopf für andere Dinge brauchen. Schönen Tag noch.“

„Danke, auch ich wünsche Ihnen einen schönen Tag, Herr Professor Ioffe.“

WEISSES HAUS – Der amerikanische Präsident greift widerstrebend zum Roten Telefon, das seit Jahren ungenutzt in einer Ecke des Zimmers steht. „Aber es muss ja wohl sein", denkt er. Die Verbindung kommt sofort zustande.

„Hier spricht der amerikanische Präsident."

„Ich kann mir schon denken, warum Sie anrufen", antwortet der russische Präsident in perfektem Englisch.

„Das ist ja schön. Aber das ändert nichts daran, dass wir uns hier sehr ernsthaft Sorgen über den Alarmzustand Ihrer Nuklearstreitkräfte machen. Sie wissen, wozu Sie uns damit zwingen?"

„Nein, nein. Es gibt keinen generellen Alarmzustand. Das wissen Sie auch. Nur in einer einzigen Einheit in Sibirien ist versehentlich Alarm ausgelöst worden. Es besteht keine Gefahr. Wir haben die Situation unter Kontrolle. Ich wollte sie gerade eben über diese Dinge informieren, da sind Sie mir mit Ihrem Anruf zuvor gekommen."

„Wie kann denn ein Alarm versehentlich ausgelöst werden?"

„Ich bitte Sie um Verständnis, dass ich im Moment nicht über Details sprechen kann. Wir sind selber noch bei der Analyse. Es muss jetzt erst einmal genügen, dass wir den Fehler korrigiert haben."

„Sie machen gefährliche Fehler."

„Hatten Sie in der Vergangenheit nicht auch schon ähnliche Probleme? Ich erinnere mich an einen Fall, wo aufgrund eines Computerfehlers bei Ihnen ein Alarm ausgelöst wurde und Sie um ein Haar einen nuklearen Angriff auf uns gestartet hätten."

„Das ist lange her – damals im Kalten Krieg. Aber heute muss man doch den Finger nicht mehr so nervös am Abzug haben."

„Machen Sie sich keine Sorgen! Guten Abend, Mr. President."

„Guten Tag!"

IM NACHTZUG – Noëmi und Walter haben es sich in ihrem geräumigen und gut beheizten Schlafwagenabteil bequem gemacht. Pünktlich um 23.50 Uhr ist der Zug aus dem Bahnhof gerollt. Draußen vor den Fenstern hängen lange Eiszapfen von der Dachkante des Waggons herunter und lassen die an ihnen vorbeiziehende, nächtliche Schneelandschaft noch märchenhafter erscheinen.
Wladimir Anatow hatte ihnen den Koffer bis ins Abteil getragen. „Sie können mich jederzeit ansprechen, wenn es irgendeine Frage gibt, auch nachts um drei", sagt Anatow floskelhaft kurz vor Abfahrt des Zuges, „ansonsten sehen wir uns dann morgen beim Frühstück. Schlafen Sie gut." Dann verschwindet er im Nachbarabteil, das er sich mit drei weiteren Männern teilt.
Noëmi und Walter sind nach dem geruhsamen Tag in Moskau noch nicht sehr müde. Sie trinken eine Tasse Tee und legen sich erst dann in ihre Einzelbetten.
„Walter, warum schaust du so traurig?", fragt Noëmi auf einmal, nachdem sie eine deutliche Veränderung in Walters Mimik bemerkt hat.
„Ich habe gerade daran denken müssen, dass ich wohl keine Chance mehr habe, an der Entschlüsselung des Geheimnisses von Pi zu arbeiten. Ich werde nie wieder über eine so große Rechnerleistung verfügen, wie ich sie benötigen würde, um da weiter zu kommen."
Noëmi legt den rechten Zeigefinder über ihre Lippen, um Walter daran zu erinnern, dass er auch hier nicht über Dinge sprechen sollte, die Dritte besser nicht erfahren sollten. Er versteht sofort und nickt.
„Hast du denn noch immer nicht genug von den Kutten?",

fragt Noëmi ihn kryptisch, weil sie glaubt, den Gedanken auf diese Weise doch noch zu einem Ende bringen zu können.
„Du hast völlig recht“, antwortet Walter, „wir müssen uns nach der Rückkehr zuallererst um Lutz Feldhoff und sein gefährliches Experiment kümmern. Das hat oberste Priorität. Dann sehen wir weiter.“
„Genau“, antwortet Noëmi, macht das Licht aus und dreht sich auf die Seite. Zum ersten Mal kommt ihr der Gedanke, dass Walter in gewisser Weise ähnlich besessen wie Lutz Feldhoff ist. Feldhoff versucht, die Geheimnisse der Welt mithilfe seines Beschleunigers zu ergründen. Walter beschäftigt sich mit dieser merkwürdigen Zahl und glaubt, dass darin die Geheimnisse des Universums verschlüsselt sind. Immerhin, so denkt sie, ist es wohl nicht gefährlich, sich mit einer Zahl zu beschäftigen. Noëmi ist einerseits von den Erzählungen Walters über Pi fasziniert, andererseits spürt sie da auch Skepsis. Ist das Ganze vielleicht nur eine fixe Idee? Dagegen spricht allerdings das unglaubliche Engagement der Kreistempler, die Walter offensichtlich mit aller Kraft an der Beschäftigung mit Pi hindern wollen. Sollte er da nicht besser die Finger von dieser Zahl lassen? Und doch spürt sie selbst eine gewisse Neugier, sich mit dieser Zahl intensiver zu befassen. Vielleicht weist Pi ja tatsächlich den Königsweg zur Erkenntnis – ohne gefährliche Experimente im Beschleuniger. Über diesen Gedanken schläft sie ein. Walter ist schon vor ihr ins Reich der Träume gesunken.
Walter träumt wirr. Er sieht kleine, transparente Kügelchen, in denen der griechische Buchstaben Pi, das Symbol für die Kreiszahl, in roter Farbe gleichsam eingegossen ist. Die Pi-Kügelchen bewegen sich in einem ringförmigen Tunnel im Kreis – zunächst langsam, dann aber schneller und immer schneller. Die vielen

Kügelchen verschmelzen in Walters Traums zu einer größeren Kugel, in der immer noch das rote, räumlich wirkende Pi-Symbol steckt. Die Kugel rast weiterhin im Kreis – schneller und schneller. Walter wird im Traum schwindelig davon. Plötzlich kommt der Pi-Kugel aus der entgegengesetzten Richtung eine zweite Pi-Kugel entgegen. Die beiden Kugeln rasen aufeinander zu und kollidieren schließlich. Die Hüllen der Kugeln zerplatzen und setzen die beiden Pi-Symbole frei. Die beginnen, wild umeinander zu rotieren und sich dabei ineinander zu verhaken. Schließlich verschwinden sie mit einem grellen Blitz. Walter blickt plötzlich aus dem Weltall auf die Erde, auf die große blaue Kugel. In dem transparent erscheinenden Planeten sieht Walter sodann wieder zwei rote Pi-Symbole, die umeinander kreisen. Wieder zuckt ein Blitz und die Erde ist verschwunden. Alles ist schwarz. Walter wacht auf.

Im gleichen Moment wird die Tür zum Abteil mit einem heftigen Ruck aufgerissen, so dass auch Noëmi aufwacht.

Zuvor ist der Nachtzug, unbemerkt von den meisten Reisenden, irgendwo drei Reisestunden östlich von Moskau sanft zum Stillstand gekommen. Ein einsames Signal steht auf „Rot". Walter und Noëmi erkennen mit ihren noch müden Augen die Uniform des Zugschaffners. „Kommen Sie schnell", ruft er, „wir müssen alle aussteigen. Es gibt eine Bombendrohung", ruft er in gebrochenem Deutsch mit russischem Akzent. Walter und Noëmi, schlaftrunken wie sie sind, haben noch nicht richtig begriffen, was hier vor sich geht.

„Ziehen Sie sich schnell ein Paar Schuhe an und werfen Sie sich einen Mantel über. Wir werden drüben in der Station warten, bis der Zug kontrolliert worden ist. In einer Stunde kann es, wenn alles gut geht, weitergehen."

Alles geht so schnell, dass Noëmi und Walter nicht weiter über den Vorgang nachdenken, sondern zunächst mechanisch reagieren und erst einmal aus dem Bett springen. „Wir reisen nicht alleine und möchten unbedingt mit dem Herrn im Nachbarabteil zusammen bleiben", sagt Walter, als er sich gerade hastig die Schuhe anzieht.
„Selbstverständlich. Die Reisenden aus dem Nachbarabteil sind bereits ausgestiegen. Kommen Sie! Sie gehören mit zu den letzten."
Noëmi findet es merkwürdig, dass Anatow nicht gemeinsam mit ihnen den Zug verlassen hat. Als der Schaffner ihr in den Mantel helfen will, bemerkt Walter, dass an dem schwarzen Lederhandschuh, den der Mann trägt, die Spitze am linken Mittelfinger beim Kontakt mit Noëmis Arm plötzlich umknickt. Offenbar ist der Handschuh dort leer. Im Bruchteil einer Sekunde begreift Walter. Blitzschnell umklammert er mit beiden Händen die Metallstange der Gepäckablage über der Tür, hält sich fest und schwingt seinen Körper mit ganzer Kraft herum, so dass er den Mann mit beiden Füßen am Oberkörper trifft und ihn mit einem gewaltigen Schwung durch die offene Tür auf den Gang schleudert. Dabei stößt Walter einen entsetzlichen Schrei aus. Der Mann prallt gegen eine Fensterscheibe und fällt zu Boden.
„Um Gottes Willen, was machst du denn da", schreit Noëmi, die vor Schreck schnell zur Seite gesprungen ist.
„Die Templer. Die Kreistempler sind wieder da. Der hatte...", keucht Walter, als auch schon ein weiterer Mann in der Abteiltür erscheint und eine Pistole auf Walter richtet.
„Ihr habt jetzt genau fünf Sekunden Zeit auszusteigen", droht er mit finsterer Mine. Inzwischen ist der andere wieder auf die Bei-

ne gekommen und hält nun ebenfalls eine Pistole in der Hand. Er richtet sie auf Noëmi.

„Los, Ihr beiden. Schnell raus jetzt."

Noëmi und Walter wollen sich gerade ihrem Schicksal ergeben und das Abteil verlassen, als mehrere Schüsse durch die Luft peitschen. Die beiden Männer, die sie eben noch bedrohten, sind in sich zusammengesunken. Blut fließt über den Boden ins Abteil. Noëmi steht wie angewurzelt und starrt auf die leblosen Körper vor dem Abteil. Walter nimmt Noëmi in den Arm und drückt ihr Gesicht an seine Brust. Leise flüstert er in ihr Ohr: „Tut mir leid, Noëmi, das alles habe ich dir eingebrockt. Ich werde diese Templer wohl nie mehr abschütteln können."

Anatow erscheint nun von links in der Tür und blickt fragend auf die beiden, sich umarmenden Menschen.

„Ihr scheint ja wirklich eine Menge Freunde zu haben."

„Weiß der Teufel, was die von uns wollten. Wahrscheinlich entführen", antwortet Walter.

„Der eine sagte, dass der Zug wegen einer Bombendrohung gestoppt worden ist und wir deshalb aussteigen sollten", fügt Noëmi hinzu. Wladimir Anatow ist sichtlich erschüttert. Er kann sich keinen Reim darauf machen, was hinter dieser nächtlichen Aktion steckt. Intuitiv ist ihm aber klar, dass es etwas Großes und Mächtiges sein muss. Schließlich gibt es nur eine Handvoll Eingeweihte, die von dieser nächtlichen Zugfahrt Noëmis und Walters wissen. Er hat ein ungutes Gefühl. Und die beiden da unten am Boden kommen ihm auch irgendwie bekannt vor. Er hat sie schon mal irgendwo gesehen. Was wollten die bloß von Walter und Noëmi? Und gibt es vielleicht noch mehr von dieser Bande hier im Zug? Er wird wachsam bleiben müssen.

LANGLEY – Ein Flug in einem Überschall-Militärjet ist auch für Carolines Vater nichts Alltägliches. Es ist wirklich verblüffend, wie schnell man wieder daheim in den USA sein kann, wenn man nicht Linie sondern Airforce fliegt. Auftanken in der Luft inbegriffen. Allerdings vermisst Carolines Vater ein wenig den gewohnten Service der Business-Class. Eine Stunde nach der Landung findet er sich in einem Besprechungsraum der CIA-Zentrale wieder.

„Tut uns leid, dass wir Ihren Südsee-Urlaub so abrupt beenden mussten. Doch wir hatten keine andere Wahl", sagt der drahtige, alte Mann, der direkt im Auftrag des amerikanischen Präsidenten handelt und ihn dort bereits erwartet hat. Dieser enge Vertraute des Präsidenten ist die graue Eminenz in allen Geheimdienstangelegenheiten und wird in diesen Kreisen respektvoll „der Adler" genannt. Dass der Adler extra aus Washington nach Langley angereist ist, um mit dem CIA-Chef zu sprechen, macht die Dringlichkeit seines Anliegens überdeutlich. Normalerweise bestellt er seine Gesprächspartner ins Weiße Haus ein. Nach einer kühlen Begrüßung kommt der Adler sofort zur Sache: „Die Russen haben eine strategische Nuklear-Einheit in Sibirien in höchste Alarmbereitschaft versetzt. Sie wissen, was das heißt. Der Präsident hat bereits über das rote Telefon mit Moskau gesprochen. Dort spielt man die Sache herunter und spricht von einem Versehen. Doch unsere Satellitenaufklärung kann bislang keine Entspannung der Lage bestätigen. Wir befinden uns jetzt in einer dramatischen Situation, die nur mit der Kubakrise von 1962 vergleichbar ist. Der Präsident hat eine erhöhte Bereitschaft unserer Nuklearstreitmacht angeordnet. Die Dinge überschlagen sich und hier im Haus wird seit Stunden fieberhaft gearbeitet."

Carolines Vater ist überrascht und sogar erleichtert. Schließlich hat er befürchtet, Walter könne der Grund für seine ungewöhnlich kurzfristige, vom Präsidenten der USA befohlene Rückbeorderung sein. Mit einer nuklearen Krise hat er jedenfalls nicht gerechnet. So ernst die Lage auch sein mag, dafür wird man ihn nicht verantwortlich machen können. Er beginnt, sich zu entspannen.

„Und dann habe ich da noch etwas, das Sie ganz besonders interessieren dürfte. Unser Freund Walter Smith ist am Mittwoch mit einer russischen Diplomaten-Maschine von Berlin nach Moskau geflogen. Auf unsere Männer in Moskau können wir uns halt verlassen. Und so wissen wir auch, dass er nun in Begleitung von Militärs und Angehörigen des russischen Geheimdienstes mit einem Zug unterwegs nach Osten ist. Zwei unserer Männer sind Gott sei Dank mit im Zug. Ein starker Schneesturm hat offenbar Smiths Weiterreise per Flugzeug verhindert. Und jetzt frage ich Sie: Was macht der von Ihnen stets über den grünen Klee gelobte Walter Smith in Russland? Ich werde den dumpfen Verdacht nicht los, dass es irgendeinen Zusammenhang zwischen dem Nuklearalarm und Smith geben könnte. Ist er nicht unser Experte für Startalgorithmen von Atomraketen? Ich erwarte von Ihnen, dass Sie mir in einer Stunde ein Exposé vorlegen, in denen Sie alle denkbaren Szenarien präsentieren, welche Rolle Smith in der aktuellen Situation spielen könnte. Sie kennen ihn am besten. Analysieren Sie, welches Risiko von ihm ausgehen kann. Und was alles könnte er den Russen verraten?“

Carolines Vater muss schlucken. Ihm ist der vorwurfsvolle Ton in der Stimme des Adlers nicht entgangen. Ihm ist bewusst, dass er als CIA-Direktor und unmittelbarer Vorgesetzter so oder so zur Rechenschaft gezogen wird, wenn Smith den USA ernsthaft Schaden zufügen sollte.

„Ich werde Ihnen einen ausführlichen Bericht in einer Stunde vorlegen“, antwortet Carolines Vater knapp und lässt nicht erkennen, dass er von der Reise Walters nach Russland bereits weiß. Er ist überzeugt, dass sich das Problem Walter Smith schon sehr bald in Nichts auflösen wird, wenn ihn die Kreistempler erst gefangen genommen haben. Dann würde sich schon ein Weg finden, die wahren Pläne und Absichten Smiths offenzulegen. Das würde auch den Adler zufriedenstellen.

Dass Walter Smith irgendetwas mit diesem merkwürdigen Nuklearalarm zu tun haben könnte, erscheint dem CIA-Chef, alias Father John, absurd. „Der hat außer Pi nichts anderes mehr im Sinn“, denkt er sich, als er den Besprechungsraum nach einem kurzen Gruß verlässt. Auf dem Flur beschleicht ihn plötzlich ein sorgenvoller Gedanke. Für Rechnerkapazität würde der besessene Walter wohl alles tun. Was könnte er den Russen als Gegenleistung dafür anbieten, dass sie ihm einen Supercomputer zur Verfügung stellen – zum Beispiel in einer militärischen Einrichtung? Das Schlimmste für ihn als Kreistempler wäre, wenn das Geheimnis von Pi mit Walters Hilfe ausgerechnet dem Kreml in die Hände fallen würde.

Carolines Vater weiß gar nicht mehr, welche seiner Rollen – bei der CIA oder bei den Kreistemplern – ihm jetzt das größere Unbehagen bereitet. Er eilt in sein Büro, setzt sich an den Schreibtisch und beginnt darüber nachzudenken, was Walter in Russland alles anstellen könnte und was davon er tatsächlich in dem Exposé festhalten sollte.

SÜDSEE – Die erste Atombombe explodiert. Ein Computerfehler. So war das nicht gedacht. Kurz vor dem Eintritt des Mondes in den Kernschatten der Erde ist bereits eine Ladung in der nördlichen Hemisphäre des Mondes versehentlich gezündet worden. Verschiedene Metallpulver sorgen dafür, dass der Feuerball einige Sekunden lang in diversen Farben leuchtet. Doch das hat kaum jemand bemerkt, noch ist das Licht des Vollmonds viel zu hell.

Fast keiner der Happening-Gäste auf Moon-Island hat diesen Schuss vor der Zeit wahrgenommen. Zu sehr ist ihre Aufmerksamkeit von dem Bodenfeuerwerk, den pyrotechnischen „Wasserfällen" und den Klängen des Pyro-Light-Orchestra gefangen. Einige haben jedoch das bunte Blitzen am Firmament bemerkt und mit Armen und Fingern nach oben gedeutet. Schnell macht die Nachricht unter den Festival-Gästen die Runde, dass zumindest ein Teil des Mondfeuerwerks von ihnen unbemerkt zur Unzeit abgefackelt ist.

Zur Natur der Nachrichtenübermittlung von Mensch zu Mensch, insbesondere bei höheren Musiklautstärken, gehört nun einmal auch der Effekt, dass Botschaften verändert und missverstanden den nächsten Empfänger erreichen. So glauben bald nicht wenige, das spektakuläre Mondfeuerwerk sei bereits vorbei. Der Gedanke, das einmalige Schauspiel verpasst zu haben, lässt Unmut und Unruhe aufkommen.

Der Vorstandsvorsitzende von Casha eilt auf der Tribüne zum Rednerpult und ruft ins Mikrofon: „Freunde der Nacht! Liebe Freunde der Feuermondnacht! Nein, das große Spektakel hat noch nicht begonnen. Das rote und grüne Leuchten auf dem Mond war nur ein kleiner Auftakt zum großen Höhepunkt unseres Happenings, der uns noch bevorsteht. Ich sehe und spüre, wie fantastisch eure Stimmung ist und rufe euch allen zu: Genießt diese Nacht und habt Spaß! Ja, der Spaß ist der Mittelpunkt unseres Zeitalters! Es gab die Eisenzeit, es gab die Bronzezeit und zuletzt lebten wir in der Siliziumzeit. Jetzt aber beginnt die Epoche der Freude, des Genusses und des ultimativen Spaßes. It's fun time! Und Ihr seid ganz vorne mit dabei! Ihr werdet Zeuge eines fantastischen kosmischen Feuerwerks, einem Ereignis, das wir uns alle noch vor wenigen Jahren nicht in den kühnsten Träumen hätten vorstellen können. Wer hätte vor zwanzig Jahren beim Wort Atomenergie an Spaß gedacht? Da ging es um gefährliche atomare Waffen und das sogenannte Gleichgewicht des Schreckens. Auch die Kernkraftwerke zur friedlichen Nutzung der Atomenergie waren, ehrlich gesagt, absolute Spaßkiller, mit ihren meterhohen Zäunen drum herum. Mit ein wenig Kreativität lässt sich aber doch der Spaßfaktor entdecken, der in der Spaltung von Atomen steckt. Heute Nacht werden auf dem Mond Dutzende Atombomben explodieren. Sie werden niemanden töten oder verletzen. Sie dienen keinem anderen Zweck, als uns heute mit einem farbenprächtigen Augenschmaus zu verwöhnen. Nur zum Spaß."

In diesem Moment beginnt sich der Erdschatten langsam über den Mond zu schieben und nagt von der leuchtenden Scheibe ein rundes Segment heraus, das langsam größer und größer wird.

„Mit welchen Problemen haben sich die Menschen im ausgehenden Jahrhundert belastet? Angst vor Atomkriegen, Sorge um das globale Klima, Angst vor vermeintlichen Ozonlöchern – ein aus heutiger Sicht schwer nachvollziehbarer Alarmismus, der geeignet war, Menschen ihres Spaßes zu berauben. Seid willkommen in einem neuen, goldenen Zeitalter, in dem Wissenschaft

und Technik nicht mehr primär dem Militär oder dem Profit dienen, sondern dem Spaß. Wir sind technisch in der Lage und wir können es uns wirtschaftlich leisten, dieses Feuerwerk auf dem Mond abzubrennen. Seht diese bunten Flammen als ein Leuchtfeuer, das euch den Weg in eine wunderbare Zukunft weist. Ich wünsche euch von ganzem Herzen viel Vergnügen, viel Spaß, Spaß und nochmals Spaß!"
Mit noch pathetischerer Stimme fährt er fort: „Zeremonienmeister, bitte!"
Als zirka zehn Prozent der Mondscheibe verdunkelt sind, dröhnt aus zahllosen Lautsprecherboxen der Song „The Final Countdown". Von hunderten Schwimmplattformen rund um die Insel aus wird ein gewaltiges, wenn auch nicht-nukleares Feuerwerk zur Einleitung des lunaren Höhepunkts gestartet. Die Menschenmassen toben.

SIBIRIEN – Der unfreiwillige nächtliche Aufenthalt des Zuges hat vier Stunden gekostet. Die beiden Leichen wurden auf einem Lkw abtransportiert und der Tatort im Zug gesäubert. Für Spurensicherung und die Ermittlung des oder der Täter interessiert man sich offenbar nicht. Noëmi ist sehr verwundert, dass nach dem gewaltsamen Tod von zwei Menschen offenbar keinerlei Untersuchungen angestellt werden. Walter ist hingegen schon darauf gefasst, dass die ungewöhnlichsten Dinge passieren können, sobald irgendwie die Kreistempler mit im Spiel sind. Er will gar nicht darüber nachdenken, wer diese beiden Männer so schnell ausgeschaltet hat, wenngleich er durchaus eine gewisse professionelle Ahnung hat. Nach dem Anfahren des Zuges kommt Anatow bei ihnen vorbei und murmelt etwas von Raubüberfällen, die es leider immer mal wieder in Nachtzügen gebe. „Versuchen Sie, jetzt weiterzuschlafen", sagt Anatow, „unsere Reise ist noch lang. Ich bin mir ziemlich sicher, dass es keinen zweiten Überfall auf diesen Zug geben wird." Trotz dieser ungewöhnlichen Versicherung schlafen Noëmi und Walter den Rest der Nacht sehr unruhig und schlecht.

Gegen Mittag steigen Walter, Noëmi und ihre vier russischen Begleiter in Jekaterinburg aus und fahren nach einem gemeinsamen Imbiss im Bahnhof mit einem anderen Zug weiter. Es geht Richtung Osten. Am Sonntagnachmittag erreichen sie einen einsamen Haltepunkt im Nirgendwo. Dort werden die sechs von einem kleinen, olivgrünen Militärbus abgeholt, der neben dem Fahrer- und Beifahrersitz über zwei Sitzbankreihen mit je drei Plätzen verfügt. Noëmi darf auf dem bequemen Beifahrersitz Platz nehmen. Anatow sitzt mit zwei weiteren Männern in der mittleren Reihe. Walter und der vierte Russe teilen sich die Hinterbank und haben insofern den meisten Platz.

Die Fahrt führt sie über Landstraßen, vorbei an nicht enden wollenden Birkenwäldern – und auch hindurch. Gesprochen wird während der monotonen Fahrt kaum. Die Russen wirken konzentriert, Walter und Noëmi eher ein wenig erschöpft. Walter fragt sich einen kurzen Moment lang, ob er nicht vielleicht besser in der komfortablen Moskauer Suite geblieben wäre und dort auf Noëmi hätte warten sollen. Doch sofort schämt er sich für diesen Gedanken. Natürlich ist sein Platz bei dieser Mission an ihrer Seite. Er hätte Noëmi auf dieser langen Busfahrt lieber neben sich sitzen gehabt. Doch es ging alles so schnell und Anatow hat so charmant die Dame auf den „VIP-Platz" gelotst, dass er in diesem Moment gar nicht auf die Idee gekommen ist, zu protestieren. Hier hinten im Bus kann er sich mit Noëmi nicht

unterhalten und sein Nachbar gehört offenbar zu jenen Männern, die lieber schweigen. Nur Anatow tauscht hin und wieder einige Worte mit dem Fahrer und seinen Nachbarn aus.
Kurz nach Mitternacht erreichen sie die Pforte der Geschlossenen Stadt. Wachtürme. Mehrere hintereinander stehende Zäune. Ein befestigter Streifen zwischen zwei Zäunen. Viel Stacheldraht. Noëmi muss an das geteilte Berlin denken. Wie dieses Schleusensystem hier aus mehreren Toren, so ähnlich haben wohl auch die Checkpoints an der Berliner Mauer ausgesehen.
Die Wachposten haben den Bus offensichtlich erwartet. Sie öffnen sofort das äußere Tor und lassen das Fahrzeug in die Schleuse einfahren. Dann wird das Tor hinter ihnen wieder geschlossen.
„Melden Sie dem Kommandanten, dass Noëmi Kubichek in wenigen Minuten bei ihm sein wird. Sie wird ihn an der Pforte A der Gefechtszentrale erwarten und ihn zu diesem Bus bringen. Sie werden dann gemeinsam den Stützpunkt verlassen“, ruft Wladimir Anatow dem Wachoffizier zu. Der verschwindet in seinem Häuschen.
„Sie warten dann hier auf uns“, ruft Anatow dem Mann hinter dem Lenkrad zu „in der Anlage werde ich den Kleinbus selber fahren.“ So steigt der Fahrer also aus und Anatow übernimmt seinen Platz. Zuvor hatte er sich an Walter gewandt: „Eigentlich könnten auch Sie hier am Eingang der Geschlossenen Stadt warten, doch wir haben uns ja darauf verständigt, dass Sie möglichst in der Nähe von Noëmi Kubichek bleiben. Aber Sie werden den Bus nicht verlassen und bleiben da hinten auf Ihrem Platz.“
„Okay“, antwortet Walter.
Der Offizier ist mittlerweile aus dem Wachhäuschen zurückgekehrt. „Ich habe mit dem Kommandanten gesprochen. Alles klar. Er ist bereit und erwartet Sie.“ Er grüßt militärisch.

Anatow grüßt zurück und schließt das Seitenfenster. Das innere Schleusentor wird geöffnet und Anatow fährt los. Er kennt den Weg offenbar sehr gut. Nach fünf Minuten Fahrt stoppt er zwanzig Meter vor einem bunkerartigen Betonkomplex, der im gelblichen Licht einiger Natriumdampf-Lampen nur schemenhaft zu erkennen ist.
„Da vorne ist die Eingangstür", sagt Wladimir zu Noëmi gewandt, „gehen Sie hinüber und warten Sie vor der Tür. Victor Plutry weiß Bescheid und wird dorthin kommen. Sagen Sie ihm, dass alles in Ordnung ist und er sofort ausreisen kann. Und dann kommen Sie mit ihm wieder zurück in diesen Bus."
Noëmi steigt aus und geht langsam auf den Betonklotz zu. Anatow weist Walter an, sich auf seinem Platz zu ducken. Erinnerungen an eine Autofahrt in London springen in sein Bewusstsein. Geschmeidig und leise wie Raubkatzen verlassen einige Sekunden nach Noëmi auch die beiden Männer in der mittleren Reihe den Bus. Walter kann bei seiner derzeitigen Körperhaltung nicht sehen, wohin sie entschwinden. Anatow bleibt hinter dem Steuer sitzen und blickt Noëmi hinterher. Sie erreicht gerade die verschlossene Eingangstüre zum Gefechtsbunker, da öffnet sich auch schon die Stahltür.
„Noëmi!"
„Victor!"
Beide haben sich sofort wiedererkannt. Victor macht einen Schritt heraus aus der Tür. Die beiden fallen sich um den Hals. Ihre Herzen pochen. Ein Wiedersehen nach so vielen Jahren. Victor ist glücklich. Er drückt Noëmi an sich. Auch sie spürt, dass sie Victor noch immer gern hat. „Oh Gott, das darf doch alles nicht wahr sein", denkt sie.
„Victor. Wir fahren jetzt nach Berlin. Alles wird gut!"

Dann spürt sie, wie Victor in ihren Armen zusammensackt. Von seiner Stirn läuft eine warme Flüssigkeit. Noëmi riecht Blut. Victors Kopf ist von einem Projektil getroffen worden. Das leise „Plöpp“ der schallgedämpften Waffe hat Noëmi nicht wahrgenommen. Sie kann Victor nicht mehr halten. Er sackt vor ihren Füßen auf den Boden.
„Ihr Schweine!“, schreit sie und lässt sich auf den leblosen Körper fallen.
Im gleichen Moment beginnt ein heftiges Feuergefecht. Aus ihrer Deckung heraus beginnen Wachsoldaten des Gefechtsbunkers auf den Bus und die beiden Scharfschützen zu schießen. Die wiederum zielen verzweifelt in Richtung des in der Dunkelheit aufblitzenden Mündungsfeuers.
„Kommen Sie schnell hier herein“, hört Noëmi eine Stimme auf Russisch aus dem Bunker rufen. In den Lärm der Schüsse mischen sich die Geräusche von an Beton und Metall abprallenden Kugeln. Noëmi robbt hinter die Stahltür. Dann zieht Nikita sie sofort von innen ins Schloss.
Wladimir Anatow sackt tödlich getroffen über dem Lenkrad zusammen. Wenige Augenblicke später sind auch die beiden Scharfschützen hinter dem Bus außer Gefecht gesetzt. Alle Fensterscheiben sind zerborsten. Zahlreiche Geschosse haben die Karosserie des Fahrzeugs durchschlagen. Walter und sein Nachbar liegen vor ihrer Sitzbank auf dem Boden des Busses. Plötzlich spürt Walter einen stechenden Schmerz. Dann wird es dunkel und still.

BERLIN – „Bitte bleiben Sie noch einen Moment lang auf Ihren Plätzen sitzen“, tönt die Stimme der Stewardess aus den Bordlautsprechern, „wir bitten zunächst Herrn Dr. Feldhoff auszusteigen.“

Christin und Lutz blicken sich fragend an. Doch dann freut sich Feldhoff über die exklusive Sonderbehandlung. Beide greifen ihr Handgepäck und gehen die wenigen Schritte bis zum vorderen Ausgang. Die Tür ist bereits geöffnet und vor ihr stehen zwei große, kräftige Männer mit kurzen schwarzen beziehungsweise blonden Haaren.

„Herr Feldhoff?“, fragt der eine.

„Ja. Worum geht es?“

Der Schwarzhaarige zückt eine kleine Metallmarke aus der Jackentasche und hält sie Lutz Feldhoff vor die Nase.

„Kriminalpolizei. Wir müssen Sie leider bitten, mit uns zum Dezernat zu kommen.“

„Das ist völlig ausgeschlossen“, echauffiert sich Feldhoff, „ich habe dringende Forschungsarbeiten zu erledigen und muss sofort in mein Labor. Lassen Sie mich vorbei!“

„Das geht leider nicht. Es liegt ein Haftbefehl gegen Sie vor. Kommen Sie jetzt bitte mit uns. Wir würden ungern Gewalt anwenden.“

Christin versteht die Welt nicht mehr und blickt hilflos auf die beiden Polizisten. Feldhoff versucht, sich einen Weg an ihnen vorbei zu bahnen, und findet sich Sekundenbruchteile später in einem schmerzhaften Polizeigriff wieder. Die Handschellen schnappen hinter seinem Rücken ins Schloss. Feldhoff stöhnt vor Pein.

„So, los jetzt“, ruft der Blonde und stößt ihn die Gangway hinauf.

„Sie sind seine Freundin?“, fragt nun der andere die noch immer in der Flugzeugtür stehende Christin.

„Ja. Aber was hat das alles zu bedeuten? Was soll er denn gemacht haben?“

„Das ist hier nicht der richtige Ort, um darüber zu reden. Ich muss auch Sie bitten, mit uns zu kommen. Wir brauchen Ihre Zeugenaussage. Im Dezernat erfahren Sie dann auch, worum es geht."
Ohne zu zögern, folgt Christin dem Mann. Lutz Feldhoff, der mit seinem Bewacher bereits drei Schritte voraus ist, flucht heftig vor sich hin. Christin und der schwarzhaarige Polizist schließen nach und nach auf. Als die vier das obere Ende der Gangway erreicht haben und um die Ecke verschwunden sind, gibt der Purser die Maschine zum Aussteigen frei.

LANGLEY – Carolines Vater hat seinen Bericht fertiggestellt und legt ihn unverzüglich dem Adler vor. Es war unvermeidlich, darin zu dokumentieren, dass Walter nicht nur die Startalgorithmen der russischen, sondern auch jene der amerikanischen Interkontinental-Raketen kennt. Im Falle eines russischen Angriffs kann Walters Wissen dem Gegner Rückschlüsse auf die Art und Weise der amerikanischen Reaktion erlauben – insbesondere, welche Ziele in welcher Reihenfolge angegriffen würden. Das wiederum könnte die Abwehr dieser Raketen erleichtern.
Der Adler liest den Bericht mit ernster Mine.
„Genau so etwas habe ich mir gedacht. Und da ist es bestimmt kein Zufall, dass Smith just vor einer Stunde in der russischen Raketeneinheit Ykrutz-15 eingetroffen ist – genau jener Basis, in der nun schon seit mehr als einem Tag höchste Gefechtsbereitschaft herrscht."
„Es tut mir leid, wenn..."
„Es tut Ihnen leid? Es kann doch nicht sein, dass Sie nie den geringsten Verdacht gehabt haben, dass Walter Smith für die Rus-

sen arbeiten könnte. Das wird noch ein ernstes Nachspiel haben. Doch jetzt gilt es erst einmal, die akute Krise zu bewältigen. Wir wissen nicht einmal ansatzweise, was die Russen tatsächlich vorhaben. Klar ist nur: Wir stehen gefährlich nahe am Rande eines atomaren Schlagabtausches. Und das in einer Situation, in der unser nationaler Raketenschutzschild möglicherweise sabotiert werden kann."

Carolines Vater glaubt, seinen letzten Joker ziehen zu müssen.

„Haben wir denn eine Chance, an Smith heranzukommen?" fragt er.

„Das ist praktisch unmöglich. Schließlich befindet er sich in einer gut bewachten russischen Militärbasis."

„Aber wenn man ihn dort herauslocken könnte?"

„Machen Sie keine Scherze. Herauslocken? Dass ich nicht lache. Wollen Sie vielleicht ein großes, saftiges Steak vor die Türe von Ykrutz-15 legen? Wir haben jetzt keine Zeit für Späße."

„Ich weiß, dass es eine Frau gibt, die ihn dort herausholen könnte. Und die sitzt in London im Gefängnis. Ihr Name ist Imelda O'Connor. Bei den Briten haben wir sowieso noch etwas gut. Die werden uns die Dame ganz sicher ausleihen. Und wir könnten mit ihrer Hilfe eine Falle konstruieren. Ich weiß, das klingt verrückt. Aber wir können dadurch nichts verlieren. Es wäre einen Versuch wert. Und um Frau O'Connor wäre es nicht schade, wenn bei der Aktion etwas schief laufen sollte."

„Was genau stellen Sie sich vor?"

„Das genaue Konzept habe ich mir noch nicht überlegt. Es müsste irgendwie darauf hinauslaufen, dass Imelda O'Connor zusammen mit einem unserer Agenten in Ykrutz-15 eingeschleust wird."

„Das ist unmöglich. Mit einer solchen Aktion würden wir nur

riskieren, dass die ohnehin sehr angespannte Lage außer Kontrolle gerät. Da wir aber nicht wissen, wie sich die Dinge in den nächsten Stunden entwickeln, können wir diese Idee zumindest mal als eine mögliche Option im Hinterkopf behalten. Erarbeiten Sie also vorsorglich einen Einsatzplan und klären Sie mit London ab, ob wir diese Frau einsetzen können und ob sie selber überhaupt mitspielen würde. Das erscheint mir doch mehr als fraglich. Wenn alle diese Fragen geklärt sind, dann können wir zu gegebener Zeit immer noch entscheiden, ob ein Einsatz dieser Frau sinnvoll ist. Sie ist, nehme ich an, seine Ex?"
„Ja, genau. Wir haben Hinweise, dass er sie noch vor wenigen Wochen in London besuchen wollte. Daraus wurde aber nichts. Ihre Verhaftung kam dazwischen. Unsere britischen Kollegen, die Smith während seines Besuchs in London im Blick behalten sollten, haben ihn dann aber unverständlicherweise aus den Augen verloren. Und schon entwickelt Walter Smith ein zuvor nicht für möglich gehaltenes Eigenleben. Wegen dieser Panne der Briten bin ich mir absolut sicher, dass unsere Freunde auf der Insel in dieser Angelegenheit sehr entgegenkommend sein werden."
„Okay. Klären Sie das ab! Und dann sehen wir weiter."
„Jawohl."

POTSDAM – Feldhoff hat mittlerweile eingesehen, dass jede Gegenwehr sinnlos ist. Ruhig sitzt er auf dem linken Rücksitz des Polizeiwagens, allerdings noch immer in Handschellen. Neben ihm hat der große Blonde Platz genommen. Christin sitzt auf dem Beifahrersitz und der schwarzhaarige Beamte steuert den Wagen.

„Das muss alles ein Missverständnis sein“, bricht Christin die Stille in dem über die Autobahn sausenden Pkw, „Professor Dr. Feldhoff ist ein international bekannter Wissenschaftler und kein Verbrecher.“

„Sie können Ihre Aussagen gerne später auf dem Präsidium machen. Aber glauben Sie mir, so ein Haftbefehl wird nicht zum Spaß ausgestellt.“

In Feldhoffs Kopf spukt die nächtliche Szene mit Noëmi im Chemieraum herum. Sie muss ihn angezeigt haben. „Jetzt vermasselt mir diese Göre am Ende doch noch alles“, denkt er, während sein teilnahmsloser Blick auf die vorbeisausende Landschaft gerichtet ist. Eine halbe Stunde später erreichen sie das Polizeipräsidium in Potsdam. Lutz Feldhoff und Christin Beyer werden in verschiedene Räume geführt und getrennt voneinander verhört.

„Was haben Sie in der Nacht zum 15. Dezember, dem Tag vor Ihrer Abreise gemacht?“, fragt ihn ein Beamter, der mit weißem Hemd und Hosenträgern hinter einem großen Schreibtisch in einem bequemen Bürostuhl sitzt. Ihm gegenüber hat Feldhoff auf einem spartanischen Holzstuhl Platz genommen.

„An diesem Abend war ich noch lange im Beschleunigerlabor. Dort gibt es nämlich derzeit viel zu tun. Ein großes Experiment steht unmittelbar bevor.“

„Bis wann waren Sie im Beschleunigerlabor?“

„Ungefähr bis Mitternacht.“

„Kennen Sie diesen Mann?“ Der Beamte hält ihm ein Foto vor die Nase.

Feldhoff erkennt das Gesicht des Pförtners und nickt sofort.

„Ja, natürlich. Das ist einer unserer Pförtner im Forschungszentrum.“

„Wann haben Sie diesen Mann das letzte Mal gesehen?“

„Am Morgen des besagten Tages, als ich in das Forschungszentrum eingefahren bin."
„Danach nicht mehr?"
„Nein. Danach nicht mehr. Als ich nach Hause fuhr, hatte bereits ein Pförtner von der Nachtschicht Dienst. Aber was sollen denn all diese Fragen? Ich verstehe überhaupt nicht, worum es hier geht."
„Ich bin zuversichtlich, dass Sie das noch verstehen werden. Wer war denn an dem besagten Abend außer Ihnen noch im Beschleunigerlabor?"
„Noëmi", schießt es Feldhoff durch den Kopf. Soll er nun sagen, dass auch sie an diesem Abend noch da unten gewesen ist? Aber das wissen doch die Herren ohnehin, wenn Noëmi Anzeige erstattet hat. Feldhoff kann sich keinen Reim darauf machen, warum man ihn nach dem Pförtner befragt. Doch dann hat er plötzlich die Idee, dass es nützlich sein könnte, den Verdacht der Ermittler auf eine weitere Person zu lenken. Walter war schließlich an dem besagten Abend auch noch da unten. Und weil in der Dunkelheit alle Katzen grau sind, könnte Noëmi ihren Angreifer irrtümlicherweise für Lutz Feldhoff gehalten haben. Mit wem sonst hätte sie dort unten um diese Uhrzeit rechnen können? Und von der Anwesenheit Walters konnte sie ja eigentlich nichts wissen. Oder doch? Und das die beiden später gemeinsam nach Russland gereist sind, würde letztlich gegen die These von einem Angriff Walters auf Noëmi sprechen. Doch davon wissen die Beamten möglicherweise gar nichts. Schaden könnte es jedenfalls nicht, so überlegt sich Feldhoff, wenn er Walter Smith mal ins Spiel bringt. Vielleicht kann ihm das den entscheidenden Zeitgewinn bringen, um das Experiment der Experimente starten zu können. Und er würde

den Ermittlern auf Nachfrage versichern, dass er an dem Abend Noëmi nicht mehr gesehen hat.
„Außer mir war an diesem Abend noch ein Wissenschaftler namens Walter Smith da unten im Labor."
Dem Beamten gelingt es nicht, seine Verblüffung zu verbergen. „Wer um Gottes Willen ist denn Walter Smith? Keiner Ihrer Mitarbeiter oder Gastwissenschaftler heißt so."
„Walter Smith ist ein früherer Studienfreund von mir. Ein Amerikaner. Vor einigen Tagen tauchte er hier auf und bat mich darum, an den Supercomputern des NERC einige Berechnungen durchführen zu dürfen. Da ich derzeit die Computerkapazitäten der Anlage noch nicht voll ausschöpfe, habe ich seiner Bitte entsprochen und ihm unten im Bunker ein Zimmer zur Verfügung gestellt. Er hat aber kaum geschlafen und praktisch Tag und Nacht im Computerraum gearbeitet. Doch würden Sie mir bitte mal verraten, worauf sich eigentlich Ihr Haftbefehl stützt?"
Der Beamte zückt noch einmal das Foto des Pförtners. „Dieser Mann ist in der Nacht zum 15. Dezember im Computerraum der Beschleunigeranlage ermordet worden. Nach unserem Kenntnisstand sind der ermordete Pförtner und Sie die einzigen, die sich an jenem Abend in der Beschleunigeranlage aufgehalten haben. Ob dieser angebliche Studienfreund tatsächlich in der fraglichen Nacht vor Ort war, müsste natürlich erst einmal belegt werden. Bislang klingt mir das doch eher wie ein Hirngespinst".
Obwohl der Kriminalbeamte ihm offenbar nicht glauben will, ist Feldhoff gleichwohl erleichtert, aber auch verblüfft. Was er sich als Entlastungsstory ausgedacht hat, scheint tatsächlich real zu sein – allerdings mit einem anderen Opfer. Ein Mord im

Computerraum? Das kann tatsächlich nur Walter gewesen sein, wenngleich Feldhoff sich ganz und gar nicht erklären kann, wie es zu einem solchen Verbrechen kommen konnte. Das hätte er Walter nun wirklich nicht zugetraut. Aber man weiß eben nie. Feldhoff denkt nach, wie er den Besuch des alten Studienfreundes den Ermittlern gegenüber belegen könnte. Dass Walter im Bunker des Beschleunigers gewohnt hat, wird sich ja wohl mit den Mitteln der Spurensicherung nachweisen lassen. Und außerdem, so fällt dem Wissenschaftlerhirn ein, werden sich doch sicher DNA-Spuren von Walter an der Leiche finden und per Gentest überprüfen lassen. Und in Walters Schlafraum wird es von ihm ganz sicher Hautschuppen oder Härchen zum Abgleich geben.

„Sie werden an der Leiche sicherlich Spuren des Täters gefunden haben, die Sie gentechnisch auswerten können. Dann werden Sie ja sehen, dass ich es nicht gewesen bin."

„Genau das werden wir tun. Das Ergebnis dieser Analyse wird Sie überführen oder eben auch entlasten. Aber Sie müssten uns noch eine Speichelprobe zur Verfügung stellen. Jetzt gehen Sie aber erst einmal in Untersuchungshaft."

„Haben Sie denn auch schon die Wohnräume unten im Bunker inspiziert? Dort hat Smith gewohnt. Es müsste auch dort DNA-Spuren von ihm geben."

„Nein. Die Existenz solcher Wohnräume war uns bislang nicht bekannt. Aber wir werden diesem Hinweis selbstverständlich nachgehen. Wer kann uns diese Räume zeigen?"

„Jeder der Pförtner."

„Gut. Wir kümmern uns darum. Doch vorerst bleiben Sie ein Tatverdächtiger. Wache! Bringen Sie diesen Mann in die Zelle."

„Ich bin unschuldig! Ich mache Sie für alle Schäden verantwort-

lich, die dadurch entstehen, dass ich jetzt nicht im Beschleuniger weiterarbeiten kann."
„Wie Sie meinen", antwortet der Beamte eher gelangweilt, „ich wüschen Ihnen noch einen schönen Tag und eine gute Nacht."
Die Befragung der Zeugin Christin Beyer ergibt naturgemäß keine Erkenntnisse. Sie kann das Polizeipräsidium nach zwei Stunden verlassen und fährt mit einem Taxi nach Hause. Christin versucht verzweifelt, Noëmi anzurufen.

SIBIRIEN – Noëmi findet sich nach einer längeren Liftfahrt in der unterirdischen Operationszentrale von Ykrutz-15 wieder. Der fensterlose Raum ist stickig und riecht nach Zigarettenqualm. Überall stehen elektronische Geräte. Vor einer Konsole mit unzähligen Bedienelementen und Kontrollleuchten stehen zwei gepolsterte Stühle. Nikita bietet ihr einen davon an. Noëmi setzt sich und muss husten. Ihr Gesicht ist blutverschmiert und das Haar zerzaust.
„Sind Sie verletzt?", fragt Nikita besorgt.
„Nein, ich bin in Ordnung. Aber Victor ist tot. Und wo ist Walter? Was war da oben eigentlich los? Und wer sind Sie?" Noëmis Gesicht sieht matt und verzweifelt aus. Sie versucht, eine Aikido-Atemtechnik anzuwenden, um sich zu beruhigen. Doch heute scheint das nichts zu bewirken.
„Ich bin Nikita Kutjelschik, der stellvertretende Kommandant von Ykrutz-15. Gemeinsam mit Victor habe ich einen Aufstand organisiert, der lediglich der Durchsetzung legitimer Forderungen dienen sollte, unter anderem der pünktlichen Zahlung unseres Solds. Victor wollte überdies zurück nach Deutschland – zu Ihnen. Auf alle Forderungen ging man in Moskau scheinbar sofort ein. Und als Victor hörte,

dass Sie persönlich kommen, um ihn abzuholen, da war er mehr als glücklich. Doch leider ist er zu leichtsinnig geworden. Er hätte da oben auf keinen Fall auch nur einen Schritt aus dem Bunker heraus machen dürfen. Mit einer solchen Falle hätte man durchaus rechnen können. Jetzt haben sie ihn also tatsächlich erwischt."

„Wie geht die Sache jetzt weiter? Und was wird aus uns?"

„Ich weiß nicht. In Moskau ist man wahrscheinlich davon ausgegangen, dass mit der Liquidation von Victor die ganze Sache erledigt sein würde. Doch sie haben wohl nicht geahnt, dass es sich um einen Aufstand handelt und fast die gesamte Einheit hinter der Aktion steht. Und ich persönlich halte es jetzt für meine Pflicht, die gerechte Sache im Namen von Victor fortzuführen. Sein Tod soll nicht vergebens sein. Es tut mir sehr leid, dass Sie hier nun mitten zwischen die Fronten geraten sind."

„Und Ihre Leute haben im Gegenzug die Männer im Bus erschossen?"

„Davon gehe ich aus. Der Überraschungscoup mit Victor mag ihnen ja noch geglückt sein. Gegen unsere Übermacht können aber ein paar Scharfschützen nichts ausrichten. Die haben es bestimmt nicht für möglich gehalten, dass hier praktisch die ganze Truppe auf Victors Seite steht."

Noëmi wird von einem Weinkrampf geschüttelt. „Das darf doch alles nicht wahr sein. Victor tot, Walter tot und ich hier unten in einem gottverdammten Atombunker in Sibirien..."

„Wer ist Walter?"

„Ach, das wissen Sie ja gar nicht. Walter ist mein Freund. Er hat mich auf dieser Reise begleitet und saß ebenfalls in dem Bus da oben. Ich hätte diese Fahrt nach Russland niemals machen dürfen. Und schon gar nicht hätte ich Walter mitnehmen dürfen. Aber nun ist ja alles zu spät."

In diesem Moment klingelt ein Telefon für interne Anrufe. Nikita greift den schwarzen Kunststoffhörer.

„Ja!"

„Hier spricht Leutnant Osmojork. Wir haben die Situation vollkommen unter Kontrolle. Alle Eindringlinge sind vernichtet. Es gibt nur einen Überlebenden, den wir gefangen genommen haben. Wir haben ihn im Bus verwundet auf dem Boden gefunden. Merkwürdigerweise scheint er Amerikaner zu sein. Er befindet sich jetzt gut bewacht in der Sanitätsstation."

Nikita bedeckt die Sprechmuschel mit seiner rechten Hand und fragt leise in Richtung Noëmi: „Ist Ihr Walter Amerikaner?"

„Ja", schluchzt sie. Dann spricht Nikita wieder ins Telefon: „Wie schwer sind seine Verwundungen?"

„Auf jeden Fall nicht lebensgefährlich. So wie es aussieht, gibt es nur einen Steckschuss im linken Oberschenkel. Sollen wir ihn operieren?"

„Ja, und behandeln Sie ihn gut. Er hat möglicherweise mit der Sache nichts zu tun und war lediglich der ahnungslose Begleiter des Lockvogels. Behalten Sie ihn aber ständig im Blick. Sobald er dazu in der Lage ist, möchte ich mit ihm persönlich reden."

„Jawohl. Wird gemacht", sagt der Leutnant.

Nikita legt den Hörer auf.

„Walter ist nicht tot. Er ist nur leicht verletzt. Tatsächlich hat er als Einziger im Bus die Schießerei überlebt. Sobald er transportfähig ist, werde ich ihn zu uns in die Kommandozentrale bringen lassen."

Noëmi ist ein wenig erleichtert. Dennoch ist die ganze Situation so schrecklich und verfahren, dass sie nicht wirklich aufatmen

kann. Lutz Feldhoff, so muss sie gerade wieder denken, dürfte inzwischen zurück aus der Südsee sein und mit Hochdruck das Experiment vorantreiben. Und sie sitzt hier in Sibirien und kann nichts dagegen unternehmen, dass dieser Irre die ganze Menschheit in Gefahr bringt.
„Da hinten ist ein Waschbecken", reißt sie Nikita aus ihren Gedanken, „da können Sie Ihr Gesicht erst mal vom Blut säubern."

POTSDAM – Laut klirren die Schlüssel, als die Tür zu Feldhoffs Zelle sehr früh am Morgen geöffnet wird.
„Bitte stehen Sie auf und machen sich fertig. Sie werden entlassen."
Zerknauscht und müde schaut Feldhoff unter seiner Decke hervor und begreift erst langsam, dass das frühe Wecken ein gutes Zeichen ist.
„Haben Sie nun endlich den richtigen Täter geschnappt?", fragt Feldhoff mit höhnischem Unterton.
„Nein, geschnappt haben wir den Täter noch nicht. Aber wir haben jetzt die Analyse der am Opfer sichergestellten DNA-Spuren. Sie lassen sich auf exakt zwei Individuen zurückführen. Zum einen natürlich auf das Opfer selber, und zweitens, wie sollte es anders sein, auf den Täter. Und der sind nicht Sie."
„So, so. Und wieso das jetzt auf einmal nicht mehr?", fragt Feldhoff keck, „Sie haben doch noch keine DNA-Probe von mir zum Vergleich entnommen. Oder etwa heimlich doch?"
„Nein, haben wir nicht. Doch es gibt ein Kriterium, das Sie eindeutig entlastet. Der Täter ist nämlich eine Frau. Und ich glaube, wir müssen keinen Gentest durchführen, um zu beweisen, dass Sie ein Mann sind."

„Sparen Sie sich Ihre Scherze", antwortet Feldhoff genervt. Er will so schnell wie möglich in sein unterirdisches Reich. Doch dann dämmert ihm langsam, was die Worte des Beamten bedeuteten. Noëmi muss demnach den Pförtner ermordet haben. Jetzt kann er erst recht nicht mehr verstehen, was an jenem Abend da unten im Computerzentrum geschehen ist. Im Moment erscheint ihm das aber auch nicht wichtig.

„Entschuldigung. Es tut uns leid, dass wir Sie verdächtigt haben. Aber wir können immer nur auf der Grundlage der Informationen arbeiten, die uns zur Verfügung stehen. Seien Sie froh, dass die Analytik heute soweit ist. Vor 50 Jahren wären Sie jetzt immer noch der Tatverdächtige Nr. 1. Haben Sie denn eine Idee, welche Person weiblichen Geschlechts sich im Beschleuniger aufgehalten haben könnte?"

„Nein. Keine Ahnung", lügt Lutz Feldhoff.

„Nun, wir werden sicher noch Ihre Hilfe brauchen, um zu ermitteln, wer sonst noch Zugang zum Computerzentrum hatte. Insbesondere müssen Sie uns über diesen Walter Smith noch mehr erzählen. Jetzt bringen wir Sie erst einmal nach Hause", sagt der Beamte, „wie gesagt, es tut uns leid, dass wir Ihnen diese Unannehmlichkeiten bereiten mussten. Manchmal geht es eben nicht anders. Da bitte ich um Verständnis."

„Ich möchte nicht nach Hause. Fahren Sie mich sofort in mein Forschungszentrum. Ich habe sehr wichtige Arbeiten zu erledigen."

„Selbstverständlich. Wir bestellen Ihnen ein Taxi. Die Rechnung dafür übernehmen natürlich wir."

„Das ist ja wohl das Mindeste. Sie haben den wissenschaftlichen Fortschritt aufgehalten. Den Schaden, den Sie der Menschheit damit beschert haben, kann man gar nicht in Mark und Pfennig ausdrücken. Ich muss sofort ins Labor. Bereits in der

kommenden Nacht will ich das Experiment der Experimente starten." Während dieser Worte ist die Stimme Feldhoffs immer lauter und herrischer geworden.
„Ist ja gut, Professor", versucht der Beamte, ihn ein zu ein wenig zu beruhigen. „Ich schlage vor, Sie ziehen sich jetzt erst einmal an und in 20 Minuten hole ich Sie ab. "
Nach minimalistischer Morgentoilette springt Feldhoff in seine Klamotten und ruft ungeduldig durch das Fenster der Zellentür: „Ich bin fertig!"
Wenige Augenblicke später führt ihn der Beamte aus der Zelle und begleitet ihn über einen langen Gang, durch zwei Sicherheitstüren und einen Korridor zur Eingangstür des Polizeipräsidiums. „Da vorne steht bereits Ihr Taxi. Wie gesagt, die Quittung können Sie uns schicken. Wir melden uns im Laufe der kommenden Tage bei Ihnen, um Sie als Zeuge zu befragen. Wir kommen gerne zu Ihnen ins Forschungszentrum, wenn Ihnen das lieber ist als ein weiterer Besuch im Präsidium."
„In den nächsten Tagen werden die Kameras der Weltmedien auf mich schauen und über meine Forschungserfolge berichten, das verspreche ich Ihnen! Und wenn Sie diese Aufmerksamkeit auch auf Ihre stümperhafte Arbeitet gerichtet haben möchten – bitte schön. Ich könnte zum Beispiel in der nächsten Talk-Show über diese wunderbare Nacht in Ihrer Komfortzelle berichten. Seien Sie froh, wenn ich Ihre Ermittlungspannen nicht einer staunenden Weltöffentlichkeit präsentiere. Lassen Sie mich jetzt also einfach in Ruhe arbeiten! Sie haben der Wissenschaft schon genug Schaden zugefügt. Ich wünsche einen schönen Tag."
Sprachlos steht der Beamte da, während Feldhoff eilig die wenigen Stufen von der Eingangstür hinunter zur Straße läuft. „Was für ein aufgeblasener Gockel", denkt sich der Beamte, „der soll

sich mal nicht so anstellen. Andere waren nach Justizirrtümern jahrzehntelang unschuldig in Haft. Da kann man eine Nacht hinter Gittern doch eher als eine Erweiterung des Horizonts verbuchen."

Sekunden später ist Lutz Feldhoff im Inneren des Taxis verschwunden: „Zum NERC, schnell!"

SIBIRIEN – Noëmi ist verzweifelt. „Wie soll das jetzt alles nur weitergehen?", fragt sie sich und zugleich auch Nikita Kutjelschik. Sie erwischt sich dabei, dass sie diesen Satz unbeabsichtigt auf Russisch gesprochen hat.

„Der Tod meines Freundes Victor ist natürlich schlimm und nicht wieder gut zu machen", antwortet er, „doch unsere Lage ist nicht so ausweglos, wie es Ihnen jetzt vielleicht erscheinen mag. Es gibt da einen Plan B, den Victor selber vorbereitet hat. Ich muss hier jetzt einige Vorbereitungen treffen und ich wäre Ihnen dankbar, wenn Sie mich dabei nicht stören. Da vorne ist ein Ruheraum für Freiwachen. Dort gibt es eine große Matratze, auf der Sie sich ausruhen können. Ich sehe doch, dass Sie völlig übermüdet und ganz und gar kraftlos sind."

Noëmi sieht keinen Grund, etwas gegen diesen Vorschlag einzuwenden. Ja, sie ist erschöpft, fühlt sich mitschuldig an Victors Tod, sorgt sich um Walter und spürt eine große Machtlosigkeit. Weder kann sie gegen Feldhoff aktiv werden, noch die weitere Entwicklung hier der Operationszentrale von Ykrutz-15 und ihr eigenes Schicksal beeinflussen. Immerhin hat sie ein wenig Hoffnung, dass ihre Warnungen vor Feldhoffs gefährlichen Plänen mitgehört worden sind und etwas bewegen werden.

„Das ist eine gute Idee“, sagt Noëmi, „ich kann ja schon gar nicht mehr richtig denken. Und morgen, also heute später, dürfen Sie mir dann den Plan B verraten.“
Während Noëmi sich auf den Weg in den Nebenraum macht, ruft er ihr nur noch hinterher: „Ruhen Sie wohl!“ Sie lässt sich auf die etwas in die Jahre gekommene Matratze fallen und weint. Wenig später setzen sich ihre kreisenden Gedanken in einem Traum fort.
Wie lange sie geschlafen hat, weiß Noëmi nicht. Sie ist von den lauten Worten aufgewacht, die Kutjelschik im Nachbarraum mit erregter Stimme gesprochen hat. „Sollte dort eine weitere Person sein?“, fragt sie sich. Als die Stimme Kutjelschiks schlagartig verstummt und auch keine Replik zu vernehmen ist, macht sie sich klar, dass es sich wohl um ein Telefonat gehandelt hat. In dem fensterlosen Raum ohne Uhr weiß sie zunächst nicht, ob es noch Nacht oder schon Tag ist. Sie blickt auf ihre Armbanduhr, die noch immer auf Moskauer Zeit steht. Ihr wird in diesem Moment klar, dass sie nicht einmal weiß, wieviele Zeitzonen weiter nach Osten sie gereist ist. Aber auf eine Stunde mehr oder weniger kommt es ja auch nicht an. Sie rechnet und stellt fest, dass es schon gegen Mittag sein muss. Sie steht auf und geht zur Türe.
„Guten Morgen“, ruft Noëmi vorsichtig in den Raum, „Sie haben doch nicht etwa die ganze Zeit durchgearbeitet?“
„Machen Sie sich keine Gedanken um mich“, antwortet der offenbar wütende Mann, „ich habe gerade mit Moskau telefoniert. Die zeigen sich ganz und gar nicht kooperativ. So geht das nicht. Ich werde denen jetzt mal zeigen, dass man mit uns nicht einfach Spielchen machen kann“, ruft Nikita Kutjelschik und wirft Noëmi einen bedeutungsvollen Blick zu. Er dreht

sich wieder um, bewegt auf der Konsole einige Schalter und dreht einen Schlüssel.
„Was machen Sie denn da?“, ruft Noëmi, die eine dumpfe Ahnung beschleicht, was Kutjelschik vorhaben könnte.
„Nachdem die erste Verhandlungsrunde erfolglos und sogar blutig geendet ist, werden wir nun unseren Forderungen wohl deutlicher Nachdruck verleihen müssen. Victor würde in dieser Situation zweifelsohne genau so handeln.“
Nikita drückt einen roten Knopf tief die Konsole.
„Sie wollen doch nicht etwa...?“, ruft Noëmi und stürzt auf ihn zu.
„Zu spät...“
Im gleichen Moment ist ein ganz leichtes Zittern und Grollen zu spüren. Aus dem Silo 3-A von Ykrutz-15 erhebt sich eine mit nuklearen Sprengköpfen bestückte Interkontinentalrakete in den Himmel. Der Feuerschweif des Raketentriebwerks taucht die Geschlossene Stadt in ein gespenstisches Licht.
„Sie haben wirklich eine Atomrakete abgeschossen?“, schreit Noëmi.
„Ja, genau das habe ich getan“, antwortet Nikita Kutjelschik mit fester Stimme.
„Aber sind Sie denn wahnsinnig? Wissen Sie nicht, was Sie damit auslösen?“
„Sie brauchen sich keine Sorgen zu machen. Ich weiß genau, was ich tue. Victor hat diese Rakete noch selber programmiert und mit seinem Schlüssel grundsätzlich abschussbereit gemacht. Ich habe sie gestartet, weil das spätestens jetzt die richtige Antwort darauf ist, dass man uns reingelegt hat. Es ist nur ein Warnschuss. Die Sprengköpfe werden über dem Pazifik explodieren. Das tut niemandem weh und wird doch die Weltöffentlichkeit

auf unsere Lage aufmerksam machen. Dann wird man in Moskau nach einer vernünftigen Lösung suchen müssen. Hinterhältige Morde sind jedenfalls keine Option."
Noëmi geht ein paar Schritte und setzt sich auf einen Stuhl, der in der Mitte des Raums vor einem Tisch steht. Ihre Ellenbogen stützen sich auf die Knie und ihr Gesicht begräbt sie in beiden Händen. Sie weint schon wieder.
„Das kann doch nicht funktionieren", sagt sie schluchzend.
„Wir haben keine andere Wahl", antwortet Kutjelschik.
Das Telefon mit der Leitung nach Moskau klingelt.
„Oberst Kutjelschik!"
„Hier spricht General Ludkow. Sie sind gerade dabei, die Welt in einen Atomkrieg zu stürzen. Beenden Sie sofort den Alarmzustand in Ykrutz-15. Ich gebe Ihnen dafür genau 30 Minuten Zeit. Sonst zwingen Sie uns, Ihre Anlage zu bombardieren."
„Schauen Sie bitte auf Ihre Radarschirme und berechnen den Kurs der Rakete. Die fliegt in Richtung Südpazifik und wird dort über dem Meer explodieren. Das ist nur ein Warnschuss, der lediglich die Welt auf unsere Situation aufmerksam machen soll. Wir planen keine weiteren Abschüsse und sind bereit, den Alarmzustand vorerst aufzuheben. Aber wir erwarten jetzt unverzüglich konstruktive Pläne zur Lösung der Krise. Nach der abscheulichen und hinterhältigen Ermordung von Victor Plutry müssen Sie ganz besonders verlässliche Vorschläge machen und nachprüfbare Sicherheiten bieten."
„Wir lassen uns nicht erpressen! Sie hören von uns."
Nikita legt gerade den Hörer auf, da läutet das interne Telefon.
„Ja."
„Hier spricht Leutnant Osmojork. Die Operation des Amerikaners ließ sich sogar ambulant durchführen und verlief prob-

lemlos. Das Geschoss hatte nach dem Durchschlagen der Buswand offenbar nur noch wenig Energie. Die Verletzung ist kaum schlimmer als ein tiefer Messerstich. Mit Krücken kann er sogar schon wieder laufen. Sie wollten ihn doch so schnell wie möglich sprechen?"

„Ja, das möchte ich. Ein bewaffneter Sanitäter soll ihn in die Schleuse zur Kommandozentrale bringen."

„Wird gemacht."

Nikita Kutjelschik dreht sich um und blickt auf die noch immer schluchzende Noëmi. „Ihrem Walter geht es gut, er ist tatsächlich nur leicht verletzt und hat den kleinen Eingriff gut überstanden. Er wird gleich bei uns sein." Noëmi hebt langsam ihren Kopf. Der Anflug eines Lächelns huscht über ihr verheultes Gesicht.

WEISSES HAUS – Es ist kurz vor Mitternacht. Im Weißen Haus sitzt der Präsident der Vereinigten Staaten von Amerika noch immer am Schreibtisch. Die jüngste Krise hat ihm eine Menge zusätzlicher Termine beschert. Da klingelt das rote Telefon. Er nimmt den Hörer ab.

„Guten Abend, Mr. President. Diesmal kommen wir Ihnen zuvor. Ein schrecklicher Unfall", hört er den russischen Präsidenten aufgeregt sprechen, „vor wenigen Sekunden ist von unserer Basis Ykrutz-15 eine Rakete gestartet. Wir kennen selber noch nicht das Ziel. Aber es ist ein Versehen. Treffen Sie unverzüglich alle Maßnahmen, um die Rakete abzufangen. Wir können in wenigen Sekunden die genauen telemetrischen Daten der Flugbahn liefern. Bitte keinen Gegenangriff."

„Wie kann eine Rakete aus Versehen starten?"

„Das erklären wir Ihnen später. Jetzt müssen wir zuerst einmal gemeinsam verhindern, dass aus dieser Situation ein atomares Inferno entsteht."
„Wir werden tun, was wir tun können."
In diesem Moment fliegt die Tür zum Präsidentenzimmer auf. Der Sicherheitsberater und ein Verbindungsoffizier stürmen in den Raum.
„Sie greifen an! Die Russen greifen an! Eine SS-21 mit fünf Atomsprengköpfen ist gerade in Sibirien gestartet. Ziel unbekannt. Aber ihre Reichweite ist groß genug, um jede Stadt der USA zu erreichen. Alle Raketenabwehrstationen sind bereits aktiviert und gefechtsbereit. Mehr können wir zur Verteidigung nicht tun. Doch wie sieht es mit aktiven Vergeltungsmaßnahmen aus?"
„Ich habe bereits mit dem russischen Präsidenten gesprochen. Er versichert, dass dieser Raketenstart ein Versehen sei. Die Russen wollen uns so schnell wie möglich alle Daten zur Flugbahn zur Verfügung stellen, damit wir die Rakete rechtzeitig abschießen können." Insgeheim ist er sich selbst nicht ganz sicher, ob er der russischen Version glauben soll.
„Uns zum Stillhalten aufzufordern, kann auch eine Kriegslist sein. So eine Rakete schießt man doch nicht aus Versehen ab!"
„Sind denn die anderen russischen Raketenbasen auch in Gefechtsbereitschaft?", fragt der Präsident.
„Negativ. Nach unseren Informationen ist außer Ykrutz-15 keine andere russische Einheit im Alarmzustand. Das ist irgendwie schon sehr merkwürdig", stellt der Sicherheitsberater fest.
„Vielleicht gibt es auf Ykrutz-15 so eine Art Meuterei, so dass die Anlage nicht mehr unter Kontrolle ist", wirft der Verbindungsoffizier ein.

„Das würde aber bedeuten, dass auch noch die anderen 15 Atomsprengköpfe von Ykrutz-15 abgeschossen werden könnten. Mir ist es ziemlich gleichgültig, aus welchem Grund mich so eine Rakete atomisiert. Auf jeden Fall ist Russland für die Situation verantwortlich“, sagt der offensichtlich extrem besorgte Sicherheitsberater.

„Das ist schon richtig“, antwortet der Präsident, „aber wir müssen jede Chance nutzen, mit der eine Eskalation verhindert werden kann. So schlimm das alles auch ist, bislang handelt es sich offenbar nur um eine einzige Rakete. Wenn wir die abfangen, ist doch alles in Butter. Vorsorglich verfüge ich höchste Alarmbereitschaft für unsere Nuklearstreitmächte einschließlich der U-Boot-Flotte. Über einen Vergeltungsschlag können wir immer noch entscheiden, wenn uns eine Abwehr nicht gelingen sollte und die Rakete unser Territorium erreicht. Wenn eine amerikanische Stadt getroffen wird, ist Vergeltung natürlich unausweichlich. Lassen Sie meine fliegende Kommandozentrale einsatzklar machen. Wir müssen auf alles gefasst sein.“

POTSDAM – Über Nacht ist der erste Schnee dieses Winters gefallen. Kurz nach sieben Uhr trifft Feldhoff mit dem Taxi im Forschungszentrum ein. Ohne Umweg über sein Büro lässt er sich gleich zum Tor F fahren. Feldhoff lässt sich eine Quittung ausstellen und steigt noch vor der Schranke aus dem Taxi. Der Pförtner kommt ihm aus dem Wachhäuschen entgegen. Er trägt einen dick gefütterten Parka, eine Fellmütze und Lederhandschuhe.

„Guten Morgen, Herr Professor Feldhoff“, begrüßt er ihn ausgesprochen freundlich.

„Guten Morgen. Hier sind ja zwischenzeitlich offenbar schreckliche Dinge passiert. Ihr Kollege ist da unten in der Anlage ermordet worden, musste ich erfahren."

„Ja. Er war nicht nur mein Kollege, sondern auch ein enger Freund, fast wie ein Bruder. Es ist wirklich schlimm. Gleich am nächsten Morgen ist dieser Amerikaner nach Russland verschwunden."

„Woher wissen Sie das?"

Der Pförtner beißt sich auf die Lippen. „Ach, das hat sich hier so herumgesprochen. Vielleicht stimmt es auch nicht. Jedenfalls ist er weg. Er hat sein Quartier da unten im Bunker offenbar fluchtartig verlassen. Und Ihre Mitarbeiterin Noëmi Kubichek ist übrigens auch verschwunden."

„So, so", gibt sich Feldhoff ahnungslos, „und wieso hat die Polizei mich für den Tatverdächtigen gehalten, wenn doch alles dafür spricht, dass Walter Smith den Mord an Ihrem Kollegen begangen hat? Immerhin musste ich die vergangene Nacht in einer lausigen Zelle im Polizeipräsidium verbringen. Glücklicherweise hat man nun doch eingesehen, dass ich kein Mörder bin."

„Das tut mir leid", antwortet der Pförtner, „ich habe aber den Amerikaner bei meiner Vernehmung überhaupt nicht erwähnt. Offiziell wusste ich ja auch gar nicht, dass es ihn gibt. Ich habe zwar von meinem getöteten Freund erfahren, dass Sie ihn im Bunker einquartiert haben. Doch weil ich Sie, Herr Professor Feldhoff, nicht in Schwierigkeiten bringen wollte, habe ich davon dem Kommissar nichts erzählt. Sie wissen ja, dass der Aufenthalt von Betriebsfremden über Nacht strikt verboten ist. Vielleicht wäre Ihnen diese Nacht in der Zelle erspart geblieben, wenn ich der Kripo alles gesagt hätte. Tut mir leid, wenn ich da einen Fehler gemacht habe. Aber Sie können doch der Polizei immer noch von ihm berichten, wenn Sie das wollen."

„Das habe ich schon gemacht."

„Und deshalb hat man Sie freigelassen?"

„Nein, nicht direkt. Aber machen Sie sich keine Gedanken. Sie haben wirklich nur das Beste gewollt. Ich danke Ihnen dafür, dass Sie mir Probleme ersparen wollten", sagt Feldhoff. „Es kann gut sein, dass sich die Polizei das Quartier von Walter Smith da unten einmal ansehen möchte. Bitte führen Sie die Beamten in den Bunker, wenn sie die Räumlichkeiten inspizieren wollen."

„Geht in Ordnung."

„Sie können mir jetzt noch einen anderen Gefallen tun."

„Gern, Herr Professor."

„Ist der Kollege Schramm schon vor Ort?"

„Ja, das ist doch unser Frühaufsteher, der jeden Tag als erster zur Arbeit kommt."

„Gut, das hatte ich mir auch so gedacht. Bitte rufen Sie ihn an und sagen Sie ihm in meinem Namen, dass er mit seinem Team baldmöglichst in das Beschleunigerlabor kommen soll. Sagen Sie ihm, heute ist Tag X. Dann weiß er Bescheid. Zum Team von Schramm gehören noch Borg, Kaintoch, Böhm und Potthoff. Alle anderen Mitarbeiter lassen Sie heute nicht in den Beschleuniger. Die würden uns nur bei der Arbeit stören. Sagen Sie zur Begründung etwas von polizeilich gesperrtem Tatort. Das werden alle plausibel finden."

„Jawohl, Herr Professor", antwortet der Pförtner mit fast schon militärischem Tonfall und zupft unwillkürlich an dem nicht ganz ausgefüllten Mittelfinger des Handschuhs an seiner linken Hand.

„Vielen Dank."

Feldhoff stapft mit großen, aber vorsichtigen Schritten, so schnell es eben die glatten Ledersohlen seiner Schuhe erlauben, über den noch leeren Parkplatz. Die dabei entstehende Spur im Schnee führt geradezu auf die graue Stahltür zum Eingangsportal des Beschleunigertunnels.

WEISSES HAUS – „Gute Nachrichten, Mister Präsident." Der Sicherheitsberater steht wieder in der Tür des Präsidentenzimmers. „Wir haben jetzt die Ballistik der Rakete. Sie fliegt in Richtung Südpazifik und dürfte dort nicht viel Schaden anrichten. Die USA sind durch diese Rakete auf keinen Fall bedroht."
„Na, dann haben wir ja noch mal Glück gehabt."
Im gleichen Moment schellt erneut das Rote Telefon. Die Stimme des russischen Präsidenten klingt erleichtert, hat aber einen leicht gereizten Unterton. „Von der Rakete geht keine Gefahr für Ihr Land aus. Die nuklearen Sprengköpfe werden, wenn überhaupt, über unbewohntem Gebiet detonieren."
„Das klingt erst einmal beruhigend. Aber es bleiben dennoch eine Menge Fragen. Es kann doch nicht sein, dass eine nuklear bestückte Interkontinentalrakete einfach mal so aus Versehen gestartet wird."
„Vielleicht wissen Sie ja besser als wir darüber Bescheid, wie es zu diesem Raketenabschuss kommen konnte. Schließlich haben Sie ja mit Walter Smith einen CIA-Mann direkt vor Ort in der Raketenbasis Ykrutz-15. Finden Sie es nicht auch merkwürdig, dass ausgerechnet da etwas schief läuft, wo die CIA ihre Finger drin hat?"
„Sie wollen doch nicht etwa behaupten, wir hätten diesen Raketenabschuss inszeniert?"

„Wer weiß? Sie werden der Weltöffentlichkeit schon erklären müssen, was in Friedenszeiten ein amerikanischer Agent in einer unserer sensibelsten Militäranlagen zu suchen hat."
„Das ist doch absurd."
„Wenn man ein wenig darüber nachdenkt, macht das Ganze durchaus Sinn. Vielleicht brauchen Sie einfach ein durchschlagendes Argument, um Ihren Plänen zur Erweiterung des nationalen Raketenabwehrprogramms mehr Nachdruck zu verleihen. Doch diese Rechnung wird nicht aufgehen, das verspreche ich Ihnen! Übrigens möchte ich Sie bitten, nun wieder den Alarmzustand Ihrer Nuklearstreitkräfte aufzuheben. Bei uns befinden sich alle Einheiten nach wie vor im Normalzustand und auch in Ykrutz-15 ist vor wenigen Minuten die Gefechtsbereitschaft aufgehoben worden. Bitte überzeugen Sie sich davon! Wir sind an keiner Eskalation interessiert."
„Wir werden Ihre Behauptungen prüfen. Ich wünsche Ihnen noch einen schönen Tag."
„Dobroij wjetschjer." Das Gespräch ist beendet. Der Präsident drückt auf eine Taste und ruft ärgerlich und laut: „Verbinden Sie mich sofort mit Langley!" Wenig später laufen diverse Eilmeldungen der Nachrichtenagenturen um die Welt.

+++ DRINGEND +++
Interfax/Moskau – Vom Raketenstützpunkt Ykrutz-15 in Sibirien ist eine Interkontinentalrakete vom Typ SS-21 abgeschossen worden. Dabei hat es sich um einen Akt von Sabotage gehandelt. Der Start der Rakete ist nicht von Moskau veranlasst worden.
Die Atomsprengköpfe der Rakete explodierten über der Pazifikinsel Moon-Island, die am Samstag Schauplatz der pazifischen

Feuermondnacht gewesen ist. Derzeit gibt es zur Insel keinerlei Kontakt. Experten gehen davon aus, dass sie durch die nuklearen Explosionen vollkommen zerstört wurde. Zur Zeit des Unglücks sollen sich noch hunderttausende Gäste der Feuermondnacht auf der Insel befunden haben.

Ein Regierungssprecher macht den amerikanischen Geheimdienst CIA für den Start der Atomrakete verantwortlich. Der CIA soll es gelungen sein, einen Raketenexperten in die Anlage Ykrutz-15 einzuschleusen. Die näheren Umstände sind noch nicht geklärt. Der russische Präsident sprach von einem „beispiellosen Akt des Terrors" und forderte den amerikanischen Präsidenten auf, sich unverzüglich in dieser Angelegenheit zu erklären. Zugleich sprach er allen Angehörigen der Opfer sein tief empfundenes Beileid aus.

+++ Weitere Details folgen: Korrespondentenbericht / Internationale Reaktionen

+++ FLASH +++

AP/Washington – Russischer Raketenangriff + Alarmzustand bei US-Nuklearstreitkräften

Von einer russischen Raketenbasis in Sibirien ist eine Atomrakete abgeschossen worden, die Moon-Island im Südpazifik zerstört hat. Der Präsident der USA versetzte unmittelbar nach dem Start der russischen Rakete die Atomstreitkräfte des Landes in Alarmbereitschaft. Mehrfach hat es nach Angaben des Pentagon zwischen Washington und Moskau Kontakt über das Rote Telefon gegeben. Eine Eskalation habe so verhindert werden können. Ein Sprecher des Weißen Hauses sprach von einem ungeheuerlichen Vorgang, der die maroden Verhältnisse der russischen Streitkräfte offenbare: „Wenn dort nicht einmal

die Sicherheit der atomar bestückten Interkontinentalraketen gewährleistet werden kann, sind wir gezwungen, geeignete Vorsorgemaßnahmen zu treffen.“ Der Alarmzustand der US-Nuklearstreitkräfte ist bis zur Stunde nicht aufgehoben worden. Noch im Laufe des Vormittags sollen auf höchster Ebene weitere Gespräche zwischen Washington und Moskau geführt werden. Ziel ist eine schnelle Entschärfung des Konflikts.
+++ Folgt: Die Lage auf Moon-Island / Weitere Berichte / Zusammenfassung / Kommentar

+++ EILMELDUNG+++
dpa/Tokio – An den japanischen Aktienmärkten hat die Nachricht vom Abschuss einer russischen Interkontinentalrakete zu einem dramatischen Kurssturz geführt. Der Nikkei-Index verlor innerhalb weniger Minuten fast 90 Prozent an Wert. Daraufhin wurde der Handel an der Tokioter Börse ausgesetzt. Auch die anderen asiatischen Börsen waren betroffen. Dort betrugen die Wertverluste zwischen 50 und 70 Prozent.
+++ Zusammenfassung folgt. Weitere Berichte: Der Schwarze Tag in Fernost / Wie der schnelle Computerhandel den Crash beschleunigte / Analysten warnen vor düsteren Aussichten für den DAX / Hintergrund: Lohnt jetzt der Einstieg in Rüstungswerte?

LANGLEY – Das Gespräch mit London verläuft erwartungsgemäß. Von offizieller Seite ist man dort sofort bereit, Imelda O’Connor den Amerikanern „zur besonderen Verwendung“ zu überlassen. Jetzt muss nur noch sie selbst mitspielen. Carolines Vater hat sich bereits einen Plan ausgedacht, den er dem Adler

vorlegen will. Gerade angesichts der jüngsten Verdächtigungen Moskaus, die CIA könne hinter dem mysteriösen Raketenabschuss in Ykrutz-15 stecken, verbietet sich eine Kommandomission der CIA. Wenn überhaupt, kann man Imelda nur mit Billigung der Russen in die Geschlossene Stadt und dort zum Einsatz bringen. Carolines Vater ist sich nicht sicher, ob seine Idee in der akuten Spannungslage zwischen Russland und den USA zu einer Lösung beitragen kann. Doch zumindest in einer Hinsicht sieht er große Chancen für einen Erfolg – seinen persönlichen. Mit Hilfe von Imelda könnte es tatsächlich möglich sein, endlich an Walter heranzukommen. Und er würde schließlich nur zu gerne den Kreistemplern melden können, dass er sein Versprechen gehalten hat, Walter zu jagen und gefangen zu nehmen. Damit wären die Verdächtigungen von Frère Pierre endgültig vom Tisch.
Father John will also höchstpersönlich an der „Mission Imelda" mitwirken. Er selbst möchte die Frau briefen. Für eine Reise von Imelda in die USA ist allerdings keine Zeit. Der Plan des CIA-Chefs sieht deshalb vor, dass Imelda zunächst von London nach Helsinki geflogen wird. Dort wird er sich mit ihr treffen. Von Helsinki ist es dann ja nur noch ein Katzensprung nach Moskau – und zwei weitere bis nach Ykrutz-15. Das Wetter über Russland hat sich jedenfalls so weit gebessert, dass Flüge wieder problemlos möglich sind. Er tippt das Konzept zur „Mission Imelda" in seinen Computer und macht sich mit dem Ausdruck auf den Weg zum Adler.

POTSDAM – Lutz Feldhoff und seine eilig herbeigerufenen Assistenten arbeiten schon seit Stunden an der Installation diverser Zusatzaggregate, die sie aus mehreren Lagerräumen hervorgeholt haben. Nur Julian Schramm ist tatsächlich in Feldhoffs Plan mit der doppelten Energie eingeweiht. Die anderen Helfer sind schlicht Arbeitstiere im Dienste der Wissenschaft, die sich zwar von der Strahlkraft der Feldhoffschen Erfolge viel Positives für ihre eigene Karriere in der freien Wirtschaft erhoffen, selbst aber nicht wirklich durchschauen, worum es hier im Kern geht. Feldhoff hat sie gefördert und mit gut dotierten Stellen versorgt, weil sie die idealen Hilfskräfte für sein großes Experiment sind. Intelligentere Mitarbeiter wie Noëmi bekleiden hingegen in der Hierarchie des Instituts bisweilen deutlich schlechtere Positionen.

Die Arbeiten verlaufen wie am Schnürchen. Der Konverter und der Extra-Trafo sind bereits installiert. Die zusätzlichen Magnete sind installiert und müssen nur noch justiert werden. Der Software-Experte Schramm sitzt unterdessen im Computerraum und führt die notwendigen Änderungen an der Steuerungssoftware durch. Wenn keine unerwarteten Probleme auftauchen, müsste bis zum Abend alles einsatzbereit sein.

Feldhoff hat es eilig. Die Reise zur Feuermondnacht hat ihm offenbart, dass die von Noëmi ausgehende Gefahr für sein Experiment nicht gebannt ist. „Wer weiß, auf welche Ideen die verdammte Verräterin noch kommt, um meine Pläne zu durchkreuzen?“, fragt sich Feldhoff immer wieder. Doch wenn sich der Erfolg erst einmal eingestellt hat, da ist er sich ganz sicher, kräht kein Hahn mehr danach, ob der Versuch ordnungsgemäß genehmigt war. In Gedanken stellt er sich gar vor, wie er nach der Entgegennahme des Nobelpreises in Interviews vielleicht damit kokettiert, dass es ohne seine weitblickende und unbürokratische Eigeninitiative diesen wissenschaftlichen Durchbruch gar nicht hätte geben können.

Gegen halb eins am Mittag spürt Feldhoff in seinem Magen ein deutliches Hungergefühl. „Oh ja", denkt er „ganz ohne Essen wird das hier heute auch nicht gehen." Er eilt zum nächsten Telefon an der Tunnelwand und ruft in seinem Sekretariat an.
„Hallo Sabine, wir verhungern hier unten. Können Sie uns bitte mal sechs Pizzen mit Cola bestellen. Seien Sie so lieb und bringen Sie uns die bitte herunter, wenn sie da sind. Wir haben heute echt wenig Zeit."
„Klar doch. Welche Pizza soll es denn sein?"
„Egal. Am besten Salami und Diabolo. Je dreimal."
„Okay. Und am besten gleich zu Tortenstücken geschnitten?"
„Ja. Und bestellen Sie gleich eine Pizza für sich mit, wenn Sie mögen. Geht alles auf Kosten des Hauses."
„Danke, Herr Feldhoff, aber ich stehe nicht so auf Pizza. Außerdem ist heute mein Kräuterquark-Tag. Ich schätze, so in einer dreiviertel Stunde bin ich dann mit dem Essen bei Ihnen."
„Vielen Dank, Sabine."
Feldhoff legt den Hörer auf und macht sich sofort wieder an die Arbeit.

SIBIRIEN – Nikita Kutjelschik blickt auf den Kontroll-Monitor. In der Schleuse zur Operationszentrale befinden sich ein Mann auf zwei Krücken sowie der Sanitätsobergefreite Alimow mit einer Pistole in der Hand. An einer der beiden Krücken hängt ein großer Beutel.
„Ist das Ihr Walter?", fragt Nikita und zeigt mit einem Finger auf den Schwarz-Weiß-Bildschirm. Noëmi kommt näher, schaut kurz darauf und antwortet sofort mit einem „Ja".

„Und was befindet sich in diesem Beutel da?", fragt Kutjelschik mit einem Hauch von Misstrauen in der Stimme.

„Darin haben wir ein Mittagessen für drei Personen verpackt", antwortet Alimow, „Ihr habt doch da unten nichts Frisches mehr zu essen."

„Es ist wunderbar, wie Ihr mitdenkt. Ja, Essen ist genau das, was wir jetzt brauchen. Sie können jetzt die Schleuse wieder verlassen, Gefreiter Alimow. Der Amerikaner wird alleine zu uns in die Zentrale herunterfahren."

„Zu Befehl", antwortet der Mann auf dem Bildschirm und verschwindet durch eine Tür nach draußen. Nachdem sich diese wieder geschlossen hat, öffnet sich auf der anderen Seite der Schleuse die Tür zum Lift.

„Gehen Sie hinein und drücken Sie die grüne Taste. Ihre Freundin Noëmi wartet hier schon auf Sie", spricht Nikita Kutjelschik langsam und deutlich in das Mikrofon.

Walter humpelt langsam in den Lift und tut, wie ihm gesagt. Noëmi wird in diesem Moment bewusst, dass Walter zumindest ein wenig Russisch verstehen kann. Sie sieht auf dem Monitor, wie Walter, jetzt nur noch auf eine Krücke gestützt, auf die besagte Taste drückt. Nikita gibt seinerseits durch Tippen einer Zahlenkombination den Lift frei. Keine 30 Sekunden später betritt Walter, langsam an zwei Krücken gehend, die Operationszentrale von Ykrutz-15.

LANGLEY – Der Adler blickt noch finsterer als beim vorherigen Treffen mit Carolines Vater.

„Sie wissen sicher schon, was uns die Russen jetzt vorwerfen. Die großen Fernsehstationen trällern es bereits von allen Dächern. Wir sollen für die Eskalation in Ykrutz-15 verantwortlich sein. Irgendjemand hat ihnen gesteckt, dass sich ein CIA-Mann in dieser russischen Raketeneinheit aufhält. Da wird eine Rakete auf eine friedliche Pazifik-Insel abgefeuert, es sterben hunderttausende unschuldige Menschen und unser Walter Smith hat irgendwie seine Finger drin. Das ist für die USA eine außerordentlich schwierige und gefährliche Situation", sagt der Adler mit zunehmend lauter und ärgerlicher werdender Stimme. „Es kann doch nicht sein, dass die CIA nicht den Hauch einer Ahnung davon hat, welche Rolle Smith da tatsächlich spielt. Das nenne ich totalen Kontrollverlust!"

„Ich habe hier einen Plan ausgearbeitet, wie wir das Problem hoffentlich lösen können." Carolines Vater drückt dem Adler das Papier in die Hand. Der überfliegt es schnell.

„Nicht schlecht. Einen Versuch ist das wert. Okay. Bis zum Punkt Helsinki haben Sie meine Genehmigung. Für alle weiteren Schritte brauchen wir grünes Licht vom Präsidenten. Ich werde das klären. Sorgen Sie dafür, dass London diese Imelda nach Helsinki bringt. Sie fliegen selber dorthin und reden mit der Frau. Wir kümmern uns um die Russen. Und dann schauen wir, ob alles zusammenpasst. Los jetzt, verlieren Sie keine Zeit!"

„Jawohl, so machen wir es", antwortet Carolines Vater und eilt aus dem Zimmer. Wenige Sekunden später klingelt das Telefon auf dem Schreibtisch des Adlers.

„Der Präsident der Vereinigten Staaten möchte Sie sprechen", sagt eine Frauenstimme.

„Stellen Sie durch."

Der Präsident klingt sehr vorwurfsvoll.

„Stimmt es, dass wir einen Agenten in die Geschlossene Stadt Ykrutz-15 eingeschleust haben? Sie wissen, dass eine solche Aktion ohne meine ausdrückliche Genehmigung gesetzeswidrig ist. Außerdem ist ein solches Vorgehen in dieser Zeit mehr als töricht. Schließlich leben wir nicht mehr im Kalten Krieg. Oder wollen Sie unbedingt, dass wir den zurückbekommen?"

„Um Gottes Willen, nein, Mister President. Walter Smith hatte keinen wie auch immer gearteten Auftrag nach Russland zu reisen, geschweige denn, nach Ykrutz-15 zu fahren. Er handelt auf eigene Faust. Er hat sich während einer Dienstreise in London abgesetzt. Über seine Motive wissen wir noch nichts. Wir vermuten, dass er ein Doppelagent sein könnte und für Russland arbeitet. Außerdem ist er tatverdächtig, die Bombe im New Yorker Empire State Building gelegt zu haben. Alles in allem ein wirklich schwieriger und erschreckender Fall. Wir können es uns einfach nicht erklären, warum dieser fleißige und bislang unauffällige Krypto-Experte mutiert ist. Ein Fall ohne Beispiel."

„Das klingt wirklich atemberaubend. Wie es dazu kommen konnte, werden wir später noch klären müssen. Jetzt ist aber die wichtigste Frage: Was sagen wir den Russen und der Weltöffentlichkeit?"

„Am besten die Wahrheit. Wir haben in dieser Causa nichts zu verbergen und auch schon einen Plan ausgearbeitet, wie wir die Krisensituation meistern könnten. Wir könnten den Russen eine konkrete Zusammenarbeit bei der Jagd nach Smith anbieten. Wenn ich die Dinge richtig verstehe, dann haben die Russen und wir im Moment ein gemeinsames Problem – und das heißt Walter Smith. Also sollten wir gemeinsam dieses Problem angehen. Das ist die beste vertrauensbildende Maßnahme, die man sich in dieser Situation vorstellen kann."

„Klingt interessant. Doch wie soll das konkret aussehen?"

„Es gibt folgenden Vorschlag: Wir wollen eine Ex-Freundin von

Smith als Köder einsetzen, um ihn aus Ykrutz-15 zu locken. Wir wissen nämlich, dass sich Walter Smith noch vor Kurzem in London mit ihr treffen wollte und dass es irgendwie ein besonderes Verhältnis zwischen den beiden gibt. Smith aus Ykrutz-15 zu entfernen, liegt sowohl in unserem, als auch im Interesse der Russen – vorausgesetzt, er ist nicht ein russischer Agent, der nun seinerseits von Moskau geschützt wird. Dann würde unser Plan nicht funktionieren. Ansonsten gehe ich mal davon aus, dass Smith nicht den Rest seines Lebens in Ykrutz-15 verbringen will. Ich halte es für wahrscheinlich, dass er auf unseren Trick hereinfällt. Wir schicken Imelda O'Connor, so heißt die besagte Dame, zu ihm – ausgestattet mit einer netten Story. Sie wird ihm eine realistisch klingende Perspektive aufzeigen, die er in dieser Situation nicht ausschlagen kann."
„Also, ich weiß nicht. Das klingt doch sehr gewagt. Ich halte es für recht unwahrscheinlich, dass diese Frau da mitmachen wird. Oder haben wir einen Hebel?"
„Ich glaube schon, dass sie mitmacht. Wir verfügen in der Tat über gute Motivationsverstärker. Einen Versuch ist die Sache jedenfalls wert."
„Ja, ich denke auch. Selbst wenn die Sache nicht wie geplant klappen sollte, ist allein schon der Vorschlag ein guter diplomatischer Schachzug in Richtung Moskau. In jedem Fall distanzieren wir uns damit von Smith und zeigen unsere Bereitschaft, mit ihnen gemeinsam gegen den Übeltäter vorzugehen. Allerdings frage ich mich schon, auf wessen Rechnung dieser Smith tatsächlich arbeitet, wenn weder wir noch die Russen hinter seinen Eskapaden stecken."
„Das frage ich mich natürlich auch", sagt der Adler stirnrunzelnd. „Der CIA-Chef schließt ganz und gar aus, dass Smith

in unserem Auftrag unterwegs ist. Wie auch immer – mit der ‚Mission Imelda' können wir nichts verlieren, nur gewinnen."
„Könnte der CIA-Chef möglicherweise selber in die Geschichte verstrickt sein?", fragt der Präsident vorsichtig.
„Es gehört zum Kern meines Wesens, niemals etwas auszuschließen", antwortet der Adler. „Auch wenn mir mein nahezu untrügliches Bauchgefühl sagt, dass es nicht so ist, so bleibt bei nüchterner Betrachtung tatsächlich ein Restverdacht. Schließlich war Walter Smith in seiner Funktion unmittelbar dem CIA-Chef unterstellt und dessen Tochter war oder ist sogar mit Smith liiert. Das sind schon bemerkenswerte Aspekte. Ich habe aber den Eindruck, dass auch er von den Entwicklungen völlig überrascht ist und ein ziemlich schlechtes Gewissen hat, dass ihm bei Walter Smith nie eine Anomalie aufgefallen ist. Und er weiß, dass dadurch zwangsläufig ein Schatten auf ihn fällt. Wenn er unschuldig ist, wird er das größte Interesse haben, Walter Smiths habhaft zu werden und die ganze Sache aufzuklären."
„Sie behalten aber auch ihn im Blick!"
„Selbstverständlich. Auch deshalb habe ich ihn höchstpersönlich beauftragt, nach Helsinki zu fliegen, dort mit Imelda O'Connor zu sprechen und die Sibirien-Aktion einzufädeln. Wie engagiert und zielführend er das macht, wird uns nicht verborgen bleiben. Gut, dass die USA über so viele unabhängige Geheimdienste verfügen, dass ich sogar den CIA-Chef beschatten lassen kann. ‚Mission Imelda' hat also den zusätzlichen Nutzen, dass wir auch etwas über das Innenleben dieses Mannes erfahren können. Sollte er mit Walter Smith unter einer Decke stecken, dürfte er kein Interesse am Erfolg dieser Mission haben. Es wäre eine bemerkenswerte kognitive Leistung,

einen Plan vorzulegen, an dessen Umsetzung er selber nicht interessiert sein kann. Doch wir werden sehen."
„Sehr gut. Sie denken ja wirklich an alles."
„Das ist mein Job. Sind Sie also mit dem Plan einverstanden?"
„Meinen Segen haben Sie. Aber nur unter einer Voraussetzung. Die Aktion muss in jedem Fall im Einvernehmen und gemeinsam mit Moskau durchgeführt werden. Wenn das nicht möglich ist, wird die Sache sofort abgebrochen. Ist das klar?"
„Selbstverständlich. Das war von Anfang die Prämisse. Ich werde Sie über die aktuelle Entwicklung auf dem Laufenden halten."

SIBIRIEN – Noëmi stürmt sofort auf Walter zu und umarmt ihn vorsichtig, um ihn an seinen Krücken nicht aus dem Gleichgewicht zu bringen.
„Das ist also Ihr Freund Walter?", fragt Nikita.
„Ja. Ich bin so glücklich, dass er noch lebt; dass du noch lebst", antwortet Noëmi nacheinander Nikita und Walter. Dann befreit sie Walter von dem an der rechten Krücke befestigten Beutel und legt ihn auf einen Tisch.
„Guten Tag, Walter. Mein Name ist Nikita, Nikita Kutjelschik." Er zieht nervös an seiner glimmenden Zigarette. „Ich war stellvertretender Kommandant von Ykrutz-15, als Victor noch lebte. Jetzt leite ich die Einheit."
Walter reicht ihm die Hand und Nikita schüttelt sie kurz.
„Noëmi kenne ich praktisch schon seit Jahren. Von ihr hat mir Victor oft erzählt. Doch Sie, Walter, würde ich gerne noch ein bisschen besser kennenlernen. Man hört wirklich merkwürdige Dinge über Sie."

Walter weiß nicht, worauf Nikita anspielt. Steht er hier am Ende der Welt vielleicht schon wieder einem Kreistempler gegenüber? Oder hat es sich schon bis nach Ykrutz-15 herumgesprochen, dass er noch vor wenigen Wochen an Computern in New York für die CIA seinen Dienst verrichtet hat? Das hält Walter für ausgeschlossen.
„Man hört, Sie seien CIA-Agent", sagt Nikita unvermittelt, „ist da eine Geschlossene Stadt in Sibirien nicht ein ungewöhnlicher oder vielleicht sogar sehr verlockender Ort für Sie?"
Noëmi blickt Walter irritiert an und Walter ist sprachlos. Er spürt, dass Leugnen zwecklos ist. Nikita weiß offenbar Bescheid. Walter hält es in diesem Moment für denkbar, dass jemand wie er, der einst die Startalgorithmen der sowjetischen Interkontinentalraketen entschlüsselt hat, in Kreisen der russischen Nuklearstreitkräfte vielleicht kein Unbekannter sein könnte. Man kann nie ausschließen, dass gewisse Informationen über eine undichte Stelle von einem zum anderen Geheimdienst fließen. Walter kann nicht ahnen, dass Nikita sein Wissen lediglich aus einer vor dreißig Minuten verbreiteten Meldung der russischen Nachrichtenagentur Interfax bezogen hat.
„Ja, Sie haben recht. Ich habe für die CIA gearbeitet. Aber das hat wirklich überhaupt nichts damit zu tun, dass ich jetzt hier in Ykrutz-15 bin. Das ist alles nur ein außergewöhnlicher Zufall. Noëmi kann Ihnen das bestätigen. Wenige Stunden vor unserer Abreise nach Moskau wusste ich noch überhaupt nicht, dass ich nach Russland fliegen würde. Und dass es nach Ykrutz-15 gehen würde, habe ich erst während der Reise erfahren. Ich bin nur deshalb hier, weil Noëmi mich gebeten hat, sie zu begleiten. Das ist alles. Und weil ich sie liebe, bin ich

gerne mit ihr gegangen. Sie wollte auch auf der Rückreise nach Berlin nicht allein mit Victor sein."
„Ja, das stimmt alles", beeilt sich Noëmi zu sagen.
„Sie haben also geglaubt, Moskaus Zusage, Victor nach Berlin ausreisen zu lassen, sei erst gemeint?", fragt Nikita Kutjelschik.
„Natürlich. Sonst wären wir beide ja nicht hier. Eigentlich hätten wir längst auf der Reise zurück nach Deutschland sein sollen", sagt Noëmi.
„Stattdessen befinden Sie sich jetzt in der Kommandozentrale einer russischen Raketeneinheit. Und dann auch noch in einer Basis, in der vor einer Stunde eine Rakete abgeschossen wurde. Falls es Sie interessiert – die Sprengköpfe sind über Moon-Island explodiert. Victor hat offenbar doch die Koordinaten dieser Insel einprogrammiert, so wie er es anfangs vorhatte. Ich habe ihm dringend davon abgeraten. Er hielt die Feuermondnacht für eine verachtenswerte Ausgeburt der westlichen Kultur. ‚Das ist das Schlimmste seit den Hexenverbrennungen', wetterte Victor. Doch ich konnte ihn von seinem Plan abbringen, den Warnschuss just am Happening-Abend über Moon-Island zu platzieren – dachte ich jedenfalls. ‚Das ist kein Warnschuss mehr', habe ich ihm gesagt, ‚das wird mehr als eine Million Menschen das Leben kosten.' Er versprach mir, die Zielkoordinaten so zu ändern, dass die Sprengköpfe irgendwo in den Weiten des Pazifiks über unbewohntem Gebiet explodieren. Ob er das im Stress der vergangenen Wochen vergessen hat oder ob es Absicht war, werden wir wohl nie erfahren."
„Die Sprengköpfe sind über Moon-Island explodiert?", fragt Noëmi sichtlich erschüttert und hofft für sich, dass Christin zu diesem Zeitpunkt schon nicht mehr auf der Insel gewesen ist. In der Eile des letzten Telefonats haben die beiden Frauen nicht da-

rüber gesprochen, wie lange Christin in der Südsee bleiben wird.
„Ja, das sind sie. Es soll 800.000 Tote gegeben haben. Viele Gäste hatten die Insel noch nicht verlassen. Das tut mir im Herzen weh. Es ist eine große Tragödie. Aber dafür ist letztlich allein Moskau verantwortlich. Hätten sie Victor nicht auf diese hinterhältige Weise umgebracht, dann hätte es auch diesen Warnschuss nicht gegeben. Vielleicht hat Victor ja auch die Möglichkeit eines Hinterhalts einkalkuliert und sich vorgenommen, die Zielkoordinaten erst dann zu ändern, nachdem er hier mit Ihnen über die Rückkehr nach Deutschland gesprochen hat. Wer weiß? Wie gesagt, ich habe immer für eine entlegene Region ohne Inseln plädiert. Doch jetzt lässt sich daran nichts mehr ändern."
„Oh Gott", sagt Noëmi, die sich nicht nur größte Sorgen um Christin macht, sondern zugleich immer deutlicher begreift, wie brisant und ausweglos die Lage von ihr und Walter hier in Ykrutz-15 ist.
„Und was jetzt?", fragt Walter, der zwar nicht alles verstanden hat, aber doch genug, um den Ernst der Lage zu begreifen. Zudem sieht er Noëmis schockiertes Gesicht.
„Wir haben den Alarmzustand unserer Raketeneinheit vorübergehend aufgehoben", sagt Nikita Kutjelschik, „wir warten jetzt auf konkrete Vorschläge aus Moskau. Nur unsere Flugabwehreinheiten zur Selbstverteidigung sind noch in höchster Bereitschaft – man weiß ja nie. Durch den pazifischen Warnschuss lässt sich die Causa Ykrutz-15 nicht mehr verbergen. Wir stehen jetzt gleichsam im Scheinwerferlicht der Weltöffentlichkeit. Und auf dem internationalen diplomatischen Parkett dürfte es gerade so richtig zur Sache gehen. Die Zeit spielt nun für uns. Wir werden uns zu nichts drängen lassen. Beim nächsten Mal muss es eine wirklich wasserdichte Lösung geben."

Noëmi übersetzt die Worte Kutjelschiks, der zuletzt immer schneller gesprochen hat, für Walter ins Deutsche, wechselt dann aber wieder ins Russische: „Und was wird jetzt aus Walter und mir?"

Noch während sie diese Frage stellt, wandern ihre Gedanken einmal mehr nach Potsdam. Sie sieht vor ihrem inneren Auge Lutz Feldhoff, der mit aller Kraft an der Vorbereitung seines Experiments arbeitet. Oder sollte er möglicherweise nicht rechtzeitig vor der nuklearen Feuernacht abgereist sein? Wenn Feldhoff auf Moon-Island ums Leben gekommen sein sollte, dann hätte eine Rakete aus Ykrutz-15 die Welt gerettet. Was für ein Gedanke.

Nikita Kutjelschik reißt sie mit seiner Antwort aus ihren Überlegungen: „Ich fürchte, dass Sie vorerst hier bei uns bleiben müssen. Aber natürlich werden wir bei allen Verhandlungen auch an Sie denken." Sein Blick wandert kurz von ihr zu Walter. „Dass er ein CIA-Mann ist, macht die Sache natürlich nicht einfacher. Ich möchte Ihnen gerne glauben, dass er schlicht durch einen großen Zufall in diese Geschichte verwickelt wurde. Aber ich kann durchaus verstehen, dass es anderen sehr schwer fallen wird, an einen so unwahrscheinlichen Zufall zu glauben."

Nikita macht einen Schritt auf die beiden zu und nimmt einen tiefen Zug an seiner Zigarette.

„Ich denke, wir sollten jetzt erst mal schauen, was unsere Küche da Leckeres zubereitet hat. Ich habe jedenfalls einen Riesenhunger – und Sie vermutlich auch."

Die beiden nicken.

„Dann nehmen Sie doch bitte da vorne am Tisch Platz. Ein so exklusives Restaurant hatten Sie bestimmt noch nie."

„Das stimmt“, sagt Noëmi, während sie bereits den Beutel aufknotet und die einzeln verpackten Speisen hervorholt, „ich habe es bislang nur zu Pizza-Essen im Teilchenbeschleuniger gebracht.“

POTSDAM – Gerade hat der Pizza-Service bei Sabine einen Stapel quadratischer Kartons und ein Pappgebinde mit einem halben Dutzend gefüllter 0,5-Liter-Cola-Becher abgeliefert, da klopft es schon wieder an ihrer Tür.

„Ja, bitte.“

Professor Ioffe betritt den Raum.

„Guten Tag.“

„Oh, Herr Professor Ioffe. Das ist aber eine Überraschung! Sie haben Glück. Professor Feldhoff ist wieder von seiner Reise zurück und arbeitet unten im Beschleuniger. Ich wollte gerade zu ihm fahren und ihm das Mittagessen bringen. Er ist nämlich im Moment so beschäftigt, dass die Zeit nicht einmal für eine ordentliche Mittagspause reicht.“

„Na, da könnte ich Ihnen ja glatt ein bisschen Arbeit abnehmen. Wenn ich ohnehin zu ihm in den Beschleuniger fahren muss, um ihn sprechen zu können, dann kann ich auch diesen Stapel Pizzen mitnehmen.“

„Oh, das wäre wirklich großartig. Ehrlich gesagt, habe ich nämlich auch viel zu tun und es wäre wunderbar, wenn ich heute nicht allzu spät nach Hause komme.“

„Kein Problem. Ich nehme die Sachen mit.“

Sabine reicht ihm den Stapel aus flachen Pappkartons mit den darauf stehenden Bechern.

„Hier ist noch die Chipkarte, mit der Sie den Lift nach unten starten können. Sie kennen sich ja in der Anlage aus?“

„Aber ja. Ich war schon zigmal da unten."
„Denken Sie bitte daran, mir anschließend die Chipkarte wieder zurückzubringen."
„Selbstverständlich, junge Frau. Bis später."
Professor Ioffe macht sich mit Pizza, Cola und Chipkarte auf den Weg.

SIBIRIEN – Die warmen und kalten Speisen auf dem Tisch in der Operationszentrale von Ykrutz-15 sind zweifelsohne nicht so exquisit wie jene in dem Moskauer Hotel, dennoch wohlschmeckend und nahrhaft. Zusammen mit dem Tee, den Nikita gekocht hat, entspannen sie gleichwohl die Nerven von Noëmi und Walter ein wenig. Auch die Stimmung von Kutjelschik scheint ein wenig besser geworden zu sein.
„Ich weiß nicht, wie lange sich die Verhandlungen mit Moskau hinziehen werden. Es könnte sein, dass Sie auch die kommende Nacht hier in der Kommandozentrale verbringen müssen. Sie können den Nebenraum mit der großen Matratze nutzen. Noëmi hat sie bereits in der vergangenen Nacht, oder besser gesagt, heute Vormittag ausprobieren können. Ich selber bin es gewohnt, auch schon mal eine Nacht im Stuhl vor der Schaltkonsole zu schlummern."
„Das ist sehr nett von Ihnen", antwortet Noëmi, „wäre es aber nicht besser, wenn wir in Ykrutz-15 außerhalb der Kommandozentrale untergebracht wären?"
„Allein schon deshalb, damit niemand auf die Idee kommt, ich würde mich hier unten vielleicht für irgendwelche sensiblen technischen Details interessieren", ergänzt Walter auf Deutsch und bittet Noëmi mit einem Handzeichen, das zu

übersetzen, „die interessieren mich nämlich einen Scheißdreck."
„Okay, okay, ich glaube Ihnen ja. Ich habe Sie selbst in die Zentrale eingelassen, was vielleicht ein Fehler war. Doch jetzt kann ich es aus Sicherheitsgründen nicht zulassen, dass Sie diesen Bunker wieder verlassen. Ich halte es zwar für unwahrscheinlich, aber eben nicht für ausgeschlossen, dass es einen Luftangriff geben könnte. Und dann sind Sie hier unten im Kommandobunker einfach am besten aufgehoben."
„Danke für Ihre Sorge um unser Leben", entgegnet Noëmi aufrichtig, „ich werde Walter dann mal unsere bescheidene Suite zeigen."
„Tatsächlich würde ich mich gern eine Stunde hinlegen", sagt Walter, „die Nacht auf der Krankenstation war ziemlich kurz. Und ich habe immer noch Schmerzen."
„Wenn das nicht besser wird, kann ich Ihnen ein Schmerzmittel geben. Das haben wir sogar hier unten vorrätig."
„Ich komme darauf gerne zurück, falls es schlimmer werden sollte. Frische Wunden tun halt weh und im Moment ist es durchaus noch erträglich. Aber ein bisschen Schlaf würde mir jetzt nach dem Essen richtig gut tun."
„Ja, ruhen Sie sich nur aus. Sie werden hier ja nicht gebraucht."
„Eine kleine technische Frage hätte ich doch noch", sagt Walter etwas kleinlaut und in sehr schlechtem Russisch.
„Ich dachte, technische Details interessieren Sie einen Scheißdreck?"
Walter kennt den russischen Kraftausdruck nicht und versteht nur „technische Details" und „interessant".
„Sie müssen wissen, ich bin Mathematiker und Computerexperte", sagt Walter wieder auf Deutsch und bittet Noëmi erneut, für ihn zu übersetzen. „Es interessiert mich rein wissenschaft-

lich, wie leistungsfähig ungefähr der Computer ihrer Kommandozentrale ist. Ich will da keine Geheimnisse und keine Details wissen."
Noëmi übernimmt die ihr von Walter zugedachte Rolle als Dolmetscherin.
„Victor war ein Computernarr", antwortet Nikita, „er hat sich immer dafür eingesetzt, dass unsere Einheit mit den jeweils besten verfügbaren Rechnersystemen ausgestattet worden ist. Doch seit einigen Jahren haben wir keinen Rubel mehr für die Wartung, geschweige denn den Ausbau unserer Computeranlage erhalten. Unser Sputnik-2000 ist aber nach wie vor eine ganz passable Maschine. Da vorne steht das Terminal, mit dem man sie bedienen kann. Mehr kann ich dazu nicht sagen."
Walter kennt die Typenbezeichnung. Ein Sputnik-2000 besitzt zwar nur ein Achtel der Rechenkraft seiner ehemaligen Maschine in New York. Doch immerhin. Ganz plötzlich ist sie wieder da – die Pi-Besessenheit. In seinem Gehirn keimt der ziemlich abwegige Gedanke, er könne Nikita fragen, ob er den Computer nicht eine Zeit lang für seine Zwecke nutzen darf.
„Komm, Walter", ruft Noëmi „ich zeige dir jetzt deinen Schlafplatz." Ihre Worte reißen ihn aus seinen Gedanken und er spürt sofort wieder die Müdigkeit.
„Ich komm ja schon", sagt Walter und folgt Noëmi vorsichtig an seinen Krücken gehend. Sie hilft ihm beim Niederlegen, da er das verletzte Bein nicht belasten kann. Sie legt sich neben ihn auf die Matratze.
„Schlaf gut", sagt Noëmi. Sie gibt Walter einen Kuss auf die Wange. Er schläft ziemlich schnell ein.

LONDON – Imelda O'Connor muss nicht lange überlegen, um auf das ebenso einzigartige wie überraschende Angebot einzugehen. Einen Haken kann sie nicht erkennen. Ihr werden überraschend eine Amnestie und politisches Asyl in Südamerika in Aussicht gestellt. Als Gegenleistung soll sie lediglich dabei mithelfen, Walter in einer sibirischen Stadt abzuholen. So ganz versteht Imelda zwar nicht, wie ihr da geschieht und warum genau sie jetzt via Helsinki nach Russland reisen soll. Doch sie zerstreut ihre Zweifel schnell mit der Überlegung, dass sie bei dieser Aktion wirklich nichts zu verlieren hat und nur gewinnen kann. „Anschließend können Sie nach Chile verschwinden und dort den Rest Ihres Lebens zwar im Exil, doch in Freiheit verbringen", hatte ihr der Abgesandte der US-Regierung, so die offizielle Sprachregelung, versprochen. Es handelte sich um einen in London residierenden CIA-Mitarbeiter, dem die britischen Behörden einen Besuch von Imelda im Gefängnis ermöglicht hatten. Zuvor war in einem höchst diskreten Deal vereinbart worden, dass Imelda O'Connor den Amerikanern übergeben werden kann, wenn die USA sich bei einer gänzlich anderen Angelegenheit den Briten gegenüber erkenntlich zeigen. Man wurde schnell handelseinig.
Von der in Aussicht gestellten Freiheit ist Imelda geradezu betört. Die zunächst nur kurz skizzierte Aufgabe erscheint ihr nicht besonders schwierig oder gar gefährlich. Und es gibt noch einen weiteren Grund, der ihr das Adrenalin in die Adern fahren lässt – der Gedanke an Rache. Imelda ist nämlich davon überzeugt, dass Walter für ihre Festnahme in London verantwortlich ist. Für sie gibt es keinen Zweifel daran, dass Walter ein Lockvogel war. Und jetzt bietet ihr das Schicksal – warum auch immer – die Möglichkeit, den Spieß umzudrehen und sich an Walter zu

rächen. „Und sei es erst in Chile“, denkt Imelda. Dieses Mal, so viel glaubt sie vom Plan verstanden zu haben, soll sie der Köder für Walter sein.

„Ja. Ich fliege mit Ihnen nach Helsinki“, lautet die knappe Antwort von Imelda.

Etwa zur gleichen Zeit wird in einem konstruktiven Telefongespräch zwischen Moskau und Washington vereinbart, die Angelegenheit Ykrutz-15 gemeinsam lösen zu wollen. Zu gerne sind beide Seiten bereit, Walter Smith als den Kern des Problems zu sehen. Man einigt sich sogar darauf, ihn nach seiner Verhaftung öffentlichkeitswirksam vor ein internationales Strafgericht zu stellen. Die russische Seite erklärt sich nach anfänglichen Bedenken bereit, die „diplomatischen Dienste“ einer Britin in Anspruch zu nehmen. Ein gemeinsames Einsatzteam von russischen und amerikanischen Agenten soll Walter Smith mit Unterstützung von Imelda O’Connor überwältigen und festnehmen. In diesem Zusammenhang werden ausgesuchten Medien genau dosierte Informationshäppchen dezent zugespielt.

+++ EILMELDUNG +++

AP/Washington – Die Nuklearkrise zwischen den USA und Russland soll auf diplomatischem Wege entschärft werden. Die Präsidenten beider Länder haben sich darauf verständigt, die angespannte Lage gemeinsam zu bewältigen. Der Alarmzustand der Nuklearstreitkräfte soll baldmöglichst aufgehoben werden.

Die Weltbörsen reagieren auf diese Nachricht mit einem deutlichen Sprung nach oben.

POTSDAM – „Pizza für Professor Feldhoff", ruft Ioffe laut in das Beschleunigerrund, nachdem er aus dem Fahrstuhl ausgestiegen ist. „Wir sind hier vorne", antwortet eine Stimme aus dem Tunnel. Ioffe geht, die Cola-Becher vorsichtig balancierend, in die Richtung, aus der er die Antwort vernommen hat. Nach wenigen hundert Metern sieht er Lutz Feldhoff mit seinen Assistenten am Beschleuniger arbeiten.

„Na, das ist ja eine Überraschung. Geht es Ihnen in Russland inzwischen so schlecht, dass Sie hier in Potsdam als Pizza-Bote arbeiten müssen?", versucht Feldhoff zu scherzen, obwohl er ganz und gar nicht darüber erfreut ist, ausgerechnet jetzt Besuch von seinem russischen Kollegen zu bekommen.

„Sabine hat mich gebeten, Ihnen die Pizza gleich mitzubringen, wo ich Sie doch ohnehin besuchen wollte. Ich höre, dass Sie so beschäftigt sind, dass nicht einmal Zeit für ein richtiges Mittagessen ist?"

„Ja, so ist es. Wir sind bei den letzten Vorbereitungen für unser Experiment. Sie kennen das ja selber. Am Ende kann man es gar nicht erwarten, dass es endlich losgeht."

Ioffe beobachtet die Assistenten und erkennt als Experte sofort, was sie dort tun. Es passt zu der Beschreibung, die er aus Moskau erhalten hat. Offenbar hat diese Noëmi mit ihrer Warnung recht.

„Herr Feldhoff, ich würde Sie gerne kurz unter vier Augen sprechen", sagt Ioffe, nachdem er die Pizza-Kartons auf dem Boden abgestellt hat.

„Muss das jetzt sein? Sie wissen doch, wie beschäftigt wir sind."

„Ja es muss sein! Es ist dringend. Ich möchte sagen, es ist in etwa genauso dringend wie Ihr Experiment."

Feldhoff willigt, wenn auch widerwillig, ein.

„Na gut, weil Sie es sind. Am nächsten wäre der Abstellraum da vorne. Da können wir hingehen."
„Gern", entgegnet Ioffe und folgt Feldhoff, der bereits einen Schritt in die entsprechende Richtung gemacht hat. Ioffe dreht sich noch einmal kurz zu den Assistenten um, die ihre Arbeit unterbrochen haben und sich über die Pizza hermachen. „Ich wünsche Ihnen einen guten Appetit", ruft Ioffe ihnen zu, „aber lassen Sie bitte etwas für Professor Feldhoff übrig."

SIBIRIEN – Auch Noëmi ist auf der Matratze neben Walter eingeschlummert, wacht aber schon bald nach sehr unruhigem Schlaf wieder auf. Schweißperlen stehen auf ihrer Stirn. Sie hat das Gefühl, jeden einzelnen ihrer Knochen zu spüren. In ihrem Albtraum hatte sie eine Vision. Eine Vision, wie Feldhoffs Experiment doch noch verhindert werden könnte. Sie rüttelt an Walters Arm.
„Walter!"
„Ja, was ist denn?"
„Du, Walter, ich habe eine Idee. Ich weiß jetzt, wie wir Feldhoff aufhalten und die Welt retten können."
Walter dreht sich langsam zu Noëmi um. Sein Bein schmerzt. Er muss selbst erst mal seinen Traum verscheuchen, der gerade noch in seinem Kopf spukt. Darin ging es um die Frage, ob es ein anderes Universum geben könnte, in dem Pi nicht den gleichen Wert hat wie in unserer Welt. Die Theorie vom Multiversum, also vielen parallel existierenden Universen, wird unter Physikern kontrovers diskutiert. In Walters Traum streiten zwei Wissenschaftler heftig darüber, ob es Universen mit einer besonderen, nicht-euklidischen Geometrie geben kann, in der Pi

einen anderen Wert hat oder möglicherweise keine Rolle mehr spielt. Die eine Traumgestalt hielt das für möglich, die andere widersprach heftig und versuchte zu erklären, warum Pi in jedem Universum eine wichtige universelle Konstante ist. Walter braucht einige Momente, bis sein Kopf klar genug ist, um aufnahmebereit für das zu sein, was Noëmi ihm zu sagen hat. „Dann erzähl mal", sagt er sanft und streicht Noëmi mit der Hand durchs Haar. Er gibt ihr einen Kuss.

„Ich kann gut abschätzen, wieviel Zeit Feldhoff für den Umbau der Anlage benötigt. Er könnte innerhalb von ein bis zwei Tagen damit fertig sein. Andererseits können wir gar nicht absehen, wann wir wieder aus dieser Geschlossenen Stadt herauskommen – wenn wir denn überhaupt jemals diesen Bunker lebend verlassen. Derweil arbeitet die Zeit für Feldhoff. Er setzt die Existenz des ganzen Universums aufs Spiel und wir sitzen hier, tausende Kilometer entfernt, in Sibirien fest. Ich sehe jetzt nur noch eine Chance, wie wir ihn stoppen können."

„Nun, sag schon."

„Wir müssen eine Atomrakete auf Feldhoffs Beschleuniger schießen. Der befindet sich zwar ziemlich tief unter der Erde, doch die filigranen Experimentier-Einrichtungen und deren hochsensible Elektronik würden den Schockwellen und insbesondere dem elektromagnetischen Puls der Atombombenexplosion nicht standhalten. Das gesamte Forschungszentrum wäre garantiert nicht mehr nutzbar und Feldhoffs Plan definitiv durchkreuzt."

„Ja, aber... du meinst... das würde ja bedeuten, dass..." In Walters Gehirn überschlagen sich die Gedanken.

„Natürlich weiß ich, dass dadurch nicht nur Potsdam, Berlin und auch mein Heimatort zerstört würden", fährt Noëmi fort,

„und als Folge davon wäre überdies ein nuklearer Schlagabtausch der Großmächte recht wahrscheinlich. Im schlimmsten Fall wird dadurch die menschliche Zivilisation ausgelöscht. Selbst dann würden viele Pflanzen- und Tierarten auf diesem Planeten das nukleare Inferno überstehen. Die Evolution könnte weitergehen. Die Alternative ist, die Existenz des gesamten Universums zu gefährden. Niemand weiß, wie viele bewohnte Planeten es in seinen Weiten birgt. Wir tragen letztlich auch die Verantwortung für das Leben auf fernen Exo-Planeten. Wenn wir hier in dieser Anlage die Möglichkeit dafür haben, das Höllenexperiment zu verhindern, dann müssen wir das tun. Es ist eine schreckliche Entscheidung. Ganz sicher. Aber vielleicht ist das unsere Bestimmung. Wir haben es in der Hand, das Universum zu retten, und müssen dafür einen Teil dieser Welt zerstören. Ist es nicht irgendwie ein Zeichen des Schicksals, dass wir in diesen Stunden, in denen Feldhoff sehr wahrscheinlich Vorbereitungen für sein Experiment trifft, hier am Ende der Welt in der Operationszentrale einer Atomraketen-Einheit sitzen?"
Walter weiß nicht, was er sagen soll. Sein Gehirn ist wie gelähmt. Doch nach einigen Augenblicken ist er wieder fähig, analytisch zu denken. Walter erkennt schnell, dass Noëmis Vorschlag tatsächlich der einzige Ausweg ist – vorausgesetzt natürlich, Feldhoffs Geheimexperiment ist wirklich so gefährlich, wie Noëmi es ihm erklärt hat. Er vertraut ihr.
„Du hast recht. Auch wenn das absurd, ja wahnsinnig klingt. Es ist jetzt wohl die einzige Möglichkeit, die uns noch bleibt. Darauf, dass Ioffe die Dinge richtet oder Feldhoff auf Moon-Island ums Leben gekommen ist, können wir uns nicht verlassen. Wir sollten mit Nikita darüber sprechen."

HELSINKI – Imelda sitzt im Flieger nach Helsinki auf einem Mittelplatz. Links und rechts neben ihr haben zwei Sicherheitsbeamte Platz genommen, die sie auf dieser Reise begleiten. Die finnischen Behörden sind so weit wie nötig über den außergewöhnlichen Besuch informiert worden, damit es bei der Einreise nicht zu Problemen kommt. Sofort nach ihrer Ankunft am Terminal gehen die drei durch den Diplomaten-Ausgang weiter zum Airport-Hotel, wo in einer angemieteten Suite bereits Carolines Vater wartet.

„Guten Tag, Frau O'Connor", grüßt er betont lässig, als sie das Zimmer betritt. Er ist verblüfft, wie sehr die junge Frau, abgesehen von der Haarfarbe, seiner Tochter Caroline ähnelt. Auf den Fahndungsfotos, die er sich vor der Reise angeschaut hatte, ist ihm dies nicht aufgefallen.

„Guten Tag", antwortet sie kurz.

„Setzen Sie sich doch bitte. Mein Name ist John. Ich arbeite im Auftrag der amerikanischen Regierung. Sie wissen ja bereits in groben Zügen, warum Sie hier sind. Es geht uns darum, Walter Smith zum Verlassen einer Geschlossenen Stadt in Russland zu bewegen, in der er sich derzeit aufhält. Wir sind davon überzeugt, dass Sie dabei helfen können. Sie wissen doch, wer Walter Smith ist?"

„Oh ja, das weiß ich sehr gut", sagt sie und setzt sich in den bequemen Leder-Sessel. Ein solches Möbelstück hat sie in den vergangenen Wochen sehr vermisst.

„Sie waren mit ihm liiert, als er in Cambridge studierte?"

„Ich denke, das wissen Sie genauso gut wie ich. Wenn es nicht so wäre, säße ich jetzt wohl nicht hier."

„Wissen Sie, dass er Sie vor Kurzem in London besuchen wollte?"

„Natürlich. Glauben Sie etwa, ich würde so schnell vergessen, dass mich dieser Mistkerl ins Gefängnis gebracht hat?"
Im Kopf von Carolines Vater macht es „Klick". An diese Möglichkeit hat er bisher gar nicht gedacht. Imelda glaubt offenbar, dass Walter an ihrer Verhaftung mitgewirkt hat. Nun, er muss ihr ja nicht sagen, dass es keinesfalls so war. Er begreift, dass es für Imelda O'Connor neben der in Aussicht gestellten Amnestie möglicherweise noch eine andere Motivation gibt. „Es wäre plausibel, dass sie sich an ihm rächen möchte", denkt sich John, „wunderbar, das gibt der Sache zusätzlichen Schwung." Blitzschnell modifiziert er, was er ihr sagen will.
„Unsere Absicht ist, Walter zu verhaften", sagt John jetzt, „es geht nicht darum, auch ihn nach Südamerika ausreisen zu lassen. Dieses Angebot gilt nur für Sie. Walter Smith weiß nichts davon, dass Sie von seiner sensiblen Rolle bei Ihrer Verhaftung in London Kenntnis haben. Wir sind uns ziemlich sicher, dass Smith zunächst einmal mit Ihnen in London über irgendetwas von Bedeutung sprechen und Sie erst später verraten wollte. Doch dann muss er die Kontrolle über die Abläufe verloren haben, so dass sich eine Eigendynamik ergab, die dann zu einer vorzeitigen Festnahme von Ihnen geführt hat. Wir wissen bis heute nicht, worüber er sich mit Ihnen austauschen wollte. Es wäre für uns aber sehr wichtig, das zu erfahren. Und es gibt Indizien, dass er immer noch großes Interesse daran hat, mit Ihnen über eben diese Sache zu reden."
„Worum könnte es da denn gehen?", fragt Imelda verwundert.
„Das wissen wir wirklich nicht", sagt John, „es ist aber für den Erfolg Ihres Einsatzes unerheblich. Wichtig ist nur, dass Walter Smith tatsächlich noch immer mit Ihnen sprechen möchte. Davon gehen wir aber aus. Sollten Sie, was ja nicht unverständlich

wäre, Aggressionen gegen ihn verspüren, dann versuchen Sie diese bitte so zu beherrschen, dass Sie ihn gleichwohl zu einem Gespräch verleiten können. Uns interessiert sehr, was er Ihnen zu sagen hat. Das ist also Teil unseres Deals."

„Ah, ich verstehe", antwortet Imelda, „was immer es sein mag, ich habe nicht das geringste Problem damit, dass Sie diese Informationen erhalten. Mich interessiert nur, dass ich anschließend sofort nach Chile reisen kann."

„Selbstverständlich. Wenn Sie Ihren Teil der Aktion wie besprochen erfüllen, dann werden Sie direkt von Moskau nach Santiago de Chile fliegen. Mit der chilenischen Regierung ist bereits geklärt, dass Sie Asyl erhalten. Auch alle anderen diplomatischen Vorbereitungen sind getroffen. Strengen Sie sich also an! Das hängt jetzt alles nur von Ihnen ab."

„Wie soll die Aktion im Detail ablaufen?"

„Walter Smith befindet sich in Sibirien in einer Raketenbasis. Er kontrolliert die Anlage gemeinsam mit einer Gruppe von Aufständischen. Sie haben bereits eine Interkontinentalrakete abgeschossen, die Moon-Island getroffen hat." Beim Gedanken an die wunderbare Pazifik-Insel muss selbst er sich anstrengen, die Fassung zu bewahren. Eigentlich hatte er geplant, gemeinsam mit seiner Tochter noch ein paar Tage länger auf der Insel zu bleiben. Zum Glück hat auch Caroline, nachdem ihr Vater vorzeitig im Kampfjet abreisen musste, baldmöglichst nach dem Event die Heimreise angetreten. Nur deshalb hat auch sie sich nicht mehr auf der Insel aufgehalten, als die Atomsprengköpfe explodierten.

„Um noch Schlimmeres zu verhindern, müssen wir Walter Smith unbedingt davon abhalten, weitere Raketen abzuschießen. Sie können sich vorstellen, was das für uns alle und die ganze Welt bedeuten würde. Gemeinsam mit unseren russischen Freunden haben wir also diesen Plan ausgearbeitet. Dabei wird es entscheidend auf Ihr Geschick ankommen. Sie müssen Walter dazu bewegen, die Operationszentrale zu verlassen. Denken Sie daran, dass Sie das am Telefon schaffen müssen."

„Ich werde mein Bestes geben."

„Gut", Carolines Vater öffnet die Tür zum Nebenzimmer, „wenn Sie mir jetzt bitte folgen würden." Sie gehen gemeinsam hinüber. Dort warten, auf Stühlen sitzend, zwei slawisch aussehende Männer mittleren Alters.

„Das sind zwei russische Offiziere, die Sie auf der Weiterreise nach Moskau begleiten werden. Es sind unsere Kontaktleute zur Regierung in Moskau, auf deren Unterstützung wir bei der Umsetzung des Planes angewiesen sind. Unsere beiden Länder arbeiten hier vertrauensvoll zusammen. Wir wollen gemeinsam verhindern, dass Walter Smith den Weltfrieden gefährdet."

Imelda denkt für sich, wie wenig dieser Walter heute offenbar mit jenem Menschen gemein hat, den sie als Studentin gekannt und geliebt hat. Eine Atomrakete auf eine friedliche Pazifikinsel zu schießen – auf so eine verrückte und abscheuliche Idee wäre selbst sie, so radikal ihr Denken und Handeln auch mittlerweile sind, niemals gekommen.

„Guten Tag", begrüßen sie die beiden Russen auf Englisch, „wir werden Sie auf der Weiterreise betreuen. Eine kleine Chartermaschine wartet bereits auf dem Rollfeld. Je eher wir losfliegen, umso besser. Auf dem Flug können wir weitere Details besprechen und alle Fragen beantworten, die Sie möglicherweise noch haben."

„Ich wünsche Ihnen einen guten Flug und viel Erfolg", verabschiedet sich John von Imelda O'Connor. Bevor sie den beiden russischen Offizieren zur Tür folgt, ruft sie noch dem Amerikaner zu: „Wie gesagt, ich werde mein Bestes geben. Sie hoffentlich auch!“

SIBIRIEN – Walter und Noëmi sind aufgestanden. Sie hat ihm dabei geholfen. „Ich werde ihm jetzt von deiner Idee erzählen“, flüstert er Noëmi zu und humpelt langsam in den Kontrollraum. Walter kommt inzwischen mit einer Krücke aus.

„Na, haben Sie gut geschlafen?“, fragt Nikita, der mit roten, müden Augen in einer Wolke aus Zigarettenrauch sitzt.

„Danke. Sie könnten wohl auch eine kleine Ruhepause gebrauchen“, sagt Walter. Auch mit seinen rudimentären Russischkenntnissen kann er sich halbwegs verständlich machen.

„Ich warte auf Antwort aus Moskau. Da kann ich nicht schlafen. Aber machen Sie sich keine Sorgen. Ich kann ganz schön was aushalten.“

„Das glaube ich. Aber was, wenn Moskau nicht wie von Ihnen erwartet reagiert?“

„Unsere Forderungen sind nur recht und billig. Ganz Ykrutz-15 steht dahinter. Moskau wird einlenken. Der Warnschuss hat gezeigt, dass wir es ernst meinen.“

„Bereits vorher hat man Victor getötet. Jetzt, nach Moon-Island, ist doch auch für Sie Schluss. Sie kommen vor ein Militärgericht. Am Ende kann nur die Todesstrafe stehen.“

„Was soll denn jetzt diese Panikmache?“, ruft Nikita gereizt und weiß doch tief in seinem Inneren, dass Walter recht hat, „haben Sie vielleicht eine bessere Idee, was wir machen sollen? Ihr beide steckt doch genauso tief in der Scheiße.“

„Ja, ich weiß. Und ich weiß auch, was wir tun müssen. Wir drei müssen der Menschheit einen historischen Dienst erweisen."
Nikita blickt Walter fragend an und fürchtet, dass dieser jetzt völlig übergeschnappt ist.
Walter möchte ihm von den gefährlichen Plänen Feldhoffs erzählen, merkt aber, dass seine Russisch-Kenntnisse dafür nicht ausreichen. Er bittet Noëmi, die noch immer in der Tür zum Nebenraum steht und zugehört hat, Nikita von ihrer Idee zu berichten. Sie kommt ein paar Schritte näher und stimmt Nikita darauf ein, dass sie etwas weiter ausholen muss. Sie beginnt zu erklären, was es mit der Energie des Vakuums auf sich hat, warum die von Professor Lutz Feldhoff in Potsdam geplanten Versuche zum Weltuntergang führen können und wie sie hinter die geheimen Pläne gekommen ist.
Nikita hört interessiert und aufmerksam zu. Physik war immerhin sein Lieblingsfach in der Schule und im Rahmen der Offiziersausbildung hat er auch das eine und andere aus Naturwissenschaft und Technik gelernt. Von einer im Vakuum steckenden Energie und angeregten Zuständen des Vakuums hat er allerdings noch nie etwas gehört. Nikita stellt einige Verständnisfragen und Noëmi versucht so gut sie kann, die Zusammenhänge zu erklären.
„In diesen Stunden ist ein besessener, skrupelloser Wissenschaftler dabei, die Existenz des gesamten Universums aufs Spiel zu setzen. Im Vergleich dazu war die Zerstörung von Moon-Island wirklich nur eine Petitesse", fasst Noëmi die Botschaft ihrer Physik-Lektion zusammen.
„Und ich sage Ihnen, was jetzt zu tun ist", übernimmt Walter wieder, „wir müssen eine Rakete auf Potsdam schießen. Egal, was die Folgen für uns und die Welt sind. Nur so lässt sich der

Untergang des ganzen Universums verhindern. Ja, die Folge kann ein Nuklearkrieg sein. Das ist schrecklich, aber das kleinere Opfer. Es geht um die Rettung des Universums. Nikita, Sie können ein Held werden!"

„Sie sind ja verrückt!", schreit Nikita ihn an, „eine Atomrakete auf Berlin? Das wäre der Anfang vom Ende dieses Planeten. Ich wüsste nicht, was dann noch zu retten wäre. Und falls ich das Ganze hier überleben sollte, käme ich dann mit Sicherheit vor ein Kriegsgericht. Sie müssen wirklich wahnsinnig sein, so etwas überhaupt vorzuschlagen. Das also ist der wahre Grund, warum Sie sich in dieses Raketenzentrum eingeschlichen haben! Schön, dass Sie endlich Ihre Maske fallen lassen." Nikita zückt seine Pistole und richtet sie auf Walter.

„Damit eines klar ist", schreit Nikita, „hier führe ich das Kommando. Und ein Verrückter wie Sie ist besser da oben in einer Zelle aufgehoben als hier unten in der Operationszentrale." In diesem Moment klingelt das Telefon mit der Leitung nach Moskau. Nikita nimmt den Hörer mit der linken Hand ab und hält die Waffe mit der Rechten nach wie vor auf Walter gerichtet. Er lässt ihn keinen Moment aus den Augen.

„Kutjelschik."

„Hier spricht General Ludkow."

„Nun, was ist Ihr Vorschlag?"

„In der Sache selber kann ich Ihnen im Moment noch keine Antwort geben. Wir bestehen darauf, dass zunächst der amerikanische Agent Walter Smith Ykrutz-15 verlassen muss. Nach unseren Informationen haben Sie ihn in die Operationszentrale geholt. Das ist kein guter Ort für ihn. Wer sagt uns, dass Sie im Moment nicht der Handlanger einer wie auch immer gearteten amerikanischen Aktion sind? Schaffen Sie erst einmal diesen Mann hinaus und dann können wir sozusagen innerrussisch über alles reden."

„Es war nicht meine Idee, diesen Kerl in die Geschlossene Stadt zu bringen. Die Verantwortlichen dafür sitzen doch wohl eher in Moskau. Unterstellen Sie mir an dieser Stelle bitte nichts. Ich werde den Spion mit größtem Vergnügen vor dem Tor von Ykrutz-15 aussetzen."

„Sehr gut. Doch warten Sie damit bitte noch einen Moment, bis ein kleines Kommando von uns eingetroffen ist, das Walter Smith in Empfang nehmen kann. Und damit Sie und wir Walter nicht mit roher Gewalt aus Ykrutz-15 hinaus befördern müssen, haben wir uns etwas Besonderes ausgedacht. Sagen Sie Smith, dass noch heute eine gewisse Imelda O'Connor nach Ykrutz-15 kommen und vor der Geschlossenen Stadt auf ihn warten wird. Sagen Sie ihm, es gehe um etwas sehr Wichtiges. Er wird das verstehen. Wenn die Frau eingetroffen ist, können wir direkt ein Telefongespräch zwischen Smith und O'Connor schalten. Wenn er dann freiwillig den Bunker verlässt, macht das für uns alle die Sache deutlich einfacher. Die Chancen stehen gut, dass es funktionieren wird. Ich melde mich wieder, sobald wir die genaue Ankunftszeit von O'Connor absehen können."

„Und was ist mit Noëmi?", fragt Nikita.

„Das ist im Moment unwichtig. Machen Sie mit Noëmi, was Sie wollen. Die ist vollkommen harmlos..."

Keine Sekunde später fällt Nikita der Hörer aus der Hand. Eine völlig überraschende Attacke von Noëmi hat ihn zu Boden gestreckt. Nikita hat sich so sehr auf das Telefonat und den von ihm mit der Pistole in Schach gehaltenen Walter konzentriert, dass er die seitlich von ihm in einigen Metern Abstand stehende Noëmi gar nicht mehr im Blick hatte. Die Stimme von Gene-

ral Ludkow war so kräftig und die Ohren von Noëmi so gut, dass sie den Satz „Machen Sie mit Noëmi, was Sie wollen" verstanden hat. Das löste in ihr spontan einen Verteidigungsreflex aus. Blitzschnell und lautlos hat sie die Distanz zu Nikita überwunden und ihn mit einem perfekten Doppelgriff zugleich entwaffnet und zu Boden geworfen. Die Pistole schlägt mit einem metallischen Geräusch auf dem Steinboden auf. Walter humpelt zwei Schritte nach vorne und schlägt die Pistole mit seiner Krücke weit von Nikita weg. Noëmi kniet derweil auf dem Rücken des bäuchlings am Boden Liegenden und hält den linken Arm von Nikita in einer schmerzhaften Aikido-Fixierung. Walter greift den herunterbaumelnden Telefonhörer und lässt ihn auf die Gabel fallen. Dann humpelt er in Richtung Pistole, merkt aber schnell, dass er sich mit seiner Beinverletzung unmöglich bücken und sie aufheben kann.
„Lass mal", ruft ihm Noëmi zu, „das eilt im Moment nicht. Bring mir lieber mal irgendeine Kordel." Wenige Augenblicke später haben zwei klobige Tischlampen keine Anschlusskabel mehr. Walter bringt ihr die beiden Strippen.
„Ich glaube, ich brauche jetzt deine Hilfe. Du musst ihn fesseln. Ich muss solange noch seine Arme kontrollieren. Fang am besten mit seinen Beinen an."
Walter sieht ein, dass es keine andere Möglichkeit gibt. Es wird nun auch für ihn schmerzhaft werden. Er stellt die Krücke ab, knickt sein gesundes Bein ab und lässt sich so langsam, wie es nur geht, seitlich auf den Boden neben Nikita fallen. Die Wunde tut höllisch weh. Er beißt die Zähne aufeinander, sammelt sich und rutscht dann in eine Position, die ihm das Fesseln von Nikitas Beinen zwischen den Knien und Fersen ermöglicht. Noëmi sorgt derweil mit dosierten Schmerzen dafür, dass Niki-

ta jedes Zappeln seiner Beine besser unterlässt. Walter braucht mehrere Minuten, bis die Beine mit einem der Kabel aneinander gebunden sind. Dann rutscht Noëmi auf dem Rücken von Nikita etwas nach unten und fixiert dessen Arme so, das Walter die Handgelenke mit dem anderen Kabel verknoten kann. „Geschafft“, murmelt Walter erschöpft. Noëmi springt auf, hebt flink die immer noch auf dem Boden liegende Pistole auf und legt sie auf ein kleines Wandregal mit einigen Handbüchern. Dann hilft sie Walter auf die Beine, so wie sie es schon einmal beim Aufstehen von der Matratze gemacht hat. Auch das geht nicht ohne Schmerzen. Walter kann ein paar Aufschreie nicht unterdrücken. Zusammen mit dem Fluchen des am Boden liegenden Nikita ergibt das ein schauerliches Duett.

POTSDAM – Lutz Feldhoff zieht die Türe hinter sich zu, nachdem er mit Ioffe den kleinen Raum betreten hat. „Was gibt es denn, lieber Ioffe, dass Sie mich heute so überraschend besuchen und mich bei wichtigsten Arbeiten stören?“
„Ich würde es nicht tun, wenn ich nicht Grund dazu hätte. Ich will gleich zur Sache kommen. Sie planen offenbar einen Versuch oberhalb der kritischen Energie. Die Arbeiten, die Sie da draußen am Beschleuniger durchführen, sprechen mir doch sehr dafür. Das bestätigt mich in dem Verdacht, der mich heute zu Ihnen geführt hat.“
Feldhoff ist sich sicher, dass Noëmi für Ioffes Intervention verantwortlich ist. Zugleich spürt er, dass ein Leugnen der offensichtlichen Fakten gegenüber diesem Mann sinnlos ist.
„Ja, so ist es. Ich werde einen Versuch oberhalb der kritischen Energie durchführen, weil nur so Antworten auf die noch offe-

nen Fragen der universellen Theorie zu erhalten sind. Das wissen Sie ebenso gut wie ich."
„Und Sie wissen genauso gut wie ich, was Sie damit riskieren: Das Vakuum könnte aus einem angeregten Zustand in den Grundzustand geschubst werden."
„Das ist doch alles nur Theorie. Vielleicht befindet sich das Vakuum ja gar nicht in einem angeregten Zustand. Und selbst wenn dies so sein sollte, dann wäre es immer noch extrem unwahrscheinlich, dass es bei diesen Versuchen zum Kollaps kommt. Mit diesem extrem kleinen Restrisiko können wir gut leben."
„Sie vielleicht. Ich nicht. Wenn Sie Ihre Absichten in den Anträgen offenbart hätten, wären niemals Gelder für die Erweiterung der Anlage genehmigt worden. Mit diesen Experimenten riskieren Sie zu viel. Sie dürfen auf keinen Fall durchgeführt werden. Seien Sie doch vernünftig! Wir werden die Weltformel auch auf anderem Wege finden."
„Sie vielleicht. Ich nicht. Noch heute werde ich mit den Experimenten beginnen. Und niemand wird mich daran hindern!"
„Wenn Sie sich da mal nicht irren! Sie kennen meinen Einfluss und mein politisches Gewicht. Ich werde mich sofort darum bemühen, dass Ihre Arbeiten gestoppt werden. Notfalls werde ich dafür sorgen, dass Ihnen schlicht der Strom abgedreht wird. Ohne den wird es nicht gehen."
„Ihr politisches Gewicht und Ihr Einfluss nutzen Ihnen hier unten in der Beschleunigeranlage überhaupt nichts", entgegnet Feldhoff mit einem bösen Unterton.
„Sie wollen mir doch nicht etwa drohen?"
„Nein, nein, warum sollte ich?"
Feldhoff droht nicht, er wird sofort handgreiflich. Nach einem

kurzen, weil sehr ungleichen Zweikampf sitzt der alte Ioffe gefesselt und geknebelt auf einem Stuhl.

„So, dann werde ich jetzt mal weiterarbeiten. Ich verspreche Ihnen, dass ich Sie nach dem ersten erfolgreichen Experiment sofort freilasse. Und dann werden Sie selber wissen, dass nichts Schlimmes passiert und die Welt nicht untergegangen ist. Ich werde niemandem sagen, dass Sie an dem Erfolg meiner Arbeiten gezweifelt haben. Ehrenwort."

Feldhoff verlässt den Raum und lässt die Tür hinter sich ins Schloss fallen. Er dreht den Schlüssel zweimal um.

SIBIRIEN – Nach rund zwei Stunden klingelt in der Operationszentrale das Telefon mit der Leitung nach Moskau erneut. Walter, der sich in der Nähe des Apparats befindet, nimmt reflexartig ab.

„Hier spricht General Ludkow", tönt es aus der Leitung, „ich kann jetzt eine Verbindung mit Imelda O'Connor herstellen. Holen Sie diesen Amerikaner ans Telefon."

Walter hat in erster Linie den Namen Imelda O'Connor verstanden. „Was um Gottes Willen soll das nun wieder bedeuten?" Noch bevor er sich angesichts seines miserablen Russisch dazu entschließen kann, den Hörer an Noëmi weiterzureichen, hört er plötzlich eine vertraute Stimme.

„Hallo, Walter. Ich bin es, Imelda."

„Imelda? Was um alles in der Welt... Das ist doch nicht wahr", ruft ein völlig überforderter Walter, „bist du hier in der Geschlossenen Stadt?"

„Nein, ich bin aber auf dem Weg zu dir. Ich konnte fliehen und habe in Russland Asyl erhalten. Wie ich höre, ist auch für dich

der Rückweg in die Heimat abgeschnitten. Du könntest so wie ich in diesem Land bleiben, wenn du jetzt nicht irgendwelchen Unsinn in der Raketenbasis treibst. Auch für deine größte Leidenschaft wäre gesorgt. Ich habe die Zusage, dass man dir die Nutzung eines Supercomputers ermöglichen wird. Du musst dafür nur die Geschlossene Stadt verlassen. So einfach ist es. Ich werde in wenigen Stunden da sein, um dich abzuholen. Weißt du noch, wie wir über den Kreis philosophiert haben? Das hat mir in all den Jahren so gefehlt. Ich werde dir alles verzeihen!"
„Wie kann sie wissen, dass ich gerne einen Supercomputer zur Verfügung hätte?", stutzt Walter, erinnert sich dann aber daran, dass er schon damals in London von solchen Rechnern geschwärmt hat. Und er hatte ihr erklärt, dass die Verfügbarkeit besserer Computersysteme ein Grund dafür sei, in die USA zurückzukehren.
„Imelda! Du musst wissen, dass deine Verhaftung in London nichts mit mir zu tun hat. Das war alles nur ein unglaublicher Zufall, dass ich ausgerechnet zu dieser Zeit in deiner Nähe war."
„Ich weiß. Du würdest mich nie verraten. Doch jetzt ist diese Sache ohnehin Schnee von gestern. Wir werden beide frei sein."
„Ja, Imelda. Ich muss unbedingt mit dir reden. Über den Kreis und Pi. Du wirst nicht glauben, was ich dir alles zu berichten haben. Das wollte ich schon in London tun, doch das hat ja tragischerweise nicht geklappt."
„Gut, ich rufe dich wieder an, wenn ich in Ykrutz-15 eingetroffen bin. Stelle bis dahin bitte keine Dummheiten an. Du kannst nur dann Asyl erhalten, wenn du jetzt nichts unternimmst, was den russischen Interessen zuwider läuft."
„Ja, Imelda. Bis später."
„Bye, bye."

Imelda hat im Flugzeug via Satellit mit Walter telefoniert. Nach dem Gespräch hat sie auf einmal das vage Gefühl, Walter könnte möglicherweise doch nicht schuld an ihrer Verhaftung sein. Sie ist sehr neugierig darauf, was er ihr erzählen wird.
Noëmi hat das von Walter geführte Telefongespräch völlig irritiert. Sie kann sich keinen Reim darauf machen.
„Was war das denn jetzt?", fragt sie, nachdem er den Hörer aufgelegt hat, „mit welcher Imelda willst du über Kreise reden? Haben wir hier nicht andere Probleme? Sind dir unsere Gespräche über Kreise und Pi nicht mehr genug? Und überhaupt, wie kommt eine Freundin von dir in diese hochoffizielle Leitung aus Moskau?"
„Oh Gott", sagt Walter, „wie soll ich dir das jetzt alles erklären? Imelda ist eine alte Studienfreundin von mir und die Mathematik war unser gemeinsames Faible."
„Und jetzt hat man in Moskau beschlossen, diese Frau als Lockvogel für dich einzusetzen, so wie ich es für Victor gewesen bin? Auf einen so miesen Trick fallen wir doch bestimmt nicht ein zweites Mal herein. Mach jetzt keinen Fehler. Walter, das ist eine Falle. Ich spüre es!"
„Ich weiß ja auch nicht", sagt Walter unbeholfen und blickt sehnsüchtig hinüber zum Sputnik-2000, mit dem er vielleicht sogar hier unten seine Arbeit an Pi fortsetzen könnte.
„Ganz gleich, was das alles zu bedeuten hat. Wir müssen uns jetzt erst einmal um die großen Dinge kümmern und eine Rakete auf Potsdam schießen. Wenn wir Feldhoff nicht stoppen, wirst du ohnehin nicht mehr all zu viel mit deiner Imelda reden können", sagt Noëmi mit eifersüchtiger Stimme. Sie hat noch nie von dieser Frau gehört, folgert aber scharfsinnig, dass sie nur dann als Lockvogel taugt, wenn sie für Walter eine sehr große Bedeutung hat.

„Ihr könnt überhaupt keine Rakete starten", schreit der am Boden liegende Nikita, der sich offenbar aus einzelnen aufgeschnappten Worten seinen Reim gemacht hat, „ohne meine Mithilfe und die Kenntnis der Startalgorithmen könnt Ihr nicht einmal ein neues Ziel einprogrammieren, geschweige denn eine Rakete zünden. Und eher sterbe ich hier für das russische Vaterland, als dass ich euch bei diesem Frevel helfen würde."
„Wenn du nicht sofort ruhig bist, stopf ich dir ein Tuch in den Mund. Darauf würdest du doch gerne verzichten, oder?", fragt Walter rhetorisch.
„Stimmt das, Walter? Wir sind gar nicht dazu in der Lage, eine Rakete zu starten? Wir werden also Feldhoff nicht mehr stoppen können?"
In Walters Kopf kämpfen verschiedene Gedanken miteinander. Er könnte durchaus sein einzigartiges Wissen über die Startalgorithmen der russischen Raketen nutzen, um selbst ein neues Ziel zu programmieren und die Rakete abzuschießen. Doch das kann Noëmi nicht ahnen. Zugleich hallen Imeldas Worte wie ein Echo in seinem Kopf nach. Gemeinsames Asyl in Russland. Ein Supercomputer. Damit ließe sich wohl die Arbeit an Pi langfristig fortsetzen und wahrscheinlich auch ungestört von den Kreistemplern. Noëmi bemerkt seine Unentschlossenheit.
„Hey, Walter. Was ist denn los? Du weißt, worum es geht! Die Existenz des Universums steht auf dem Spiel. Wir müssen das Experiment stoppen, bevor es zu spät ist. Kannst du nun eine Rakete abschießen, oder nicht?"

POTSDAM – Nach der lästigen Unterbrechung durch Professor Ioffe ist Lutz Feldhoff zu seinen Assistenten zurückgekehrt.

„Das ging aber schnell“, sagt einer von ihnen. „Ja, Professor Ioffe ist schon wieder gegangen“, erzählt Feldhoff, „er hatte nur ein paar Fragen zur „theory of everything“, die ich ihm schnell beantworten konnte.“ In den wenigen Minuten, die Feldhoff weg war, haben die jungen Wissenschaftler ihre Pizzen fast schon aufgegessen. Feldhoff setzt sich zu ihnen auf den Boden und beginnt, die noch übrige Pizza „Diabolo“ zu verspeisen. Die anderen verlangsamen ihr Esstempo, um dem Chef noch ein wenig Gesellschaft beim Lunch leisten zu können. Recht bald sind alle Kartons und Becher leer. „Dann wollen wir mal wieder“, sagt Feldhoff und erhebt sich vom Boden. Ein Blick auf die Armbanduhr verrät ihm, dass die Mittagspause inklusive der Spezialbetreuung von Ioffe keine zwanzig Minuten gedauert hat. Die Zeit fliegt nur so dahin. „Das sieht ja alles prächtig aus“, lobt Feldhoff am Spätnachmittag den Fleiß seiner Assistenten und den Stand der Arbeiten. „Wenn ich das hier so sehe, dann können wir noch heute Abend den ersten Schuss machen.“ Feldhoff schaut auf seine Armbanduhr und sieht, dass Sabine in wenigen Minuten Feierabend hat. Mit schnellen Schritten geht er einmal mehr zu jenem Telefon, über das er heute Mittag mit seiner Sekretärin gesprochen hat. Er ruft sie erneut an.

„Sabine, seien Sie bitte so nett und legen noch eine Flasche Champagner in den Kühlschrank. Ich glaube, wir werden hier heute Abend noch etwas zu feiern haben.“

„Klar doch. Gerne. Zum Glück haben wir ja noch ein paar Flaschen auf Lager. Aber wo ist denn Professor Ioffe abgeblieben? Er wollte nur kurz mit Ihnen reden und mir dann die Chipkarte wiederbringen.“

„Machen Sie sich darum keine Gedanken. Professor Ioffe ist so sehr von unseren Arbeiten begeistert, dass er noch eine Weile

bei uns bleiben möchte. Ich bringe die Chipkarte später selber zurück in Ihr Büro."
„Alles klar. Aber dann lege ich am besten gleich zwei Flaschen Champagner in den Kühlschrank. Die Russen vertragen doch eine ganze Menge. Also dann, viel Erfolg."
„Danke, Sabine. Und morgen reden wir mal über eine Gehaltserhöhung. Versprochen."

SIBIRIEN – Walter hat sich auf einen Stuhl gesetzt und vergräbt das Gesicht in beide Hände. Er fühlt sich in einem gigantischen Zwiespalt. Einerseits vertraut er Noëmi und ihren Erklärungen zu Feldhoffs Versuch. Doch was, wenn sie sich irrt und das Schlimmste doch nicht geschieht? So viel hat er verstanden, dass es hier letztlich immer nur um Wahrscheinlichkeiten geht. Nichts ist gewiss. Alles ist möglich. Ob ihm vielleicht Pi bei dieser alles entscheidenden Frage weiterhelfen könnte? Soll er jetzt die Gelegenheit nutzen und den Sputnik-2000 zur Analyse von Pi einsetzen? Wie lange würde er wohl für die Programmierung brauchen? Und wieviel Zeit bleibt ihnen noch? Walter sieht schnell ein, dass er mehrere Tage benötigen würde, um die Programme, die er zunächst in New York und dann ein zweites Mal in Potsdam geschrieben hat, hier nun zum dritten Mal in einen Computer einzugeben. Es ist völlig aussichtslos.
„Walter? Worüber denkst du nach?"
Er steht ganz vorsichtig auf, stützt sich auf eine Krücke und legt den anderen Arm Noëmi zärtlich um den Hals. „Es ist tatsächlich so, wie Nikita gesagt hat. Interkontinentalraketen lassen sich aus guten Gründen nicht einfach mal eben umprogrammieren. Es gibt auf der ganzen Welt nur ganz wenige Menschen,

die das überhaupt können. Doch einer von ihnen bin tatsächlich ich. Dass ausgerechnet ich jetzt hier in dieser Operationszentrale stehe und von dir in die bevorstehende kosmische Katastrophe eingeweiht bin – das zusammen gibt mir die Gewissheit, dass ich es machen muss. Es soll offenbar so sein. Ich werde eine Rakete umprogrammieren. Wir werden Fehlhoff stoppen."
„Danke, Walter", sagt Noëmi leise und gibt ihm einen Kuss auf die Stirn. Walter setzt sich an den Sputnik-2000, dessen Betriebssystem und Software er in allen Details kennt. Mit diesen Dingen hat er sich schließlich fast sein halbes Arbeitsleben lang befasst.
„Hast du die geographischen Daten von Potsdam?", fragt er Noëmi.
„Nein, oh Gott. Die brauchen wir natürlich." Noëmi schaut sich um, in der Hoffnung, so etwas wie einen Atlas oder eine Weltkarte zu finden. Fehlanzeige. Doch dann fällt ihr ein, dass sie in der Schule den Längen- und Breitengrad ihres Heimatdorfes auswendig lernen musste. Und an diese Koordinaten kann sie sich noch immer erinnern. Sie schreibt die beiden Zahlen auf einen Zettel. „Da liegt mein Heimatort. Potsdam befindet sich ungefähr 35 Kilometer südöstlich davon. Damit solltest du doch die Koordinaten von Potsdam ermitteln können."
„Kein Problem", antwortet Walter, „außerdem kommt es bei nuklearen Sprengköpfen wirklich nicht auf ein paar Kilometer an." Walter beginnt auf der Tastatur des Sputnik-2000 herumzutippen. „Das funktioniert ja alles wunderbar. Der Computer reagiert genau so, wie ich es mir das gedacht habe."
„Wie lange wirst du brauchen?"
„Die neuen Zielkoordinaten habe ich bereits in die Rakete SS-21-N4 einprogrammiert. Ich muss nur noch zwei Sicherheits-

kreise überbrücken und den Startalgorithmus aktivieren. Das geht normalerweise nur mit den Daten aus dem Atomkoffer des Präsidenten. Aber was Victor geschafft hat, das schaffe auch ich. In ungefähr einer Stunde dürfte die Rakete startklar sein."

„Ihr seid doch wahnsinnig!", schreit der gefesselt auf dem Boden liegende Nikita.

POTSDAM – „So, dann wären wir also startklar", freut sich Feldhoff und wendet sich direkt an Schramm, „aktivierst du jetzt bitte die Protonenquelle. Ich gehe in die Computerzentrale und starte das Programm."

„Soll ich die Protonenstrahlen im Synchrotron speichern?"

„Selbstverständlich. Wenn alles bereit ist, schicken wir sie auf die Reise in den großen Kreis – bei Energien, die die Welt noch nicht gesehen hat."

SIBIRIEN – „Das war's!", ruft Walter Noëmi zu, „alles programmiert, alles scharf, alles startklar. Jetzt müssen wir nur noch den roten Knopf da vorne drücken. Du hast ja schon einmal gesehen, wie es geht. Möchtest du?"

Das Telefon klingelt. Er nimmt sofort ab.

„Hier spricht Walter Smith", sagt er auf Russisch.

„Hier ist Imelda. Ich bin jetzt da. Ich stehe vor dem Tor von Ykrutz-15 und warte hier auf dich. Es macht ja keinen Sinn, wenn auch ich noch in diese merkwürdige Stadt komme. Und du willst ja sicherlich wieder dort raus. Du kannst jetzt einfach zu mir kommen. Die Wachen an der Pforte wissen Bescheid. Sie werden dich hinaus lassen. Und dann beginnt ein neues Leben."

„Gib mir noch ein paar Minuten. Ich komme gleich."

„Gut. Ich warte hier auf dich."

Er legt auf.

„Willst du wirklich in die gleiche Falle laufen wie Victor?", schreit Noëmi, „bleib hier! Lass' uns beieinander sein, wenn da draußen das große Inferno beginnt."

„Noëmi, ich habe den Computer programmiert. Es ist alles bereit. Du brauchst nur noch diesen Knopf drücken. Du hast es in der Hand. Wenn du überzeugt bist, es tun zu müssen, dann mach es. Du bist jetzt die Schicksalsgöttin. Rette die Welt, wenn du glaubst, dass sie sich nur auf diese Weise retten lässt. Meine Bestimmung ist eine andere. Ich muss versuchen, so lange es dafür auch nur einen Funken Hoffnung gibt, das Geheimnis von Pi zu entschlüsseln. Wenn es dazu noch eine Möglichkeit gibt, dann irgendwo da draußen, aber nicht hier in diesem Bunker. Auf diesem Computer hier würde ich nicht weit kommen. Und wie lange können wir überhaupt in diesem unterirdischen Loch bleiben?"

„Walter. Ich liebe dich. Bitte bleibe bei mir! Wenn wir sterben müssen, möchte ich gemeinsam mit dir sterben. Und wenn alles gut geht, dann will ich mein Leben mit dir zusammen leben. Du hättest dann immer noch genug Zeit für die Erforschung von Pi – falls du immer noch nicht genug von den Kreistemplern hast."

„Ich liebe dich auch und ich komme ja gleich zurück. Doch ich muss jetzt mit Imelda reden. Es ist wichtig."

Noëmi beginnt hysterisch zu weinen und versucht, Walter trotzig festzuhalten. Sie schreit: „Nein, Walter. Das ist eine Falle, glaube mir: Wenn wir hier heil herauskommen, kannst du doch

immer noch mit Imelda reden. So eilig können die Dinge, um die es da gehen mag, doch gar nicht sein."
„Aber wenn wir nicht heil aus der Sache herauskommen, dann ist das jetzt für mich die letzte Chance."
Noëmi lässt ihn plötzlich los und stürzt auf die Konsole zu. Sie drückt den roten Knopf tief nach unten und weint bitterlich.

WEISSES HAUS – „Wir haben keine andere Wahl. Trotz aller Diplomatie stehen wir am Rande eines Krieges", ruft der amerikanische Präsident aufgeregt in den Kreis seiner engsten Berater und hochrangigen Militärs. „Ein atomarer Angriff auf Berlin kann von uns nicht unbeantwortet bleiben. Wir reagieren flexibel mit einem nuklearen Gegenschlag nach Plan Foxtrott. Und wir gehen jetzt sofort an Bord der fliegenden Kommandozentrale."

SIBIRIEN – Walter fährt mit dem Lift nach oben und verlässt den Bunker mit der Operationszentrale von Ykrutz-15. Noëmi sackt in sich zusammen und liegt weinend auf dem Boden – nur einen halben Meter von Nikita entfernt. Walter geht langsam an beiden Krücken den Weg zurück, den tags zuvor der Kleinbus in die Geschlossene Stadt hineingefahren ist.

BRÜSSEL – Im Europa-Hauptquartier der Nato ist Generalalarm ausgelöst worden. Alarmstufe Rot! Nuklearangriff. Telemetrie: Zielkorridor Berlin. Sofortige Reaktion erforderlich. Abwehrmaßnahmen eingeleitet. Flugabwehrraketen startklar. Automatische Steuerung per Leitradar. Start!

BERLIN – „Die besten Hits aller Zeiten und von heute... Radio Berlin unterbricht das Programm für eine wichtige Durchsage. Bitte bleiben Sie in Ihren Wohnungen und halten alle Fenster geschlossen. Es muss mit einer schweren Umweltkatastrophe gerechnet werden."

WASHINGTON – AP-Eilmeldung +++ Deutschland ist Ziel eines russischen Atomangriffs. Die Vereinigten Staaten von Amerika betrachten dies als Kriegserklärung.

SIBIRIEN – Walter erreicht das Tor der Geschlossenen Stadt. Hinter den beiden Zäunen der Schleusenanlage sieht er ihre roten Haare bereits im Scheinwerferlicht leuchten. Die innere Pforte wird geöffnet und Walter humpelt in die eingezäunte Zwischenwelt. Jetzt kann er Imeldas Gesicht erkennen. Nur noch ein Zaun trennt sie voneinander. „Sie ist tatsächlich da", denkt Walter und geht langsam weiter: „Imelda...!"

WASHINGTON – AP-Eilmeldung +++ SUPER FLASH +++ Die USA antworten mit nuklearem Gegenschlag.

POTSDAM – Der rote Knopf, den Lutz Feldhoff in diesem Moment drückt, sieht jenem nicht unähnlich, den Noëmi einige tausend Kilometer entfernt betätigt hat. Die Energie fließt. Die Protonen im Beschleuniger spüren gewaltige Kräfte, die sie an vorgegebenen Feldlinien entlangziehen.

INTERNET – Der Oberste Rat der Kreistempler ist per Online-Konferenz zu einer Dringlichkeitssitzung zusammengekommen. Father John wird mit sofortiger Wirkung seines Amtes enthoben und aus dem Orden ausgeschlossen. Der Beschluss, Walter lebend gefangen zu nehmen, wird aufgehoben. Das Todesurteil bleibt bestehen. Die Entscheidung darüber, ob auch gegen John ein Todesurteil verhängt werden soll, wird vertagt. Frère Pierre wird zum neuen Vorsitzenden der Kreistempler ernannt – Père Pierre.

POTSDAM – Immer schneller fliegt das Proton im Rund des Beschleunigers. Es spürt das Brodeln des Vakuums und versucht, eifrig Strahlung abzugeben, um dadurch die eigene Geschwindigkeit zu reduzieren. Doch die gewaltigen elektrischen Kräfte beschleunigen es immer weiter. Es wird schneller und schneller. Auch an seitliches Ausweichen ist nicht zu denken. Starke magnetische Kräfte halten das Proton auf Kurs.

Was hat es nicht schon alles erlebt? Mit dem Urknall wurde es geboren. Seitdem hat es eine lange Odyssee durch Raum und Zeit erlebt. Mehr als eine Milliarde Jahre lang schwebte es in einer stellaren Gaswolke, ohne Teil eines Sterns zu werden. Die Wolke und die internen Gravitationskräfte waren einfach zu klein. Irgendwann verschluckte ein Schwarzes Loch die meisten anderen Protonen in dieser Wolke. Wie durch ein Wunder überlebte es und erhielt sogar einen gewaltigen Impuls. Mit einigen Begleitern, die das gleiche Schicksal teilten, vagabundierte es lange im interstellaren Raum. Vor gut einer Milliarde Jahren begegnete es dann einem Himmelskörper, der ihm ein sehr abwechslungsreiches Leben bescherte, wie es nur wenigen Protonen im Weltall vergönnt ist. Es traf als kosmische Strahlung auf den Planeten Erde.

Gemeinsam mit einem anderen Proton hat es sich in der Atmosphäre der Erde mit einem Sauerstoffatom verbunden und sodann Millionen von Jahren als Bestandteil eines Wassermoleküls verbracht. Das war unglaublich spannend. Mal existierte es in Wolken, dann wieder in Bächen, Flüssen und Meeren. Sogar im polaren Eis hatte es eine Zeit verbracht. Was für eine Vielfalt! Doch es wurde noch spannender. Das Proton wurde Bestandteil von Lebewesen. Zunächst waren es Einzeller, dann viele verschiedene Meereslebewesen. Mit einem Fisch, der in Küstennähe von einem Vogel gefressen wurde, gelangte das Proton schließlich an Land. Auch dort warteten vielfältige Aufgaben. Mal war das Proton Teil einer DNA, mal Baustein anderer Biomoleküle, zwischendurch einfach auch mal wieder Wasser. Nach einem blöden Elektrolyse-Versuch in einer Schule war das Proton wieder eine Zeit lang ein schlichtes Wasserstoffatom – im Verbund mit einem netten Elektron als Partner und einem weiteren Wasserstoffatom. Dann traf es wieder auf ein Sauerstoffatom...

Das Proton war im Körper vieler Menschen. Meist gelangte es mit der Nahrung dorthin. Einige Male aber auch mit einem Krankheitserreger. Irgendwann landete das Proton in einer großen Anlage zur Herstellung von Industriegasen. Nun ging es wieder darum, Wasserstoff zu sein und möglichst nur noch Kontakt mit anderem Wasserstoff zu haben. Wasserstoff im Doppelpack, als Wasserstoffmolekül aus zwei Protonen und zwei gemeinsamen Elektronen – das war hier der Standard.

Mit unzähligen anderen Wasserstoffmolekülen teilte es sich den engen Raum in einer unter hohem Druck stehenden Stahlflasche. Fremde Atome traf man hier kaum. Es handelte sich offen-

bar um ein Produkt mit besonders hoher Reinheit. Das bedeutete, dass es jetzt der Wissenschaft dienen würde.
In dieser Stahlflasche führte sein Weg nach Potsdam, ins NERC. Kurz vor Versuchsbeginn wird es zunächst von seinem Partneratom getrennt. Dann wird ihm auch noch das Elektron entrissen. Das hatte ihn mit seiner negativen Ladung immer so schön neutralisiert und vor manchen Kräften bewahrt. Doch jetzt ist es nackt und schutzlos allen elektrischen und magnetischen Kräften ausgeliefert. Und tatsächlich geht es schon bald richtig rund. Das Proton spürt riesige elektrische und magnetische Kräfte. Es fliegt schneller und schneller. Im Kreis. Und noch schneller. Soviel Energie hatte es in seinem ganzen langen Leben noch nicht. Vielleicht ganz am Anfang, doch das ist sehr lange her. Bei dieser grandiosen Geschwindigkeit sieht die Welt plötzlich ganz anders aus. Ihm wird schwindelig. Wie soll das bloß enden?

SIBIRIEN – Noëmi befreit den neben ihr auf dem Boden liegenden Nikita von seinen Fesseln. Sie stehen beide auf. „Ich habe es getan“, sagt Noëmi tonlos, „es musste sein.“ Nikita schweigt und nimmt sie in den Arm. Beide wissen, dass nun nicht mehr viel zu tun ist. Er drückt Noëmi fest an sich.

MOSKAU – „Ein Dutzend amerikanischer Raketen befinden sich im Anflug auf unser Land. Wie sollen wir reagieren?“ – „Wie schon. Auge um Auge. Zahn um Zahn. Sie haben es nicht anders gewollt.“

BERLIN – Sirenen heulen. Zwei Anti-Raketen-Raketen starten. Ihre Feuerschweife ziehen hell leuchtende Linien in den klaren Winterhimmel. Im Osten ist in großer Höhe plötzlich der Feuerschein einer Explosion zu sehen. Im Lagezentrum der Luftwaffe bricht verhaltender Jubel aus. „Wir haben sie erwischt. Wir haben die Rakete erwischt. Berlin ist gerettet. Weitere Abwehrraketen startklar halten."

POTSDAM – Das Proton zittert vor Kraft und Geschwindigkeit. Die Quarks in seinem Inneren tanzen wie verrückt und sind kaum noch zu bändigen. Was tut sich da unter der Schwelle der materiellen Welt für ein Schattenreich auf, in der ungezählte virtuelle Teilchen kochen? Eine normalerweise unsichtbare Hölle! Doch bei dieser Energie öffnet sich diese bizarre Welt. So etwas hat das Proton noch nie gesehen. Da plötzlich. Gegenverkehr. Ein anderes Proton kommt ihm entgegen. Es ist ebenso schnell. Ebenso zitternd. Ebenso strahlend. Das sieht nach einem Kollisionskurs aus. Schon lassen sich die inneren Strukturen des anderen Protons erkennen. Zwischen den Quarks schießen Austauschteilchen hin und her und die Geisterteilchen aus der virtuellen Welt umgeben das heranrasende Proton mit einem funkelnden Heiligenschein. Klar, für den anderen sieht man selber genauso aus.

Schon verbiegen sich die Feldlinien zwischen den Protonen. Wie Stahlstangen, die mit zu großer Geschwindigkeit gegen eine undurchdringliche Wand rasen, knicken die Kraftlinien weg. Die elektrischen Kräfte versuchen vergeblich, Widerstand zu leisten. Die Schattenwelt tobt. Die Protonen stoßen

frontal zusammen. Seit dem Urknall hat das Universum keine so große Energiedichte mehr gesehen.
Milliarden von Jahren hat das Vakuum seine innere Spannung gehalten. Nun bricht sie an diesem Punkt des Universums weg. Schlagartig! Plötzlich! Kein Mensch kann es erleben! Schwarz. Grundzustand. Das absolute, das wahre Nichts. Dieses Nichts breitet sich von der Erde ausgehend mit Lichtgeschwindigkeit als kugelförmige Welle in das Universum aus. Diese Kugel trägt in sich die ganze Kraft der Zahl Pi.

EPILOG

In einem Paralleluniversum keimt indes eine neue, vielleicht bessere Welt empor. Dicke Schneeflocken fallen dort in die engen Straßen von Leiden, vorbei an den im Kerzenlicht flackernden Fenstern. Professor Ludolph van Ceulen fantasiert im Fieber. Auf dem Holzfußboden vor seinem Bett liegen noch Blätter voller Zahlenkolonnen und mathematischer Symbole. Schweißperlen glänzen auf seiner Stirn. „Wenn ich das Geheimnis dieser Zahl nicht entschlüsseln konnte, dann soll es niemand schaffen." Sein Schüler Sebastian hält ihm die Hand. „Unter dem Bodenbrett der großen Holztruhe oben auf dem Dachspeicher ist eine alte Schriftrolle versteckt. Bitte gehe hinauf und bringe sie mir."

Wenige Minuten später ist Sebastian zurück und reicht ihm die Pergamentrolle. Van Ceulen nimmt sie mit zitternder Hand entgegen und hält sie sogleich in die Flamme der Kerze, die auf seinem Nachttisch steht. Hell lodert das trockene Pergament auf. „Diese Zahl kann doch nur Unheil bringen." Van Ceulen lacht kurz auf, als er den brennenden Rest des Pergaments in den Nachttopf wirft.

Als die Glocken der mittelalterlichen Stadt das neue Jahr einläuten, hat die Seele van Ceulens den sterblichen Körper bereits verlassen.

NACHWORT

Die Idee zu diesem Roman entstand Mitte der 1990er-Jahre. Die deutsche Wiedervereinigung, der sogenannte Kalte Krieg als auch der Zusammenbruch der Sowjetunion zählten damals noch zur jüngeren Vergangenheit. In diesem Kontext, also im ausgehenden 20. Jahrhundert, ist die Romanhandlung zeitlich verortet.

Die gesamte Handlung und alle Protagonisten dieses Romans sind fiktiv. Etwaige Ähnlichkeiten mit realen Personen wären rein zufällig und unbeabsichtigt. Bei Amtsträgern, beispielsweise Staatspräsidenten, sind explizit keine realen, historischen Persönlichkeiten gemeint. Auch sie sind erfundene Romanfiguren.

Der Mathematiker Ludolph van Ceulen (1540–1610) widmete sein Leben tatsächlich der Berechnung von Pi. In seinen Grabstein wurden die ersten 35 Dezimalstellen der Kreiszahl eingraviert. Bis heute wird Pi auch als Ludolphsche Zahl bezeichnet. Prolog und Epilog sind gleichwohl fiktiv.

Die pazifische Feuermondnacht hätte in der ursprünglichen Konzeption ein Happening zur Jahrtausendwende sein sollen. Daraus leitete sich als idealer Termin für das Erscheinen des Buches das Jahr 1999 ab. Leider konnte ich das Manuskript aus beruflichen und privaten Gründen nicht rechtzeitig fertigstellen. Und so verschwand es nach der Jahrtausendwende erst einmal in der Schublade – zu gut 90 Prozent fertig. Es geriet zwar nie ganz in Vergessenheit, doch Zeit blieb ein knappes Gut und so hatten für mich viele andere Dinge höhere Priorität als die Finalisierung dieses Buches.

Dass „Feuermondnacht“ zwei Jahrzehnte später als Buch erscheint, ist letztlich eine Folge der Corona-Pandemie. Plötzlich waren viele Aktivitäten an Abenden, Wochenenden und im Urlaub nicht mehr möglich. Die so entstandenen zeitlichen Freiräume habe ich genutzt, um das Manuskript endlich fertigzustellen. Dabei habe ich die Handlung nicht an die Jetzt-Zeit angepasst.

Dieser Roman ist in erster Linie ein Wissenschaftsthriller, wobei ich das Wagnis eingegangen bin, gesichertes naturwissenschaftliches und mathematisches Wissen mit Spekulativem und Fiktivem zu vermischen. Niemand sollte diesen Roman als Sachbuch missverstehen – auch wenn vieles auf Fakten basiert. Wenn indes der eine oder andere Leser oder die eine oder andere Leserin durch die Lektüre dazu angeregt werden sollte, sich näher mit der Zahl Pi, mit Mathematik generell oder den physikalischen Eingenschaften des Vakuums auseinandersetzen zu wollen, würde mich das als Wissenschaftsjournalist durchaus freuen. Es gibt diverse Fach- und Sachbücher, die darüber fundiertes Wissen vermitteln.

Den Menschen, die mich beim Schreiben dieses Buches unterstützt haben, sei es fachlich, sprachlich, moralisch oder beim Lektorieren, danke ich herzlich! Sie haben ein von mir handschriftlich signiertes Buch erhalten.

Während ich diese Zeilen schreibe, verbreitet dpa folgende Nachricht: „Schweizer Forscher haben mit 62,8 Billionen Stellen genaueste Berechnung der Kreiszahl Pi vorgelegt.“

Norbert Lossau, im August 2021